Wireless Sensor Network

无线传感器网络

王利强 杨旭 张巍 高凤友 张桂英 赵文慧 编著

清华大学出版社
北京

内容简介

本书根据当前教学改革形势编写完成。在理论教学内容的基础上，增加了应用性较强的实践教学内容。理论教学部分主要包括无线传感器网络的定义、基础、关键技术和安全问题等，并且以目前无线传感器网络中无线通信技术的首选方案——ZigBee 技术为例，重点阐述了 ZigBee 技术基础和应用开发流程。实践教学部分主要包括软件平台的搭建、控制器实验、无线通信基础实验以及不同类型拓扑下（点到点、星状、网状）的 ZigBee 协议栈实验。在掌握本书的无线传感器理论知识和实验操作的基础上可以进行更深层次的开发应用。

本书可以作为普通本科高等院校、高等职业技术学院的计算机网络、通信技术、智能技术等专业的教材，也可以作为计算机、通信、建筑电气、网络管理等领域的工程技术人员的参考书。

图书在版编目（CIP）数据

无线传感器网络/王利强等编著. —北京：清华大学出版社，2018（2024.7重印）
ISBN 978-7-302-50521-1

Ⅰ. ①无… Ⅱ. ①王… Ⅲ. ①无线电通信－传感器 Ⅳ. ①TP212

中国版本图书馆 CIP 数据核字（2018）第 139436 号

责任编辑： 王　芳
封面设计： 常雪影
责任校对： 梁　毅
责任印制： 杨　艳

出版发行： 清华大学出版社
网　　址： https://www.tup.com.cn, https://www.wqxuetang.com
地　　址： 北京清华大学学研大厦 A 座　　**邮　　编：** 100084
社 总 机： 010-83470000　　**邮　　购：** 010-62786544
投稿与读者服务： 010-62776969，c-service@tup. tsinghua. edu. cn
质量反馈： 010-62772015，zhiliang@tup. tsinghua. edu. cn
课件下载： https://www.tup.com.cn，010-83470236
印 装 者： 三河市君旺印务有限公司
经　　销： 全国新华书店
开　　本： 185mm×260mm　　**印　　张：** 12　　**字　　数：** 294 千字
版　　次： 2018 年 12 月第 1 版　　**印　　次：** 2024 年 7 月第 6 次印刷
定　　价： 49.00 元

产品编号：077548-01

前言

PREFACE

无线传感器网络是信息科学领域的一个全新发展方向，在遥控、监测、传感和智能化等高科技应用领域中发挥着重要作用。随着网络和通信技术的进步，无线数据传输与控制的无线传感器网络技术脱颖而出，成为传感技术领域的一大亮点，在智能领域中有着十分广阔的应用空间。近些年，国内相关高校纷纷将无线传感器网络技术纳入电子信息类专业的必修课程中。本书的特点是在理论教学内容的基础上，增加了大量应用性较强的实践教学内容，以便于读者更快地掌握实际应用无线传感器网络的能力。本书旨在帮助读者对无线传感器网络技术及应用的重点、难点和应用场景有一定的认识和理解，并在掌握理论知识的基础上培养实际应用能力，可作为普通高校本科生无线传感器网络课程的基础教材。

本书共分为两大部分：理论部分和实践部分。本书具体编写工作分工如下：第1章和第6章由王利强编写；第2章、第8章和第9章由杨旭编写；第3章和第7章由高凤友和赵文慧编写；第4章、第5章、第10章、第11章和第12章由张巍和赵文慧编写。全书由赵文慧完成校对和统稿。本书参考了大量书刊资料，在此向这些书刊资料的作者表示诚挚的谢意。感谢北京瀚恒星火科技有限公司董事长暨北京师范大学信息交叉与智能计算研究院副院长李长峰先生在本书编写过程中给予的大力支持。

由于编者水平有限，书中难免会有不妥之处，恳请各位读者和同仁批评指正，提出宝贵的建议和意见。

编者

前言

目录

CONTENTS

第1篇 理论部分

第 1 篇

ARTICLE 1

理论部分

第1章 概论

CHAPTER 1

1.1 无线传感器网络

目前许多领域需要监测各种物理现象、物理量，例如温度、液位、振动、损伤(张力)、湿度、酸度、泵、生产线的发电机、航空、建筑物维护等，也包括建筑工程、农林业、卫生、后勤、交通运输、军事应用等。有线传感网络一直长期用于支持这种环境，直到最近也只是在有线基础设施不可行的时候(如偏僻区域、敌对环境)才使用无线传感网络。而有线传感网络安装、停机、测试、维护、故障定位、升级的成本高，从而与无线传感网络(Wireless Sensor Network，WSN)相比更有吸引力。

无线传感网络的出现引起了全世界的广泛关注。最早开始研究无线传感网络技术的是美国军方，此后美国国家自然基金委员会设立了大量与其相关的项目，英特尔、波音、摩托罗拉以及西门子等在内的许多公司也都较早加入了无线传感网络的研究。

无线传感器网络是由散布在工作区域中大量的体积小，成本低，具有无线通信、传感和数据处理能力的传感器节点组成的。每个节点可能具有不同的感知形态，例如声波、震动波、红外线等，节点可以完成对目标信息的采集、传输、决策制定与实施，从而实现区域监控、目标跟踪、定位和预测等任务。每一个节点都具有存储、处理、传输数据的能力。通过无线网络，传感器节点之间可以相互交换信息，也可以把信息传送到远程端。

传感器网络是由大量节点组成的，为加强对这些节点的控制，还可以设置一个基站，用来获取各个传感器节点的位置信息和探测到的目标信息等。传感器、感知对象和观察者是传感器网络的三个基本要素；有线或无线网络是传感器之间、传感器与观察者之间的通信方式，用于在传感器与观察者之间建立通信路径；协作地感知、采集、处理、发布感知信息是传感器网络的基本功能。一组功能有限的传感器能够协作完成大的感知任务是传感器网络的重要特点。传感器网络中的部分或全部节点可以移动。传感器网络的拓扑结构也会随节点的移动而不断地动态变化。节点间以 Ad Hoc 方式进行通信，每个节点都可以充当路由器的角色，并且每个节点都具备动态搜索、定位和恢复连接的能力。

无线传感网络涉及传感器技术、网络通信技术、无线传感技术、嵌入式技术等，是多学科交叉、新兴、前沿的一个热点研究领域。无线传感网络是逻辑上的信息世界，改变了人与自然界的交互方式。未来的人们将通过遍布四周的传感器网络直接感知客观世界，从而极大地扩展网络的功能和人类认识世界的能力。

1.2 无线传感器网络的研究现状

信息化革命促进了传感器信息的获取从单一化逐渐向集成化、微型化和网络化的方向发展。伴随着网络化的潮流以及传感器相关技术的飞速进步，无线传感网络的发展跨越了三个阶段：无线数据网络、无线传感网络、普适计算。

无线网络技术的发展起源于人们对无线数据传输的需求，它的不断进步直接推动了无线传感网络的产生和发展。以下是几种典型的无线网络。

1. 分组无线网

基于ALOHA系统的成功经验，美国国防部高级研究计划局于1972年开始了以分组无线网络(Packet Radio Network，PRNET)为代表的一系列无线分组研发计划。PRNET是一种直序扩频系统，每个接入节点每隔7.5s向邻节点发布信标来维护网络拓扑。另外，加拿大的业余无线爱好者组成的数字通信小组(ADCG)采用单一信道工作模式以及频移键控调制方法，在通信过程中使用与ALOHA系统相似的载波监听多路访问(Carrier Sense Multiple Access，CSMA)的信道接入方式。分组无线网是一种利用无线信道进行分组交换的通信网络，即网络中传送的信息要以"分组"或者称"信包"为基本单元。其典型的网络组成如图1.1所示。分组无线网特别适用于实时性要求不严和短消息比较多的数据通信。分组无线网络的后续研究取得了不少成果，最主要的进步在于多路访问冲突避免(Multiple Access Collision Avoidance，MACA)无线信道接入协议的开发。MACA将CSMA机制与苹果公司的Localtalk网络中使用的请求发送/清除发送(Request To Send/Clear To Send，RTS/CTS)通信握手机制相结合，很好地解决了"隐蔽终端"和"暴露终端"的问题。

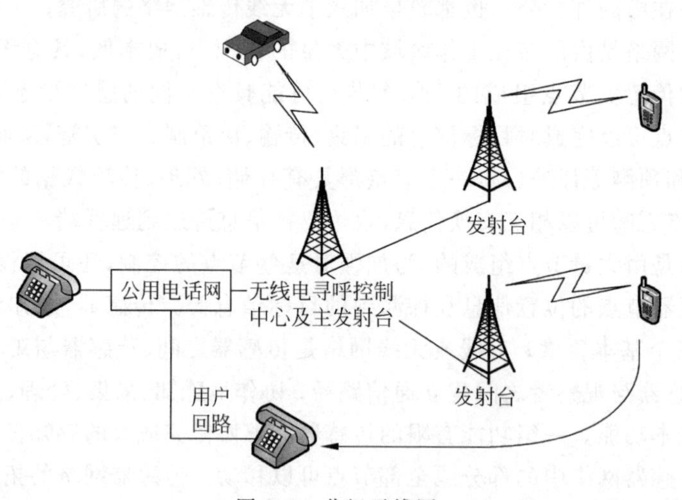

图1.1　分组无线网

2. 无线局域网

无线局域网(Wireless LAN，WLAN)通过无线信道来实现网络设备之间的通信，并实现通信的移动化、个性化和宽带化，它具有接入灵活、移动便捷、方便组建、易于扩展等诸多优点。作为全球公认的局域网权威，IEEE 802工作组建立的标准在局域网领域中得到广泛应用。IEEE发布了无线局域网领域第一个被国际认可的协议——802.11协议。1999年8

月，IEEE 802.11 标准得到了进一步的修订和完善。IEEE 最初制定的一个无线局域网标准，主要用于解决办公室局域网和校园网中用户与用户终端的无线接入，业务主要限于数据存取，最高速率只能达到 2Mbps。由于它在速率和传输距离上都不能满足人们的需要，因此，IEEE 小组又相继推出了 802.11a 和 802.11b 两个新标准。IEEE 802.11a 标准采用了与原始标准相同的核心协议，工作频率为 5GHz，使用 52 个正交频分多路复用（Orthogonal Frequency Division Multiplexing，OFDM）副载波，最大原始数据传输率为 54Mbps，这就达到了现实网络中吞吐量（20Mbps）的要求。IEEE 802.11b 是所有无线局域网标准中最著名，也是普及最广的标准。它有时也被错误地标为 Wi-Fi。实际上 Wi-Fi 是无线局域网联盟（Wireless LAN Alliance，WLANA）的一个商标，该商标仅保障使用该商标的商品互相之间可以合作，与标准本身实际上没有关系。在 2.4. GHz-ISM 频段共有 14 个频宽为 22MHz 的频道可供使用。IEEE 802.11b 的后继标准是 IEEE 802.11g，其传送速度为 54Mbps。典型的无线局域网网络组成如图 1.2 所示。

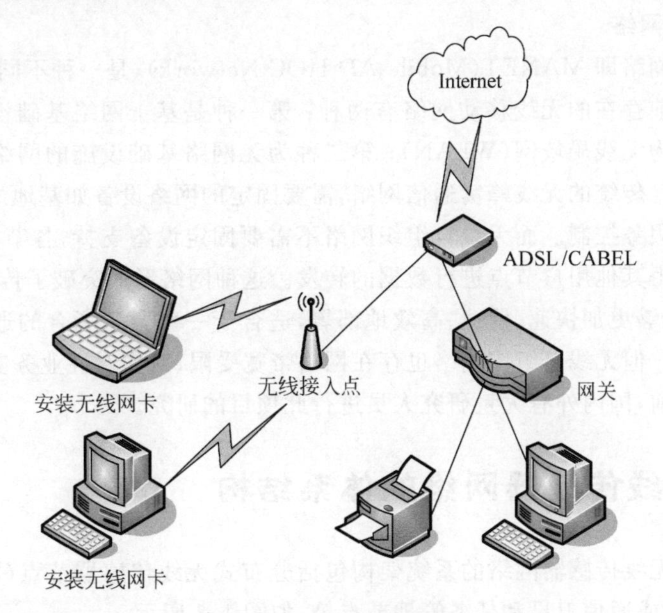

图 1.2 无线局域网结构

3. 无线个域网

无线个域网（Wireless Personal AreaNetwork，WPAN）是一种与无线广域网（Wireless Wide Area Network，WWAN）、无线城域网（Wireless Metropotitan Area Network，WMAN）、无线局域网（WLAN）并列但覆盖范围相对较小的无线网络。在网络构成上，WPAN 位于整个网络链的末端，用于实现同一地点终端与终端间的连接，如连接手机和蓝牙耳机等。WPAN 所覆盖的范围一般在半径 10m 以内，必须运行于许可的无线频段。WPAN 设备具有价格便宜、体积小、易操作和功耗低等优点。

蓝牙是大家熟知的无线联网技术，也是目前 WPAN 应用的主流技术。蓝牙标准是在 1998 年由爱立信、诺基亚、IBM 等公司共同推出的，即后来的 IEEE 802.15.1 标准。蓝牙技术为固定设备或移动设备之间通信环境建立通用的无线空中接口，将通信技术与计算机技术进一步结合起来，使各种 3C 设备（通信产品、电脑产品和消费类电子产品）在没有电线或电缆相互连接的情况下能在近距离范围内实现相互通信或操作。蓝牙可以提供720kbps的数据传输速率和10m的传输距离。不过,蓝牙设备的兼容性不好。

超宽带(Ultra Wide Band,UWB)即IEEE 802.15.3a技术,是一种无载波通信技术。它是一种超高速的短距离无线接入技术。它在较宽的频谱上传送极低功率的信号,能在10m左右的范围内实现每秒数百兆位的数据传输率,具有抗干扰性能强、传输速率高、带宽极宽、消耗电能小、保密性好、发送功率小等诸多优势。UWB技术在1960年开始开发,但仅限于军事应用,美国FCC认证于2002年2月准许该技术进入民用领域。

射频识别(Radio Frequency Identification,RFID)俗称电子标签。它是一种非接触式的自动识别技术,通过射频信号自动识别目标对象并获取相关数据。RFID由标签、解读器和天线三个基本要素组成。RFID可被广泛应用于物流业、交通运输、医药、食品等各个领域。然而,由于成本、标准等问题的局限,RFID技术和应用环境还很不成熟。主要问题是:制造技术复杂,生产成本高;标准尚未统一;应用环境和解决方案不够成熟,安全性将接受考验。

4. 无线自组网络

无线自组织网络即MANET(Mobile AD HOC Network),是一种不同于传统无线通信网络的技术。目前存在的无线移动网络有两种:第一种是基于网络基础设施的网络,这种网络的典型应用为无线局域网(WLAN);第二种为无网络基础设施的网络,一般称为自组织网(AD HOC)。传统的无线蜂窝通信网络,需要固定的网络设备如基地站的支持,进行数据的转发和用户服务控制。而无线自组织网络不需要固定设备支持,各节点即用户终端自行组网,通信时,由其他用户节点进行数据的转发。这种网络形式突破了传统无线蜂窝网络的地理局限性,能够更加快速、便捷、高效地部署,适合于一些紧急场合的通信需要,如战场的单兵通信系统。但无线自组织网络也存在网络带宽受限、对实时性业务支持较差、安全性不高的弊端。目前,国内外有大量研究人员进行此项目的研究。

1.3 无线传感器网络的体系结构

一个典型的无线传感器网络的系统架构包括分布式无线传感器节点(群)、接收发送器汇聚节点、互联网或通信卫星和任务管理节点等,如图1.3所示。

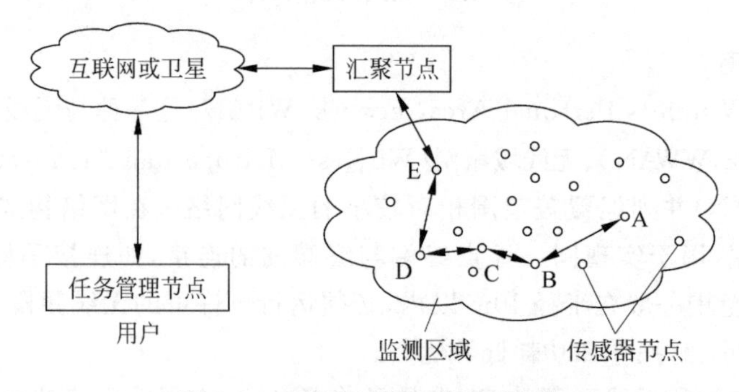

图1.3 无线传感器网络系统架构

其中点A~E为分布式无线传感器节点群,这些节点群随机部署在监测区域内部或附近,能够通过自组织方式构成网络。这些节点通常是一个微型的嵌入式系统,它们的处理能力、存储能力和通信能力相对较弱，通过携带有限能量的电池供电。从功能上看，这些节点不仅要对本地收集的信息进行收集及处理，而且要对其他节点转发来的数据进行存储、管理和融合等处理，同时与其他节点协作完成一些特定的任务。

相对于上述节点群而言，汇聚节点的各方面能力比较强，它连接传感器网络、Internet等外部网络，实现两种协议栈之间的通信协议转换，同时发布管理节点的监测任务，并把收集的数据转发到外部网络上。

1.3.1 传感器节点

传感器节点是无线传感器网络的基本功能单元。传感器节点基本组成包括数据采集模块、数据处理和控制模块、通信模块以及电源模块，如图 1.4 所示。

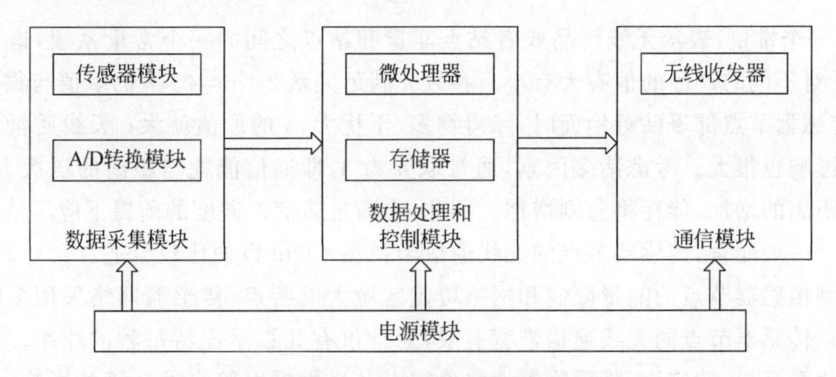

图 1.4 传感器节点的结构

传感单元用于感知、获取监测区域内的信息，并将其转换成数字信号，它由传感器和数/模(A/D)转换模块组成；处理单元负责控制和协调节点各部分的工作，存储和处理自身采集的数据以及其他节点发来的数据，它由嵌入式系统构成，包括处理器、存储器等；通信单元负责与其他传感器节点进行通信，交换控制信息和收发采集数据，它由无线通信模块组成；电源单元能够为传感器节点提供正常工作所必须的能源，通常采用微型电池。

此外，传感器节点还包括其他辅助单元，如移动系统、定位系统和自供电系统。由于传感器节点采用电池供电，一旦电能耗尽，节点就失去了工作能力。为了最大限度地节约电能，在硬件设计方面，要尽量采用低功耗器件，在没有通信任务的时候，切断射频部分电源；在软件设计方面，隔层通信协议都应该以节能为中心，必要时可以牺牲其他的一些网络性能指标，以获得更高的电源效率。

1.3.2 传感器节点的限制

传感器节点在实现各种网络协议和应用系统时，存在以下一些现实约束。

1. 电源能量有限

传感器节点体积微小，通常携带能量十分有限的电池。由于传感器节点个数多、成本要求低廉、分布区域广，而且部署区域环境复杂，有些区域甚至人员不能到达，所以传感器节点通过更换电池的方式来补充能源是不现实的。如何高效使用能量来最大化网络生命周期是传感器网络面临的首要挑战。

传感器节点消耗能量的模块包括传感器模块、处理器模块和无线通信模块。随着集成电路工艺的进步，处理器和传感器模块的功耗变得很低，绝大部分能量消耗在无线通信模块。无线通信模块存在发送、接收、空闲和睡眠四种状态。无线通信模块在空闲状态一直监听无线信道的使用情况，检查是否有数据发送给自己，而在睡眠状态则关闭通信模块。无线通信模块在发送状态的能量消耗最大，在空闲状态和接收状态的能量消耗接近，且略少于发送状态的能量消耗，在睡眠状态的能量消耗最少。如何让网络通信更有效率，减少不必要的转发和接收，并且在不需要通信时尽快进入睡眠状态，是传感器网络协议设计需要重点考虑的问题。

2. 通信能力有限

无线通信的能量消耗 E 与通信距离 d 的关系为

$$E = kd^n \tag{1.1}$$

式中，k 是一个常量，表示无线产品或者站点能量和站点之间的一个常量系数，这个值不是确定的，针对不同的产品的值有大有小。参数 n 满足关系 $2<n<4$。n 的取值与很多因素有关，例如传感器节点部署贴近地面时，障碍物多，干扰大，n 的取值就大；天线质量对信号发射质量的影响也很大。考虑诸多因素，通常取 n 为 3，即通信能耗与距离的三次方成正比。随着通信距离的增加，能耗将急剧增加。因此，在满足通信连通度的前提下应尽量减少单跳通信距离。一般而言，传感器节点的无线通信半径在 100m 以内比较合适。

考虑到传感器节点的能量限制和网络覆盖区域大的特点，传感器网络采用多跳路由的传输机制。传感器节点的无线通信带宽有限，通常仅有几百千比特每秒的速率。由于节点能量的变化受高山、建筑物、障碍物等地势地貌以及风雨雷电等自然环境的影响，无线通信性能可能经常变化，频繁出现通信中断。在这样的通信环境和节点有限通信能力的情况下，如何设计网络通信机制以满足传感器网络的通信需求是传感器网络面临的挑战之一。

3. 计算和存储能力有限

传感器节点是一种微型嵌入式设备，要求它价格低、功耗小，这些限制必然导致其携带的处理器能力比较弱，存储器容量比较小。然而为了完成各种任务，传感器节点需要完成监测数据的采集和转换、数据的管理和处理、应答汇聚节点的任务请求和节点控制等多种工作。如何利用有限的计算和存储资源完成诸多协同任务成为传感器网络设计的重要挑战。

随着低功耗电路和系统设计技术的提高，目前已经开发出很多超低功耗微处理器。除了降低处理器的绝对功耗以外，现代处理器还支持模块化供电和动态频率调节功能。利用这些处理器的特性，传感器节点的操作系统设计了动态能量管理（Dynamic Power Management，DPM）和动态电压调节（Dynamic Voltage Scaling，DVS）模块，可以更有效地利用节点的各种资源。DPM 是当节点周围没有感兴趣的事件发生时，部分模块处于空闲状态，把这些组件关掉或调到更低能耗的睡眠状态。DVS 是当计算负载较低时，通过降低微处理器的工作电压和频率来降低处理能力，从而节约微处理器的能耗，很多处理器如 StrongARM 都支持电压频率调节功能。

1.3.3 无线传感器网络的网络特征

无线传感器网络是一种特殊的无线自组织网络，它与传统的无线自组织网络有许多相似之处，主要表现在自组织性、动态网络性等方面。

1. 大规模网络

为了获取精确信息,在监测区域通常部署大量传感器节点,传感器节点数量可能达到成千上万甚至更多。传感器网络的大规模性包括两方面的含义:一方面是传感器节点分布在很大的地理区域内,如在原始森林采用传感器网络进行森林防火和环境监测,需要部署大量的传感器节点;另一方面,传感器节点部署很密集。在一个面积不是很大的空间内,密集部署了大量的传感器节点。传感器网络的大规模性具有如下优点:通过不同空间视角获得的信息具有更大的信噪比;通过分布式处理大量的采集信息能够提高监测的精确度,降低对单个节点传感器的精度要求;大量冗余节点的存在,使得系统具有很强的容错性能;大量节点能够增大覆盖的监测区域,减少洞穴或者盲区。

2. 自组织网络

在传感器网络应用中,通常情况下传感器节点被放置在没有基础结构的地方。传感器节点的位置不能预先精确设定,节点之间的相互邻居关系预先也不知道,如通过飞机播撒大量传感器节点到面积广阔的原始森林中或随意放置到人不可到达或危险的区域。这样就要求传感器节点具有自组织的能力,能够自动进行配置和管理,通过拓扑控制机制和网络协议自动形成转发监测数据的多跳无线网络系统。在传感器网络使用过程中,部分传感器节点由于能量耗尽或环境因素造成失效,也有一些节点为了弥补失效节点、增加监测精度而补充到网络中。这样在传感器网络中的节点个数就动态地增加或减少,从而使网络的拓扑结构随之动态变化。传感器网络的自组织性就要求能够适应这种网络拓扑结构的动态变化。

3. 动态性网络

传感器网络的拓扑结构可能因为下列因素而改变:①环境因素或电能耗尽造成的传感器节点出现故障或失效;②环境条件变化可能造成无线通信链路带宽变化,甚至时断时通;③传感器网络的传感器、感知对象和观察者这三要素都可能具有移动性;④新节点的加入。这就要求传感器网络系统要能够适应这种变化,具有动态的系统可重构性。

4. 可靠的网络

传感器网络特别适合部署在恶劣环境或人类不宜到达的区域。传感器节点可能工作在露天环境中,遭受太阳的暴晒或风吹雨淋,甚至遭到无关人员或动物的破坏。传感器节点往往采用随机部署,如通过飞机撒播或发射炮弹到指定区域进行部署。这些都要求传感器节点非常坚固、不易损坏且能适应各种恶劣环境条件。

由于监测区域环境的限制以及传感器节点数目巨大,不可能人工"照顾"每个传感器节点,网络的维护十分困难甚至不可维护。传感器网络的通信保密性和安全性也十分重要,要防止监测数据被盗取和获取伪造的监测信息。因此,传感器网络的软硬件必须具有鲁棒性和容错性。

1.4 物联网

1.4.1 物联网的发展史

"物联网"概念是在"互联网"概念的基础上,将其用户端延伸和扩展到任何物品与物品之间,进行信息交换和通信的一种网络概念。其定义是:通过射频识别、红外感应器、全球定位系统、激光扫描器等信息传感设备,按约定的协议,把任何物品与互联网相连接,进行信息交换和通信,以实现智能化识别、定位、跟踪、监控和管理的一种网络概念。

物联网(Internet of Things,IoT),国内外普遍公认的是由 MIT Auto-ID 中心 Ashton 教授 1999 年在研究 RFID 时最早提出来的。在 2005 年国际电信联盟(ITU)发布的同名报告中,物联网的定义和范围已经发生了变化,覆盖范围有了较大的拓展,不再只是指基于 RFID 技术的物联网。自 2009 年 8 月温家宝总理提出“感知中国”以来,物联网被正式列为国家五大新兴战略性产业之一,写入“政府工作报告”,物联网在中国受到了全社会极大关注,其受关注程度是美国、欧盟以及其他各国不可比拟的。

物联网是在计算机互联网的基础上,利用 RFID、无线数据通信等技术,构造一个覆盖世界上万事万物的“Internet of Things”。在这个网络中,物品(商品)能够彼此进行“交流”,而不需要人的干预。其实质是利用 RFID 技术,通过计算机互联网实现物品(商品)的自动识别和信息的互联与共享。

物联网概念的问世,打破了之前的传统思维。过去的思路一直是将物理基础设施和 IT 基础设施分开,一方面是机场、公路、建筑物,另一方面是数据中心,个人电脑、宽带等。而在物联网时代,钢筋混凝土、电缆将与芯片、宽带整合为统一的基础设施,在此意义上,基础设施更像是一块新的地球。故也有业内人士认为物联网与智能电网均是智慧地球的有机构成部分。

不过,也有观点认为,物联网迅速普及的可能性有多大,尚难以轻言判定。毕竟 RFID 早已为市场所熟知,但新大陆等拥有 RFID 业务的相关上市公司定期报告显示出业绩的高成长性尚未显现出来。所以,对物联网普及速度的判断存在着较大的分歧。但可以肯定的是,在国家大力推动工业化与信息化两化融合的大背景下,物联网会是工业乃至更多行业信息化过程中比较现实的突破口。而且,RFID 技术已在多个领域多个行业进行了一些闭环应用。在这些先行的成功案例中,物品的信息已经被自动采集并上网,管理效率大幅提升,有些物联网的梦想已经部分实现了。所以,物联网的雏形就像互联网早期的形态——局域网一样,虽然发挥的作用有限,但昭示着的远大前景已经不容置疑。

1.4.2 物联网的体系架构

物联网的价值在于让物体也拥有了“智慧”,从而实现人与物、物与物之间的沟通,物联网的特征在于感知、互联和智能的叠加。因此,物联网由三个部分组成:感知部分,即以二维码、RFID、传感器为主,实现对“物”的识别;传输网络,即通过现有的互联网、广电网络、通信网络等实现数据的传输;智能处理,即利用云计算、数据挖掘、中间件等技术实现对物品的自动控制与智能管理等。

目前在业界物联网体系架构也大致被公认为有三个层次:底层是用来感知数据的感知层,第二层是数据传输的网络层,最上面则是内容应用层,如图 1.5 所示。

在物联网体系架构中,三层的关系可以这样理解:感知层相当于人体的皮肤和五官;网络层相当于人体的神经中枢和大脑;应用层相当于人的社会分工,具体描述如下。

感知层是物联网的皮肤和五官——识别物体,采集信息。感知层包括二维码标签和识读器、RFID 标签和读写器、摄像头、GPS 等,主要作用是识别物体,采集信息,与人体结构中皮肤和五官的作用相似。

网络层是物联网的神经中枢和大脑——信息传递和处理。网络层包括通信与互联网的

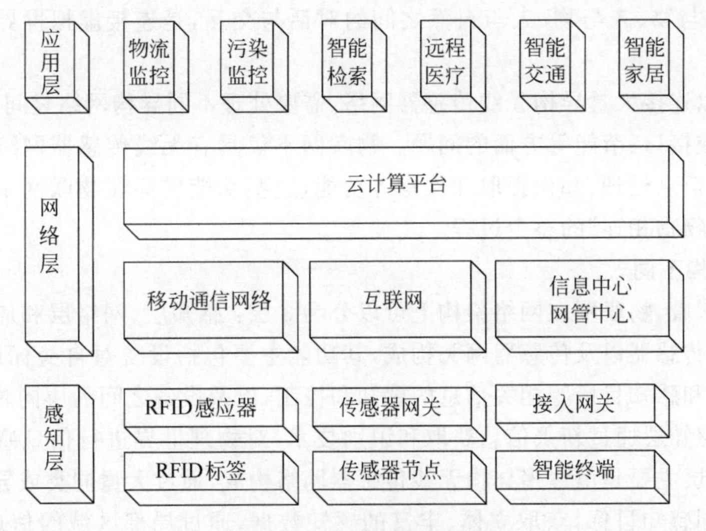

图 1.5 物联网体系架构

融合网络、网络管理中心和信息处理中心等。网络层将感知层获取的信息进行传递和处理，类似于人体结构中的神经中枢和大脑。

应用层是物联网的“社会分工”——与行业需求结合，实现广泛智能化。应用层是物联网与行业专业技术的深度融合，与行业需求结合，实现行业智能化，这类似于人的社会分工，最终构成人类社会。

在各层之间，信息不是单向传递的，也有交互、控制等，所传递的信息多种多样，这其中关键是物品的信息，包括在特定应用系统范围内能唯一标识物品的识别码和物品的静态与动态信息。

1.4.3 物联网与无线传感器网络

无线传感网络作为一种信息感知和数据采集网络系统，是物联网的主要组成部分，是物联网的“神经末梢”。物联网正是通过无线传感网络来实现对物理世界的感知，获取详尽准确的环境数据和目标信息，从而实现人与物、物与物之间的通信和信息交互，并提供各种物联网的应用和服务。

当前的一个较大误区是把无线传感器网络等同于物联网，而实际最根本的区别在于无线传感器网络仅立足于如何利用各种无线传感器作为节点，通过无线通信协议进行互连，以解决“怎样”感知和获取物理世界信息的问题。而物联网不仅包括基于无线传感网络、RFID的信息采集，还包括大量感知信息的传输、存取、提取、分析、处理以及相应的管理和控制等。在物联网中，从不同无线传感器网络获取的信息可能需要跨越多个异构通信网络才能到达其目的地。因此，无线传感器网络只是物联网的一个重要组成部分，而不是物联网的全部。

无线传感器网络与物联网的区别主要体现在以下几个方面。

1. 内涵不同

无线传感器网络由大量智能传感器节点组成，可以以“任何时间、任何人、任何物”的形式进行部署。无线传感器网络实现了人与物、人与自然的连接和交互，是对物理世界进行感知的网络。而物联网是无线传感器网络与互联网以及现有其他通信网络设施高效融合的产物，实现的是物与物、人与物、人与自然之间的对话与交互，是连接虚拟世界和物理世界的网络。

物联网可以连接大量异构无线传感器网络，需要处理不同异构网络之间的协同组网、标识、编码、协议或接口、节能等方面的问题。物联网不仅具有无线传感器网络的信息感知功能，也具有海量信息处理、知识提取和检索等功能，这些功能贯穿在物联网采集、控制、传输和上层应用的“物物相连”的整个过程。

2. 体系架构不同

从技术上来看，物联网在网络架构上可以分为3层：感知层、网络层和应用层。底层是感知层，由各种传感器以及传感器网关构成，其功能主要包括设备对自身标识（标签）、自身状态、周围环境和感知目标等相关信息的感知和控制，以及设备之间的协同感知和局部感知信息的处理。感知层通过新兴信息获取和识别技术，对物理世界进行信息感知和获取。因此，物联网感知层主要是由许多异构无线传感器网络构成，通过大量同类或异类的传感器节点以及网络协同感知目标，获取立体、丰富的感知数据，通过局部区域的信息处理和融合。为物联网获取可靠的感知信息。

中间层是网络层，由现有移动通信蜂窝网络、无线接入网、其他专用或骨干网络以及互联网等连接在一起构成，主要功能是实现支持异构、安全、可靠的无缝接入。网络层实现信息的高效和可靠传输，对网络、存储、计算等资源进行一体化管理和共享，提供资源虚拟化能力，并在传输过程中进行数据处理，使得从感知层获取的海量信息能够实现高效、可靠和安全的传输。

上层是应用层，基于网络层通过虚拟存储、云计算和智能决策等技术，以及分布式、自治的网络管理等，为不同行业提供多种多样的应用服务。应用层是物联网和用户（包括人、机器和其他系统）的接口，它与行业需求结合，实现物联网的智能应用，完成应用层面上的基于各类物联网应用的共性支撑、服务决策、协调控制等。

因此，从物联网的体系架构可见，无线传感器网络仅是物联网感知层的组成部分，负责为物联网完成海量信息的感知和获取。

3. 所处发展阶段不同

物联网和无线传感器网络的发展各有其自身的定位。无线传感器网络是物联网的组成部分和初级阶段，物联网是无线传感器网络泛在化发展的高级阶段，而无线传感器网络与互联网、蜂窝网等其他网络的协同融合是物联网发展的必经阶段。现有的无线传感器网络系统通常是面向特定应用、特定行业的独立感知系统，而物联网的发展趋势是形成一种支持异构无线传感器网络泛在接入的新型跨应用、跨网络的超大规模智能互动网络系统。一般认为，物联网的发展大致需要经历独立的无线传感器网络、无线传感器网络泛在化和物联网融合深入发展3个阶段，最终形成一个融合无线传感器网络、互联网、移动蜂窝网等现有主要通信网络的全面感知高度智能网络。

尽管无线传感器网络和物联网概念不同，侧重点也不一致，但从发展的角度来看，无线传感器网络是物联网发展的必经阶段，物联网是无线传感器网络泛在化和互联网融合的最终产物。未来物联网发展的最终目标就是帮助人类实现“4A”化通信，即在任何时间（Anytime）任何地点（Anywhere）实现任何人（Anybody）任何物（Anything）之间的顺畅通信。

1.5 无线传感器网络的应用领域

无线传感器网络可以包含大量的由震动、(地)磁、热量、视觉、红外、声音和无线电等多种不同类型传感器构成的网络节点，可以用于监控温度、湿度、压力、土壤构成、噪声、机械应力等多种环境条件。传感器节点可以完成连续的监测、目标发现、位置识别和执行器的本地控制等任务。

微型传感器技术和节点间的无线通信能力为无线传感器网络赋予了广阔的应用前景。作为一种无处不在的感知技术，无线传感器网络广泛应用于军事、环境、医疗、家庭和其他商用、工业领域；在空间探索、反恐、救灾等特殊的领域也有着得天独厚的技术优势。

1.5.1 环境监测

随着全球环境日益恶化，人们对环境的关注与日俱增。对环境的监测是一个长期的过程，而需要监测的地区一般人迹罕至，如海洋、冰川、火山和原始森林等，工作条件异常艰苦和封闭。由于无线传感器网络部署简单易行，以无人值守的方式长期工作，因此可对环境变化进行长期有效观察，并且还可以避免传统数据收集方式给环境带来的侵入式破坏。

无线传感器网络在环境监测领域主要应用包括极地环境监测、火山活动监测、海水质量及温度监测、动物活动监测、生物物种变化、森林火灾监控、洪水防治、海啸预警和地震预警等。例如我国自行研制的“极端环境无线传感器网络观测平台”已由我国第 27 次南极科考队在南极冰盖安装成功。该项目是在“十一五”863 重点项目“面向全球气候变化的极地环境遥感关键技术与系统研究”支持下完成的。该平台内核采用全球变化与地球系统科学研究院自主研发的嵌入操作系统，在其统一调度下完成数据的采集、传输、系统的智能保温、风光互补的智能电源控制和远程升级等任务。该平台具有对极区地表的实时观测能力，其观测参数包括垂直剖面 9 层雪温、雪表面湿度、光照、大气压、GPS、雪深等参数，并具有卫星数据传输和远程控制能力。

1.5.2 军事领域

无线传感器网络的应用最早出现在军事领域，可以追溯到 20 世纪 60～70 年代的越南战争时期，美军当时使用飞机投放方式部署了被称为“热带树”的无人值守传感器，来探测北越“胡志明小道”上的车队。

由于无线传感器网络具有密集型、随机分布、部署快速、可自组织、隐蔽性强且容错性高的诸多特性，使其非常适合应用于恶劣的战场环境中，在军事领域中的主要应用方面包括战场情报侦察，警戒地域的监视与预警，监控敌方和己方兵力、装备和物资部署情况，战场毁伤效能评估，判断核化生武器攻击，目标定位和导航等。

在各国军队都在大力发展军队指挥信息系统的今天，无线传感器网络其本身已作为 C4KSRT 系统(美国军事信息处理系统)不可缺少的一部分，受到军事发达国家的普遍重视，各国均投入了大量的人力、物力和财力进行研究。例如美国国防部远景计划研究局已投资几千万美元，帮助大学进行“智能微尘”传感器技术的研发。“智能微尘”是一个具有电脑功能的超微型传感器，体积大小与沙粒相近，但是其包含了信息收集、信息处理和信息传输的全部功能。“智能微尘”可以装在宣传品、子弹或炮弹中，在目标区域大量散布，部署后它们自动组成自组织网络，能够相互定位、协同收集目标信息并向远程基站传递信息，从而在目标区域形成严密的监视网络，跟踪和监视敌军的重点目标和相关军事行动。

1.5.3 医疗健康

医疗是无线传感器网络的另一个重要应用领域。利用无线传感器网络可以提供对医院的药物控制和药品管理，辅助诊断和监控病人状态，跟踪和监控医院内医生、护士及病人的行动，远程实时监测特殊人群(如老年人、婴儿、有发病隐患的病人等)的健康状态，远程医疗等诸多服务。

例如法国 Grenoble 医学院的科研人员利用无线传感器网络设计的“智能健康小屋”系统，美国罗彻斯特大学的科学家使用无线传感器创建的智能医疗房间，Intel 公司推出的无线传感器网络家庭护理等，均是利用无线传感器网络系统的远程健康监测系统。该类系统主要是通过在患者家中部署传感器网络来覆盖患者的活动区域，患者根据病情状况和身体健康状况穿戴可以提供必要生理指标(如心率、呼吸、血压、人体姿势等)监测的无线传感器节点，通过这些节点可以对患者的重要生理指标进行实时监测。该类系统可在本地简单地处理传感器节点所获取的数据，其后把整理出的数据通过移动通信网络或互联网传送到为患者提供远程健康监测服务的医院，医院对收到的被监测患者的生理指标进行相关分析，来诊断患者的健康状况，并根据诊断结果采取治疗措施。

1.5.4 物流监控

物流在社会经济发展中的作用正日益凸显，通过各种先进的现代物流技术来推动物流的发展具有十分重要的现实意义。而无线传感器网络在物流的许多领域都有应用价值，包括生产物流中的设备监测、仓库环境监测、运输车辆及在运物资的跟踪与监测、危险品物流管理以及冷链物流管理等。

虽然目前在物流中的成功实际应用还很少，但是这个领域的研究正日益增多，相信在不久的将来，随着研究的深入和许多关键技术得到很好的解决，无线传感器网络将得到大规模的应用。

(1) 可以用于仓库环境监测，满足温度、湿度、空气成分等环境参数的分布式监控的需求，实现仓储环境智能化；无线传感器网络还可以应用于运输车辆与在运物资的全程跟踪与监测，传感器节点能够实时监测每个物资在运输途中的位置和状态，向监控中心发送物资的流向和状态信息。这种基于无线传感器网络的物流监控系统可以使管理者更有效地管理和控制物流过程，确保产品的品质。

(2) 在危险品的物流管理中也大有可为。危险品物流作为物流领域的一个分支，其作用和影响也逐渐凸显。我国危险品物流管理还处于起步阶段，大部分危险品的物流运作仍是沿用传统普通货物的物流操作，安全事故时有发生。危险品物流的特殊性，更需要强调安全性。应用无线传感器网络能够实时监测危险品以及其容器的状态，一旦超过警戒值可以及时报警，这样就能为危险品物流过程的跟踪、监控、管理等提供安全保障。

(3) 冷链物流中的货物在储运过程中易受到外界温度、湿度等条件影响而发生腐烂变质，为了保持易腐货物的本来品质和使用价值，在运输途中不发生腐烂变质和数量上的短缺,就必须将易腐货物置于其保鲜所需的较低温度条件下。因此,如果把无线传感器网络应用在冷链物流中,就可以全程监控冷冻环境中的产品温度以及湿度,及时调控温湿度,保证产品的质量。

1.5.5 智能家居

无线传感器网络可以成为建筑与家庭的一部分。通过对建筑和家居的各种信息监测和相应设备的控制,可提供监控建筑物的质量、人性化的智能家居环境、建筑和家居的生活安全等诸多应用。

例如通过对建筑物关键位置构建的无线传感器网络,可以及时发现并排除建筑物的安全隐患;又如将家电和家具嵌入传感器节点,通过无线网络与 Internet 连接,可进行远程操控和管理,为人们提供更加舒适和方便的家居环境;通过无线传感器网络的实时监控,可以对燃气泄漏、漏水、火灾、小偷入室等危险发出警报。

1.5.6 智能汽车

目前,传感器在汽车上的应用已不只局限于对行驶速度、行驶距离、发动机旋转速度以及燃料剩余量等有关参数的测量。由于汽车交通事故的不断增多和汽车对环境的危害,传感器在一些新的设备,如汽车安全气囊系统、防盗装置、防滑控制系统、防抱死装置、电子变速控制、排气循环装置、电子燃料喷射装置及汽车"黑匣子"等都得到了实际应用,随着汽车电子技术和汽车安全技术的发展,传感器在汽车领域的应用将会更为广泛。

1.5.7 工业检测和自动控制系统的应用

传感器在工业自动化生产中占有极其重要的地位。传感器在各自的岗位上担负着相当于人们感觉器官的作用,它们每时每刻地按需要完成对各种信息的检测,再把大量测得的信息通过自动控制、计算机处理等进行反馈,用以进行生产过程、质量、工艺管理与安全方面的控制。

目前,在劳动强度大或危险作业的场所,已逐步使用机器人取代人的工作,一些高速度,高精度的工作,由机器人来承担也是非常合适的。但这些机器人多数是用来进行加工、组装、检验等工作,属于生产用的自动机械式的单能机器人。在这些机器人身上仅采用检测臂的位置和角度的传感器。

要使机器人和人的功能更为接近,以便让其从事更高级的工作,要求机器人能有判断能力,这就需要给机器人安装物体检测传感器,特别是视觉传感器和触觉传感器,使机器人通过视觉对物体进行识别和检测,通过触觉对物体产生压觉、力觉、滑动感觉和重量感觉,这些机器人被称为智能机器人。

1.5.8 空间探测应用

通过向人类现在还无法到达或无法长期工作的外太空的其他天体上设置传感器网络接点的方法,可以实现对其长时间的监测。通过这些传感器网发回的信息进行分析,可以知道这些天体的具体情况,为更好地了解、利用它们提供了一个有效的手段。遥感技术就是从飞机、人造卫星、宇宙飞船及船舶上对远距离的广大区域的被测物体及其状态进行大规模探测的一门技术。

在飞机及航天飞行器上装的传感器是近紫外线、可见光、远红外线及微波器等传感器。在船舶上向水下观测时多采用超声波传感器。

美国国家航空航天局(NASA)的空间探测设想是,可以通过传感器网络探测、监视外星球表面情况,为人类登陆做准备,传感器节点可以通过火箭、太空舱或探路者进行散播。

第 2 章 传感器应用基础

CHAPTER 2

2.1 传感器概述

2.1.1 传感器的定义

传感器(transducer/sensor)指的是能感受规定的被测量并按照一定的规律转换成可用信号的器件或装置,通常由敏感元件和转换元件组成。传感器是一种检测装置,能感受到被测量的信息,并能将检测感受到的信息,按一定规律变换成为电信号或其他所需形式的信息输出,以满足信息的传输、处理、存储、显示、记录和控制等要求。它是实现自动检测和自动控制的首要环节。传感器是以一定的精度和规律把被测量量转换为与之有确定关系的、便于应用的某种物理量的测量装置。

2.1.2 传感器技术的作用

传感器处于研究对象与测试系统的接口位置,即检测与控制系统之首。因此,传感器成为感知、获取与检测信息的窗口,一切科学研究与自动化生产过程要获取的信息,都要通过传感器获取并通过它转换为容易传输与处理的电信号。所以,20 世纪 80 年代以来,世界各国都将传感器技术列为重点发展的高技术,备受重视。

传感器技术是材料学、力学、电学、磁学、微电子学、光学、声学、化学、生物学、精密机械、仿生学、测量技术、半导体技术、计算机技术、信息处理技术乃至系统科学、人工智能、自动化技术等众多学科相互交叉的综合性高新技术密集型前沿技术,广泛应用于航空航天、兵器、信息产业、机械、电力、能源、交通、冶金、石油、建筑、邮电、生物、医学、环保、材料、灾害预测预防、农林渔业、食品、烟酒制造、汽车、舰船、机器人、家电、公共安全等领域。

传感器技术与通信技术、计算机技术是构成信息科学技术的三大支柱。21 世纪是人类全面进入信息电子化的时代,随着人类探知领域和空间的拓展,使得人们需要获得的自然信息的种类日益增加,需要信息传递的速度加快,信息处理能力增强,因此要求与此相对应的信息获取技术即传感技术必须适应信息化发展的需要。

2.1.3 传感器的特性

在生产过程和科学实验中,要对各种各样的参数进行检测和控制,就要求传感器能感受被测非电量的变化并将其不失真地变换成相应的电量。这取决于传感器的基本特性,即输出-输入特性。如果把传感器看作二端口网络，即有两个输入端和两个输出端，那么传感器的输出-输入特性是与其内部结构参数有关的外部特性。传感器的基本特性可用静态特性和动态特性来描述。

1. 传感器的静态特性

传感器的静态特性是指被测量的值处于稳定状态时的输出输入关系。只考虑传感器的静态特性时，输入量与输出量之间的关系式中不含有时间变量。衡量静态特性的重要指标是线性度、灵敏度、迟滞和重复性等。

1）线性度

传感器的输出输入关系或多或少地存在非线性。在不考虑迟滞、蠕变、不稳定性等因素的情况下，其静态特性可用下列多项式代数方程表示：

$$y = a_0 + a_1x + a_2x^2 + a_3x^3 + \cdots + a_nx^n \tag{2.1}$$

式中：y——输出量；a_0——零点输出；a_1——理论灵敏度；x——输入量；a_2、a_3、…、a_n——非线性项系数。

静态特性曲线可通过实际测试获得。在获得特性曲线之后，可以说问题已经得到解决。但是为了标定和数据处理的方便，希望得到线性关系。这时可采用各种方法，其中也包括硬件或软件补偿，进行线性化处理。

一般来说，这些办法都比较复杂。所以在非线性误差不太大的情况下，总是采用直线拟合的办法来线性化。图 2.1 给出了几种常见的直线拟合方法。

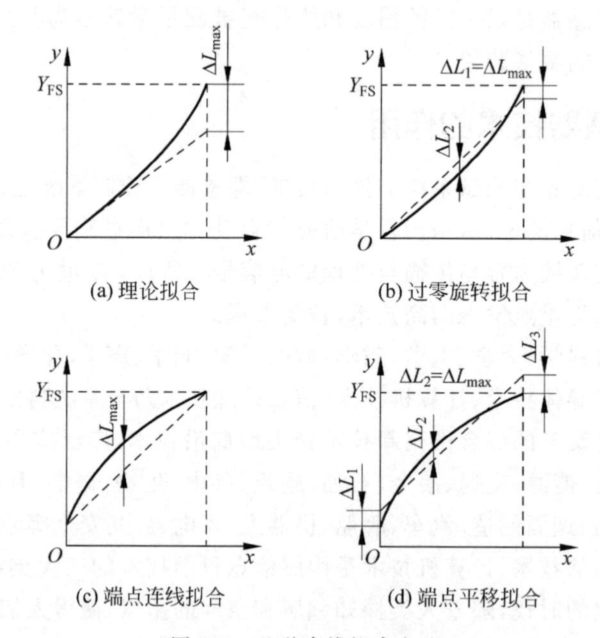

图 2.1 几种直线拟合方法

实际特性曲线与拟合直线之间的偏差称为传感器的非线性误差（或线性度），通常用相对误差 r_L 表示，即

$$r_L = \pm \frac{\Delta L_{max}}{Y_{FS}} \times 100\% \tag{2.2}$$

式中：ΔL_{max}——最大非线性绝对误差；Y_{FS}——满量程输出。

从图 2.1 中可见,即使是同类传感器,拟合直线不同,其线性度也是不同的。选取拟合直线的方法很多,用最小二乘法求取的拟合直线的拟合精度最高。

2）灵敏度

灵敏度 S 是指传感器的输出量增量 Δy 与引起输出量增量 Δy 的输入量增量 Δx 的比值,即：

$$S = \Delta y/\Delta x \tag{2.3}$$

对于线性传感器,它的灵敏度就是它的静态特性的斜率,即 S 为常数,而非线性传感器的灵敏度为一变量,用 $S=\Delta y/\Delta x$ 表示。传感器的灵敏度如图 2.2 所示。

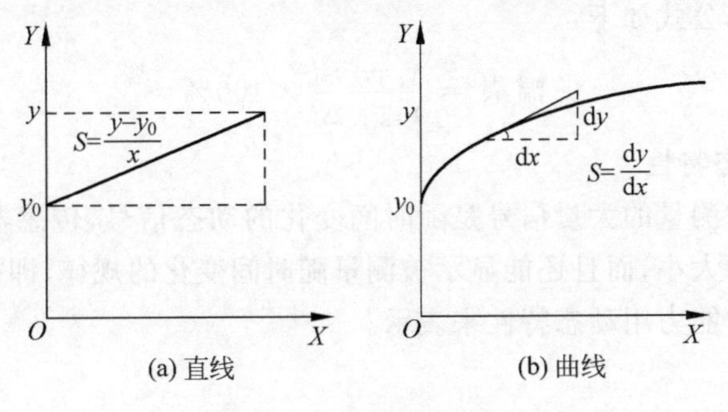

图 2.2　传感器的灵敏度

3）迟滞

传感器在正(输入量增大)反(输入量减小)行程期间其输出-输入特性曲线不重合的现象称为迟滞,如图 2.3 所示。也就是说,对于同一大小的输入信号,传感器的正反行程输出信号大小不相等。产生这种现象的主要原因是由于传感器敏感元件材料的物理性质和机械零部件的缺陷所造成的,例如,弹性敏感元件的弹性滞后、运动部件摩擦、传动机构的间隙、紧固件松动等。

迟滞大小通常由实验确定。迟滞误差 γ_H 可由下式计算：

$$\gamma_H = \pm(1/2)(\Delta_{H\max}/Y_{FS}) \times 100\% \tag{2.4}$$

式中：$\Delta_{H\max}$——正反行程间输出的最大差值；Y_{FS}——满量程输出。

4）重复性

重复性是指传感器在输入量按同一方向作全量程连续多次变化时,所得特性曲线不一致的程度,如图 2.4 所示。

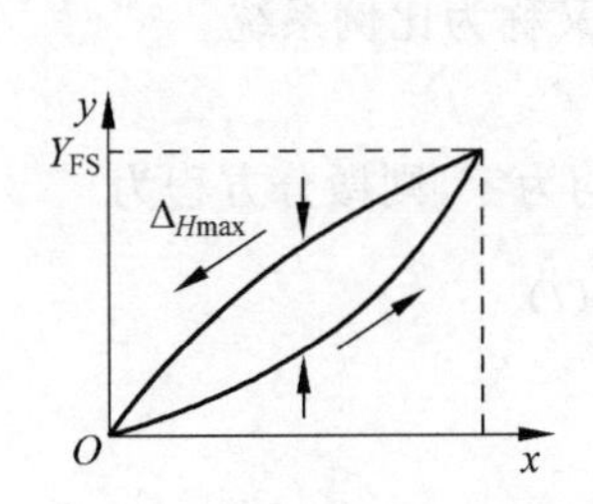

图 2.3　传感器的迟滞特性

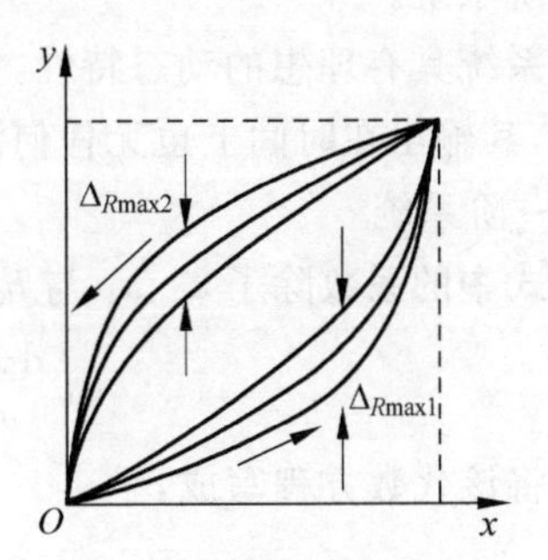

图 2.4　传感器的重复性

重复性误差可用正反行程的最大偏差表示，即：

$$\gamma_R = \pm(\Delta_{R\max}/Y_{FS}) \times 100\% \tag{2.5}$$

重复性误差属于随机误差，常用标准偏差表示，也可用正反行程中的最大偏差表示，即：

$$\gamma_R = \pm((2 \sim 3)\sigma/Y_{FS}) \times 100\% \tag{2.6}$$

图 2.4 中 $\Delta_{R\max1}$ 表示正行程的最大重复性偏差，$\Delta_{R\max2}$ 表示反行程的最大重复性偏差。

5）漂移

漂移是传感器不因输入的原因而发生的变化。例如由于时间变化引起的时间漂移，温度变化引起的温度漂移。

温度漂移的计算公式如下：

$$\text{温漂} = \frac{y_t - y_{20}}{Y_{FS} \cdot \Delta t} \times 100\% \tag{2.7}$$

2. 传感器的动态特性

实际检测中的被测量的大量信号是随时间变化的动态信号，传感器的输出不仅需要能精确地显示被测量的大小，而且还能显示被测量随时间变化的规律，即被测量的波形。传感器能测量动态信号的能力用动态特性来表示。

1）微分方程

传感器的种类和形式很多，但它们的动态特性一般都可以用下述的微分方程来描述：

$$a_n \frac{d^n y}{dt^n} + a_{n-1} \frac{d^{n-1} y}{dt^{n-1}} + \cdots + a_1 \frac{dy}{dt} + a_0 y = b_m \frac{d^m x}{dt^m} + b_{m-1} \frac{d^{m-1} x}{dt^{m-1}} + \cdots + b_1 \frac{dx}{dt} + b_0 x \tag{2.8}$$

对于常见的传感器，其动态模型通常可用零阶、一阶或二阶的常微分方程来描述，分别称为零阶系统、一阶系统和二阶系统。在实际中，经常遇到的是一阶和二阶环节的传感器。

(1) 零阶系统

在方程式中的系数除了 a_0、b_0 之外，其他的系数均为零，则微分方程就变成简单的代数方程，即：

$$a_0 y(t) = b_0 x(t) \tag{2.9}$$

通常将该代数方程写成：

$$y(t) = kx(t) \tag{2.10}$$

式中，$k=b_0/a_0$ 为传感器的静态灵敏度或放大系数。传感器的动态特性用此方程式来描述的称为零阶系统。

零阶系统具有理想的动态特性，无论被测量 $x(t)$ 如何随时间变化，零阶系统的输出都不会失真，其输出在时间上也无任何滞后，所以零阶系统又称为比例系统。

(2) 一阶系统

方程式中的系数除了 a_0、a_1 与 b_0 之外，其他的系数均为零，则微分方程为

$$a_1 \frac{dy(t)}{dt} + a_0 y(t) = b_0 x(t) \tag{2.11}$$

通常将该代数方程写成：

$$\tau \frac{dy(t)}{dt} + y(t) = kx(t) \tag{2.12}$$

时间常数 τ 具有时间的量纲，它反映传感器的惯性的大小，静态灵敏度则说明其静态特

性。用此方程式描述其动态特性的传感器称为一阶系统，一阶系统又称为惯性系统。

(3) 二阶系统

二阶系统的微分方程为：

$$a_2 \frac{\mathrm{d}^2 y(t)}{\mathrm{d}t^2} + a_1 \frac{\mathrm{d}y(t)}{\mathrm{d}t} + a_0 y(t) = b_0 x(t) \tag{2.13}$$

二阶系统的微分方程通常改写为：

$$\frac{\mathrm{d}^2 y(t)}{\mathrm{d}t^2} + 2\xi\omega_n \frac{\mathrm{d}y(t)}{\mathrm{d}t} + \omega_n^2 y(t) = \omega_n^2 k x(t) \tag{2.14}$$

根据二阶微分方程特征方程根的性质不同，二阶系统又可分为：

二阶惯性系统：其特点是特征方程的根为两个负实根，它相当于两个一阶系统串联。

二阶振荡系统：其特点是特征方程的根为一对带负实部的共轭复根。

2) 传递函数

动态特性的传递函数在线性或线性化定常系统中是指初始条件为零时，系统输出量的拉氏变换与输入量的拉氏变换之比。当传感器的数学模型初值为零时，对其进行拉氏变换，即可得出系统的传递函数。

$$\frac{Y(s)}{X(s)} = W(s) = \frac{b_m s^m + \cdots + b_1 s + b_0}{a_n s^n + \cdots + a_1 s + a_0} \tag{2.15}$$

式中，等号右边只与系统结构参数有关，因而等号右边是传感器特性的一种表达式，它联系了输入与输出的关系，是一个描述传感器转换及传递信号特性的函数。

2.2 常用物理量传感器

2.2.1 压力传感器

压力传感器是工业实践中最为常用的一种传感器，而我们通常使用的压力传感器主要是利用压电效应制造而成的，这样的传感器也称为压电传感器。

我们知道，晶体是各向异性的，非晶体是各向同性的。某些晶体介质，当沿着一定方向受到机械力作用发生变形时，就产生了极化效应；当机械力撤掉之后，又会重新回到不带电的状态，也就是受到压力的时候，某些晶体可能产生出电的效应，这就是所谓的极化效应。科学家根据这个效应研制出了压力传感器，常见的有四种压力传感器。

1. 电阻应变式传感器

1) 电阻应变式传感器定义

被测的动态压力作用在弹性敏感元件上，使它产生变形，在其变形的部位粘贴有电阻应变片，电阻应变片感受动态压力的变化，按这种原理设计的传感器称为电阻应变式压力传感器。

2) 电阻应变式传感器的工作原理

电阻应变式传感器所粘贴的金属电阻应变片主要有丝式应变片与箔式应变片。

箔式应变片是以厚度为 0.002～0.008mm 的金属箔片作为敏感栅材料，箔栅宽度为 0.003～0.008mm。丝式应变片是由一根具有高电阻系数的电阻丝(直径 0.015～0.05mm)，平行地排成栅形(一般 2～40 条)，电阻值 60～200Ω，通常为 120Ω，牢贴在薄纸片上，电阻纸两端焊有引出线，表面覆一层薄纸，即制成了纸基的电阻丝式应变片。测量时，用特制的胶水将金属电阻应变片粘贴于待测的弹性敏感元件表面上，弹性敏感元件随着动态压力而产生变形时，电阻片也跟随变形。电阻应变式传感器结构如图 2.5 所示。其中 b 为栅宽，l 为栅长。

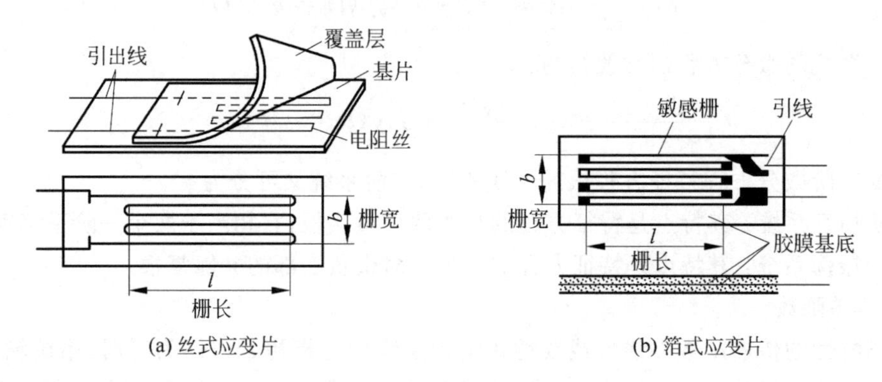

图 2.5 电阻应变式传感器结构图

材料的电阻变化率由下式决定：

$$\frac{\mathrm{d}R}{R}=\frac{\mathrm{d}\rho}{\rho}+\frac{\mathrm{d}A}{A} \tag{2.16}$$

式中：R——材料电阻；ρ——材料电阻率。

由材料力学知识得：

$$\frac{\mathrm{d}R}{R}=[(1+2\mu)+C(1-2\mu)]\varepsilon=K\varepsilon \tag{2.17}$$

式中：K——金属电阻应变片的敏感度系数。

K 对于确定购金属材料在一定的范围内为一常数，将微分 $\mathrm{d}R$、$\mathrm{d}L$ 改写成增量 ΔR、ΔL，可得：

$$\frac{\Delta R}{R}=K\frac{\Delta L}{L}=K\varepsilon \tag{2.18}$$

由式(2.17)可知，当弹性敏感元件受到动态压力作用后随之产生相应的变形 ε，而形应变值可由丝式应变片或箔式应变片测出，从而得到了 ΔR 的变化，也就得到了动态压力的变化，基于这种应变效应的原理实现了动态压力的测量。

3）电阻应变式传感器的分类及特点

常用的电阻应变式压力传感器包括测低压用的膜片式压力传感器、测中压用的膜片-应变筒式压力传感器以及测高压用的应变筒式压力传感器。

(1) 膜片-应变筒式压力传感器的特点是具有较高的强度和抗冲击稳定性，具有优良的静态特性、动态特性和较高的自振频率，可达 30kHz 以上，测量的上限压力可达到 9.6MPa。适于测量高频脉动压力；又加上强制水冷却，也适于高温下的动态压力测量，如火箭发动机的压力测量，内燃机、压气机等的压力测量。

(2) 膜片式应变压力传感器的特点包括两点：①这种膜片式应变压力传感器不宜测量较大的压力，当变形大时，非线性较大。但小压力测量中由于变形很小，非线性误差可小于 0.5%，同时又有较高的灵敏度，因此在冲击波的测量中，国内外都用过这种膜片式压力传感器。②这种传感器与膜片-应变筒式压力传感器相比，自振频率较低，因此在低压高频测量中，应严防冲击压力频率与膜片自振频率相接近，否则会带来严重的波形与压力值的失真与偏低。

2. 压阻式压力传感器

1）压阻式压力传感器的工作原理

压阻式压力传感器是由平面应变传感器发展起来的一种新型压力传感器。它以硅片作为弹性敏感元件，由该膜片上用集成电路扩散工艺制成四个等值导体电阻组成惠斯通电桥，当膜片受力后，由于半导体的压阻效应，电阻值发生变化，使电桥输出而测得压力的变化，利用这种方法制成的压力传感器称为压阻式压力传感器。

2）压阻式压力传感器的特点

压阻式压力传感器的优点：
- 结构简单、可微型化
- 可测高频
- 灵感度高
- 精度高

压阻式压力传感器的缺点：
- 受温度影响大
- 量程小
- 不耐腐蚀
- 工艺复杂

3. 压电式压力传感器

压电式压力传感器是利用压电材料的压电效应，将压力转换为相应的电信号。经放大器、记录器而得到欲测的动态压力参数。

1）压电式压力传感器的工作原理

由于压电传感器受到力时，其表面聚集着数量相等而极性相反的电荷 Q，而晶体片本身又是绝缘体，很显然这样的晶体片就构成了电容器，若极板间电容为 C_0，则在两极板间呈现的电压为：

$$U = \frac{Q}{C_0} \tag{2.19}$$

因此压电传感器可以等效为一个电压源和一个串联电容表示的等效电路，或把压电传感器等效为一个电流源与一个电容 C_0 并联的等效电路。

压电传感器的前置放大器可分两类。一种是高输入阻抗电压放大器，其输出电压与输入电压成正比，这种电压前置放大器一般也称为阻抗变换器；另一种是电荷放大器，其输出电压与输入电荷成比例。

(1) 电压放大器的工作原理：由于电压放大器具有高输入阻抗和低输出阻抗的特点，因此压电传感器经过电压故大器后就变为低阻抗输出了，这就可以用光线示波器或普通仪器进行记录。

(2) 电荷放大器的工作原理：电荷放大器能将高内阻的电荷转换为低内阻电压输出，且输出电压正比于输入电荷，因此电荷放大器同样起着阻抗变换的作用。它实际上是一个具有深度电容负反馈的高增益运算放大器。

2）压电式压力传感器的特点主要有

① 自振频率高；

② 能适应恶劣环境(如花炮冲击波压力)；

③ 低频性能差；

④ 温度效应敏感；

⑤ 使用及维修的要求比较苛刻。

4. 电感式压力传感器

1）电感式压力传感器的工作原理

这种传感器是将压力的变化量转换为对应的电感变化量，输入给放大器和记录器。电感传感器的工作原理如图 2.6 所示。

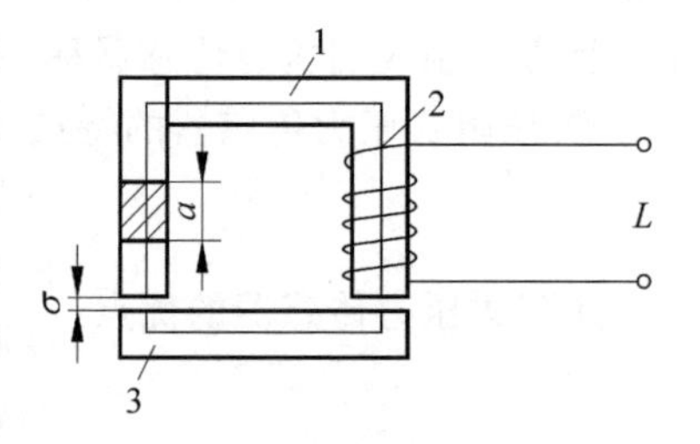

图 2.6 电感传感器的工作原理图

1—铁芯；2—线圈；3—衔铁

铁芯 1 和衔铁 3 均由导磁性材料硅钢片或坡莫合金制成。衔铁和铁芯之间有空隙 σ，在压力作用下，衔铁 3 上下运动，磁路中的气隙 σ 随之改变，使线圈的磁阻发生变化，从而引起线圈电感的变化。线圈中的电感等于单位电流所产生的磁链。电感量

$$L = \frac{W^2 \mu_0 S_0}{2\sigma} \tag{2.20}$$

式中：W——线圈的匝数；μ_0——空气的导磁率；S_0——气隙面积。

式(2.20)为电感压力传感器的基本特性公式，它表示由于压力 P 的变化引起膜片衔铁气隙 σ 的变化，使得磁路中线圈电感也有相应的变化，而测出电感量的变化，就能得到压力的大小。

2）电感式压力传感器的特点

(1) 压力变换器的线性有了很大的改善，可扩大到起始间隙的 0.3～0.4 倍。

(2) 桥压越高，起始气隙越小且初始电磁参数越高，灵敏度就越高。

2.2.2 超声波传感器

超声波传感器是利用超声波的特性研制而成的传感器。超声波是一种振动频率高于声波的机械波，由换能晶片在电压的激励下发生振动而产生，它具有频率高、波长短、绕射现象小，特别是方向性好、能够成为射线而定向传播等特点。超声波对液体、固体的穿透本领很大，尤其是在阳光不透明的固体中，它可穿透几十米的深度。超声波碰到杂质或分界面会产生显著反射形成反射回波，碰到活动物体能产生多普勒效应。因此，超声波检测广泛应用在工业、国防、生物医学等方面。

图 2.7 超声波传感器外形

以超声波作为检测手段，必须包括产生超声波和接收超声波。完成这种功能的装置就是超声波传感器，习惯上称为超声换能器，或者超声探头。超声波传感器的外形如图 2.7 所示。

1. 组成部分

超声波探头主要由压电晶片组成，既可以发射超声波，也可以接收超声波。小功率超声探头多作探测作用。它有许多不同的结构，可分为直探头(纵波)、斜探头(横波)、表面波探头(表面波)、兰姆波探头(兰姆波)、双探头(一个探头反射、一个探头接收)等。

2. 性能指标

超声探头的核心是其塑料外套或者金属外套中的一块压电晶片。构成晶片的材料可以有许多种。晶片的大小，如直径和厚度也各不相同，因此每个探头的性能是不同的，我们使用前必须预先了解它的性能。超声波传感器的主要性能指标包括两点。

(1) 工作频率：就是压电晶片的共振频率。当加到它两端的交流电压的频率和晶片的共振频率相等时，输出的能量最大，灵敏度也最高。

(2) 工作温度：由于压电材料的居里点一般比较高，特别是诊断用超声波探头使用功率较小。所以工作温度比较低，可以长时间工作而不失效。医疗用的超声探头的温度比较高，需要单独的制冷设备。

(3) 灵敏度：主要取决于制造晶片本身。机电耦合系数大，灵敏度高；反之，灵敏度低。

2.2.3 温度、湿度传感器

1. 温度传感器

接触式温度传感器的检测部分与被测对象有良好的接触，又称温度计。是利用物质各种物理性质随温度变化的规律把温度转换为电量的传感器。几种温度传感器的外形如图 2.8 所示。

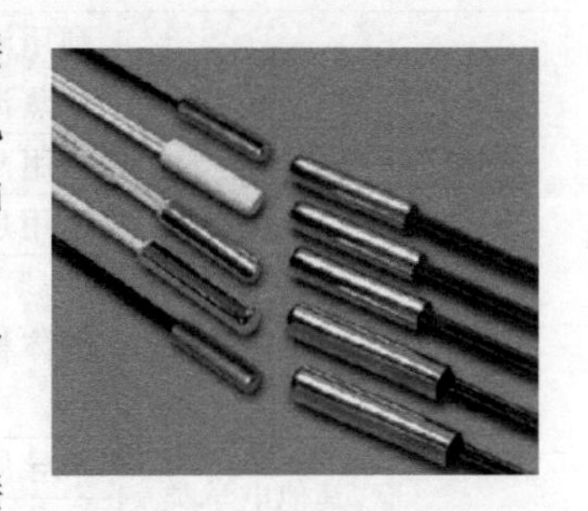

图 2.8 温度传感器

根据传感器的测温方式，温度基本测量方法通常可分为接触式和非接触式两大类。

接触式温度测量的特点是感温元件直接与被测对象相接触，两者进行充分的热交换，最后达到热平衡，此时感温元件的温度与被测对象的温度必然相等，温度计的示值就是被测对象的温度。接触式测温的测温精度相对较高，直观可靠，测温仪表价格较低，但由于感温元件与被测介质直接接触，会影响被测介质的热平衡状态，而接触不良又会增加测温误差；若被测介质具有腐蚀性或温度太高亦将严重影响感温元件的性能和寿命。根据测温转换的原理，接触式测温可分为膨胀式、热阻式、热电式等多种形式。

非接触式温度测量的特点是感温元件不与被测对象直接接触，而是通过接受被测物体的热辐射能实现热交换，据此测出被测对象的温度。因此，非接触式测温具有不改变被测物体的温度分布，热惯性小，测温上限可设计得很高，便于测量运动物体的温度和快速变化的温度等优点。两类测温方法的主要特点如表 2.1 所示。

表 2.1 接触式和非接触式温度测量对比表

方式	接 触 式	非 接 触 式
测量条件	感温元件要与被测对象良好接触；感温元件的加入几乎不改变对象的温度；被测温度不超过感温元件能承受的上限温度；被测对象不对感温元件产生腐蚀	需准确知道被测对象表面发射率：被测对象的辐射能充分照射到检测元件上
测量范围	特别适合 1200℃以下，热容大，无腐蚀性对象的连续在线测温，对高于 1300℃以上的温度测量比较困难	原理上测量范围可以从超低温到极高温，但 1000℃以下测量误差大，能测运动物体和热容小的物体温度
精度	工业用表通常为 1.0、0.5、0.2 及 0.1 级，实验室用表可达 0.01 级	通常为 1.0、1.5、2.5 级
响应速度	慢，通常为几十秒到几分钟	快，通常为 2～3s
其他特点	整个测温系统结构简单，体积小，可靠，维护方便，价格低廉；仪表度数直接反映被测物体的实际温度；可方便地组成多路集中测量与控制系统	整个测温系统结构复杂，体积大，调整麻烦，价格昂贵；仪表读数通常只反映被测物体表现温度（需进一步转换）；不易组成测温、控温一体化的温度控制装置

各类温度检测方法构成的测温仪表的大体测温范围如表 2.2 所示。

表 2.2 各类温度检测方法构成的测温仪表的大体测温范围表

测温方式	类别	原理	典型仪表	测温范围/℃
接触式测温	膨胀类	利用液体气体的热膨胀及物质的蒸汽压变化	玻璃液体温度计	－100～600
			压力式温度计	－100～500
		利用两种金属的热膨胀差	双金属温度计	－80～600
	热电类	利用热电效应	热电偶	－200～1800
	电阻类	固体材料的电阻随温度而变化	铂热电阻	－260～850
			铜热电阻	－50～150
			热敏电阻	－50～300
	其他电学类	半导体器件的温度效应	集成温度传感器	－50～150
		晶体的固有频率随温度而变化	石英晶体温度计	－50～120
	光纤类	利用光纤的温度特性或作为传光介质	光纤温度传感器	－50～400
非接触式测温			光纤辐射温度计	200～4000
	辐射类	利用普朗克定律	光电高温计	800～3200
			辐射传感器	400～2000
			比色温度计	500～3200

1）温度传感器——热电偶

热电偶是常用的温度传感器，其工作原理是当有两种不同的导体或半导体 A 和 B 组成一个回路，其两端相互连接时，只要两节点处的温度不同，一端温度为 T，称为工作端或热端，另一端温度为 T_0，称为自由端（也称参考端）或冷端，则回路中就有电流产生，如图 2.9 所示，即回路中存在的电动势称为热电动势。这种由于温度不同而产生电动势的现象称为塞贝克效应（Seebeck effect）。与塞贝克有关的效应有两个：其一，当有电流流过两个不同导体的连接处时，此处便吸收或放出热量（取决于电流的方向），称为珀尔帖效应（Peltier effect)；其二，当有电流流过存在温度梯度的导体时，导体吸收或放出热量(取决于电流相对于温度梯度的方向)，称为汤姆逊效应(Thomson effect)。

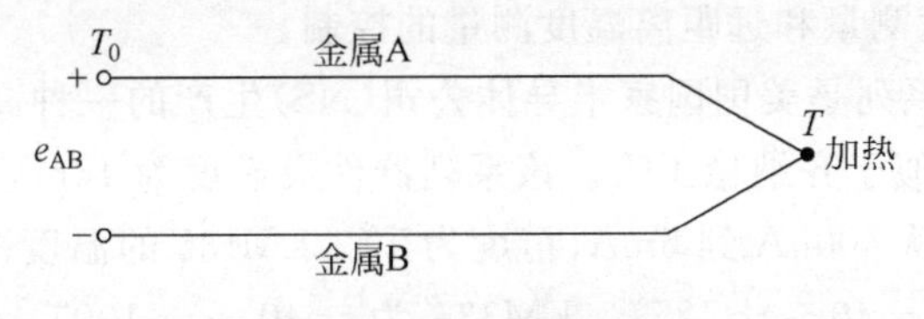

图 2.9　热电偶原理图

两种不同导体或半导体的组合称为热电偶。热电偶的热电势 e_{AB} 是由接触电势和温差电势合成的。接触电势是指两种不同的导体或半导体在接触处产生的电势，此电势与两种导体或半导体的性质及在接触点的温度有关。温差电势是指同一导体或半导体在温度不同的两端产生的电势，此电势只与导体或半导体的性质和两端的温度有关，而与导体的长度、截面大小、沿其长度方向的温度分布无关。无论接触电势或温差电势都是由于集中于接触处端点的电子数不同而产生的电势，热电偶测量的热电势是二者的合成。当回路断开时，在断开处 A 和 B 之间便有一电动势差 ΔV，其极性和大小与回路中的热电势一致。并规定在冷端，当电流由 A 流向 B 时，称 A 为正极，B 为负极。实验表明，当 ΔV 很小时，ΔV 与 ΔT 成正比关系。定义 ΔV 对 ΔT 的微分热电势为热电势率，又称塞贝克系数。塞贝克系数的符号和大小取决于组成热电偶的两种导体的热电特性和结点的温度差。

目前，国际电工委员会(IEC)推荐了 8 种类型的热电偶作为标准化热电偶，即为 T 型、E 型、J 型、K 型、N 型、B 型、R 型和 S 型。

2）温度传感器——热敏电阻

热敏电阻是导体的电阻值随温度变化而改变，通过测量其阻值推算出被测物体的温度，利用此原理构成的传感器就是电阻温度传感器，这种传感器主要用于−200～500℃温度范围内的温度测量。纯金属是热电阻的主要制造材料，热电阻的材料应具有以下特性。

(1) 电阻温度系数要大而且稳定，电阻值与温度之间应具有良好的线性关系。

(2) 电阻率高，热容量小，反应速度快。

(3) 材料的复现性和工艺性好，价格低。

(4) 在测温范围内化学物理特性稳定。

目前，在工业中应用最广的是铂和铜，已制作成标准测温热电阻。

3）温度传感器——模拟温度传感器

传统的模拟温度传感器，如热电偶、热敏电阻和 RTDS 对温度的监控在一些温度范围内线性不好，需要进行冷端补偿或引线补偿；且热惯性大，响应时间慢。集成模拟温度传感器与之相比，具有灵敏度高、线性度好、响应速度快等优点，而且它还将驱动电路、信号处理电路以及必要的逻辑控制电路集成在单片 IC 上，有实际尺寸小、使用方便等优点。常见的模拟温度传感器有 LM3911、LM335、LM45、AD22103 电压输出型、AD590 电流输出型。这里主要介绍该类器件的几个典型。

AD590 是美国模拟器件公司的电流输出型温度传感器，供电电压范围为 3～30V，输出电流 223μA(−50℃)～423μA(+150℃)，灵敏度为 1μA/℃。当在电路中串接采样电阻 R 时，R 两端的电压可作为输出电压。注意 R 的阻值不能取得太大，以保证 AD590 两端电压不低于 3V。AD590 输出电流信号传输距离可达到 1km 以上。作为一种高阻电流源，最高可达 20MΩ，所以使用它不必考虑选择开关或 CMOS 多路转换器所引入的附加电阻造成的误差。适用于多点温度测量和远距离温度测量的控制。

LM135/235/335 系列是美国国家半导体公司(NS)生产的一种高精度易校正的集成温度传感器，工作特性类似于齐纳稳压管。该系列器件灵敏度为 10mV/K，具有小于 1Ω 的动态阻抗，工作电流范围从 400μA 到 5mA，精度为 1℃，LM135 的温度范围为－55～＋150℃，LM235 的温度范围为－40～＋125℃，LM335 为－40～＋100℃。封装形式有 TO-46、TO-92、SO-8。该系列器件广泛应用于温度测量、温差测量以及温度补偿系统中。

4) 温度传感器——逻辑输出型温度传感器

在许多应用中，我们并不需要严格测量温度值，只关心温度是否超出了一个设定范围，一旦温度超出所规定的范围，则发出报警信号，启动或关闭风扇、空调、加热器或其他控制设备，此时可选用逻辑输出式温度传感器。LM56、MAX6501. MAX6504、MAX6509/6510 是其典型代表。

LM56 是 NS 公司生产的高精度低压温度开关，内置 1.25V 参考电压输出端。最大只能带 50μA 的负载。电源电压范围 2.7～10V，工作电流最大 230μA，内置传感器的灵敏度为 6.2mV/℃，传感器输出电压为 6.2mV/℃×T＋395mV。

MAX6501/02/03/04 是具有逻辑输出和 SOT-23 封装的温度监视器件开关。它的设计非常简单：用户选择一种接近于自己需要的控制的温度门限(由厂方预设在－45℃到＋115℃，预设值间隔为 10℃)。直接将其接入电路即可使用，无须任何外部元件。其中 MAX6501/MAX6503 为漏极开路低电平报警输出，MAX6502/MAX6504 为推/拉式高电平报警输出，MAX6501/MAX6503 提供热温度预置门限(35～115℃)，当温度高于预置门限时报警；MAX6502/MAX6504 提供冷温度预置门限(－45～15℃)，当温度低于预置门限时报警。对于需要一个简单的温度超限报警而又空间有限的应用如笔记本电脑、蜂窝移动电话等应用来说是非常理想的，该器件的典型温度误差是±0.5℃，最大±4℃，滞回温度可通过引脚选择为 2℃或 10℃，以避免温度接近门限值时输出不稳定。这类器件的工作电压范围为 2.7～5.5V，典型工作电流为 30μA。

5) 温度传感器——数字式温度传感器

(1) 输出为占空比的数字温度传感器：SMT16030 是荷兰 Smartec 公司采用硅工艺生产的数字式温度传感器，采用 PTAT 结构，这种半导体结构具有精确的，与温度相关的良好输出特性。PTAT 的输出通过占空比比较器调制成数字信号，占空比 $DC=0.32+0.047\times t$，t 为摄氏度。输出数字信号故与微处理器 MCU 兼容，通过处理器的高频采样可算出输出电压方波信号的占空比，即可得到温度。该款温度传感器因其特殊工艺，还具有分辨率极高的特点，可达到 0.005K。测量温度范围为－45～130℃，故适用于高精度的应用。

(2) MAX6575/76/77 数字温度传感器：如果采用数字式接口的温度传感器，上述设计问题将得到简化。同样，当 A/D 和微处理器的 I/O 引脚短缺时，采用时间或频率输出的温度传感器也能解决上述测量问题。以 MAX6575/76/77 系列 SOT-23 封装的温度传感器为例，这类器件可通过单线和微处理器进行温度数据的传送，提供三种灵活的输出方式——频率、周期和定时，并具备±0.8℃的典型精度，一条线最多允许挂接 8 个传感器，150μA 典型电源电流和 2.7～5.5V 的宽电源电压范围及－45～125℃的温度范围。它输出的方波信号具有正比于绝对温度的周期，采用6脚SOT-23封装，仅占很小的板面。该器件通过一条I/O与微处理器相连，利用微处理器内部的计数器测出周期后就可计算出温度。

6）温度传感器发展趋势

现代信息技术的三大基础是信息采集(即传感器技术)、信息传输(通信技术)和信息处理(计算机技术)。传感器属于信息技术的前沿尖端产品，尤其是温度传感器被广泛用于工农业生产、科学研究和生活等领域，数量高居各种传感器之首。温度传感器的发展大致经历了以下三个阶段：①传统的分立式温度传感器(含敏感元件)；②模拟集成温度传感器/控制器；③智能温度传感器。国际上新型温度传感器正从模拟式向数字式，由集成化向智能化、网络化的方向发展。

在20世纪90年代中期最早推出的智能温度传感器，采用的是8位A/D转换器，其测温精度较低，分辨力只能达到1℃。国外已相继推出多种高精度、高分辨力的智能温度传感器，所用的是9～12位A/D转换器，分辨力一般可达0.5～0.0625℃。由美国DALLAS半导体公司新研制的DS1624型高分辨力智能温度传感器，能输出13位二进制数据，其分辨力高达0.03125℃，测温精度为±0.2℃。为了提高多通道智能温度传感器的转换速率，也有的芯片采用高速逐次逼近式A/D转换器。以AD7817型5通道智能温度传感器为例，它对本地传感器、每一路远程传感器的转换时间分别仅为27μs、9μs。进入21世纪后，智能温度传感器正朝着高精度、多功能、总线标准化、高可靠性及安全性、开发虚拟传感器和网络传感器、研制单片测温系统等高科技的方向迅速发展。智能温度传感器的总线技术也实现了标准化、规范化，所采用的总线主要有单线(1. Wire)总线、I^2C总线、SMBus总线和SPI总线。温度传感器作为从机可通过专用总线接口与主机进行通信。

2. 湿度传感器

近年来湿度传感器得到了较大的发展，本书重点阐述电阻式湿度传感器和电容式湿度传感器的原理及应用，分析其频率特性和灵敏度，探究误差形成因素，并概述其在工程控制领域中的实际应用。

1）湿度传感器的分类

自古至今，湿度的测量是环境测量的重要参数之一。古代所谓“础润而雨”的成语，就是通过观测石柱底部的干湿来预测天气是否下雨，从而进行指导生活的写照。

湿度包括气体的湿度和固体的湿度。气体的湿度是指大气中水蒸气的含量，度量方法有：绝对湿度，即每立方米气体在标况下(温度为0℃，压强为101.325kPa)所含有的水蒸气的重量，即水蒸气密度；相对湿度，即一定体积气体中实际含有的水蒸气分压与相同温度下该气体所能包含的最大水蒸气分压之比；含湿量，即每千克干空气中所含水蒸气的质量。其中相对湿度是最常用的。固体的湿度是物质中所含水分的百分数，即物质中所含水分的质量与其总质量之比。

湿度传感器种类繁多，有多种分类方式。

(1) 按元件输出的电学量分类可分为电阻式、电容式、频率式等。

(2) 按其探测功能可分为相对湿度、绝对湿度、结露和多功能式四种。

(3) 按材料则可分为陶瓷式、有机高分子式、半导体式、电解质式等。

另外，根据与水分子亲和力是否有关，可以将湿度传感器分为水亲和力型湿度传感器和非水亲和力型湿度传感器。水分子易于吸附在物体表面并渗透到固体内部的这种特性称为水分子亲和力，水分子附着或浸入湿敏功能材料后，不仅是物理吸附，而且还有化学吸附，其结果使功能材料的电性能产生变化，如使 LiCl、ZnO 材料的阻抗发生变化。因此，这些材料就可以制成湿敏元件。另外利用某些材料与水分子接触的物理效应也可以测量湿度。其测量原理在于感湿材料吸湿或脱湿过程改变其自身的性能从而构成不同类型的湿度传感器。把与水分子亲和力无关的湿度传感器称为非水分子亲和力型传感器，其主要的测量原理有：利用潮湿空气和干燥空气的热传导之差来测定湿度；利用微波在含水蒸气的空气中传播，水蒸气吸收微波使其产生一定的能量损耗，传输损耗的能量与环境空气中的湿度有关以此来测定湿度；利用水蒸气能吸收特定波长的红外线来测定空气中的湿度。

2）电阻式湿度传感器的原理

湿敏传感器是由湿敏元件和转换电路等组成，能感受外界湿度（通常将空气或其他气体中的水分含量称为湿度）变化，并通过器件材料的物理或化学性质变化，将环境湿度变换为电信号的装置。

一种典型的水分子亲和力型湿度传感器——氯化锂（LiCl）电阻湿度传感器介绍：氯化锂是一种在大气中不分解、不挥发，也不变质而具有稳定的离子型无机盐类。其吸湿量与空气相对湿度成一定函数关系，随着空气相对湿度的增减变化，氯化锂吸湿量也随之变化。当氯化锂溶液吸收水汽后，使导电的离子数增加，因此导致电阻的降低；反之，则使电阻增加。这种将空气相对湿度转换为其电阻值的测量方法称为吸湿法湿度测量。氯化锂电阻湿度计的传感器就是根据这一原理工作的。氯化锂湿度传感器的结构如图 2.10 所示。

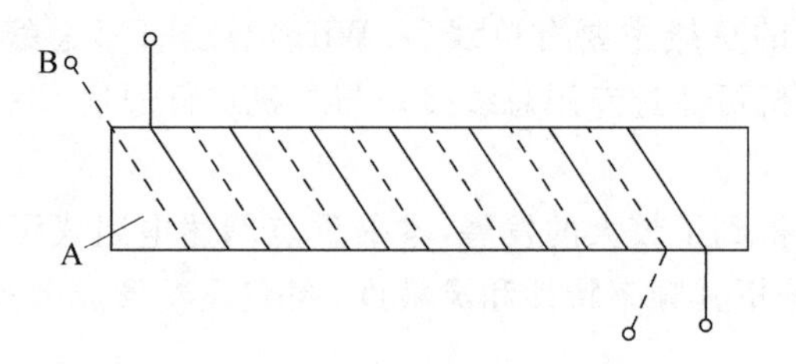

图 2.10　氯化锂湿度传感器的结构

A—涂有聚苯乙烯薄膜的圆筒；B—钯丝

氯化锂传感器的测湿范围与所涂氯化锂浓度及其他成分有关。采用某一浓度制作的元件在其有效的感湿范围内，其电阻值随周围空气相对湿度的变化符合指数关系。当湿度低于其有效的感湿范围时，其阻值迅速增加，趋于无限大；而当高于该范围时，其阻值变得非常小，乃至趋于零。每一传感器的测量范围较窄，故应按照测量范围的要求，选用相应的量程。为扩大测量范围，可采用多片组合传感器。组合式氯化锂湿度传感器的结构如图 2.11 所示。

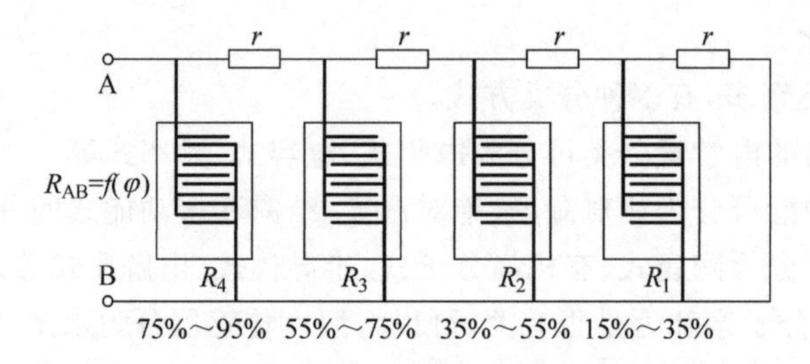

图 2.11　组合式氯化锂温度传感器结构图

3）电容式湿度传感器的原理

湿度传感器选用湿敏电容型传感器。该传感器是湿感应元件共体，具有防电磁干扰的性能。测温是一个标准的铂电阻 Pt100，以四线制方式测量，减少长引线带来的测量误差。

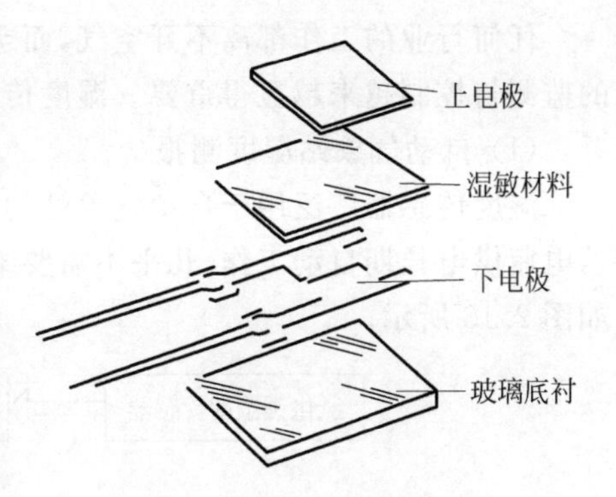

图 2.12　湿敏电容的结构

传感器主要由湿敏电容和转换电路两部分组成。湿敏电容的结构如图 2.12 所示。它由玻璃底衬、下电极、湿敏材料、上电极几部分组成。两个下电极与湿敏材料，上电极构成的两个电容成串联连接。湿敏材料是一种高分子聚合物，它的介电常数随着环境的相对湿度变化而变化。当环境湿度发生变化时，湿敏元件的电容量随之发生改变，即当相对湿度增大时，湿敏电容量随之增大，反之减小（电容量通常在 48～56pF）。传感器的转换电路把湿敏电容变化量转换成电压量变化，对应于相对湿度 0～100%RH 的变化，传感器的输出呈 0～1V 的线性变化。

4）湿度传感器的特性参数

湿度传感器的特性参数主要有：湿度量程、感湿特征量—相对湿度特性曲线、灵敏度、湿度温度系数、响应时间、湿滞回线和湿滞回差等。

(1) 湿度量程：它是指湿度传感器能够较精确测量的环境湿度的最大范围。由于各种湿度传感器所使用的材料及依据的工作原理不同，其特性并不都能适用于 0～100%RH 的整个相对湿度范围。

(2) 感湿特征量—相对湿度特性曲线：湿度传感器的输出变量称为其感湿特征量 K，如电阻、电容等。湿度传感器的感湿特征量随环境湿度的变化曲线，称为传感器的感湿特征量。

环境湿度特性曲线，简称为感湿特性曲线。性能良好的湿度敏感器件的感湿特性曲线，应有宽的线性范围和适中的灵敏度。

(3) 灵敏度：湿度传感器的灵敏度即其感湿特性曲线的斜率。大多数湿度敏感器件的感湿特性曲线是非线性的，因此尚无统一的表示方法。较普遍采用的方法是用器件在不同环境湿度下的感湿特征量之比来表示。

(4) 湿度温度系数：它定义为在器件感湿特征量恒定的条件下，该感湿特征量值所表示的环境相对湿度随环境温度的变化率，即：

$$\alpha = \left.\frac{\mathrm{d}(RH)}{\mathrm{d}T}\right|_{K=\text{常数}} \tag{2.21}$$

因此，环境温度将造成测湿误差。例如，$\alpha=0.3\%RH/℃$时，环境的温度变化 20℃，将引起 6%RH 的测湿误差。

(5) 响应时间：它表示当环境湿度发生变化时，传感器完成吸湿或脱湿以及动态平衡过程所需时间的特性参数。响应时间用时间常数 τ 来定义，即感湿特征量由起始值变化到终止值的 0.632 倍所需的时间。可见，响应时间是与环境相对湿度的起、止值密切相关。

(6) 湿滞回线和湿滞回差：一个湿度传感器在吸湿和脱湿两种情况下的感湿特性曲线不相重复，一般可形成为一回线，这种特性称为湿滞特性；其曲线称为湿滞回线。

5）湿度传感器的实际应用

任何行业的工作都离不开空气，而空气的湿度又与工作、生活、生产有直接关联，使湿度的监测与控制越来越显得重要。湿度传感器的应用主要有如下几个方面。

（1）自动气象站湿度测报

湿度传感器广泛用于自动气象站的遥测装置上，采用耗电量很小的湿度传感器可以由蓄电瓶供电长期自动工作，几乎不需要维护。用于无线电遥测自动气象站的湿度测报原理如图 2.13 所示。

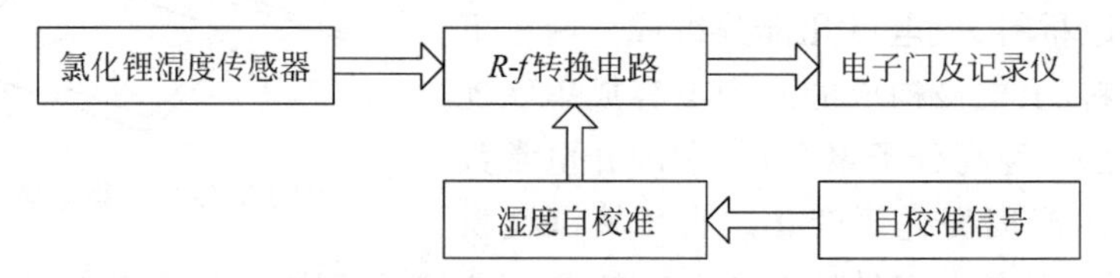

图 2.13 无线电遥测自动气象站的温度测报原理方框图

氯化锂湿度传感器将被测湿度转换为电阻值，R-f 转换电路将此电阻值 R 转换为相应的频率 f，再经自校准器控制使频率 f 与相对湿度一一对应，最后经门电路记录在自动记录仪上。如果需要远距离数据传输，则还需要将得到的数字量编码，调制到无线电载波上发射出去。

（2）湿度控制电路

典型湿度控制电路如图 2.14 所示。振荡电路用时基电路 IC_1、D 触发器 IC_2 组成。IC_1 产生 4Hz 的脉冲信号，经 IC_2 后变为 2Hz 的对称方波作为湿度器件的电源，由 IC_3 组成比较器。在比较器的同相输入端接入基准电压，调节电位器 R_P 可以设定控制的相对湿度。在比较器的反相输入端接入湿度检测器件组成的电路，其中热敏电阻 RT 用作温度补偿，以消除湿度传感器 RH 的温度系数引起的测量误差。当空气的湿度变化时，比较器反相输入端的电平随之改变，当达到设定的相对湿度时，比较器输出控制信号，U_o 使执行电路工作。该控制电路可用于通风、排气扇及排湿加热等设备。

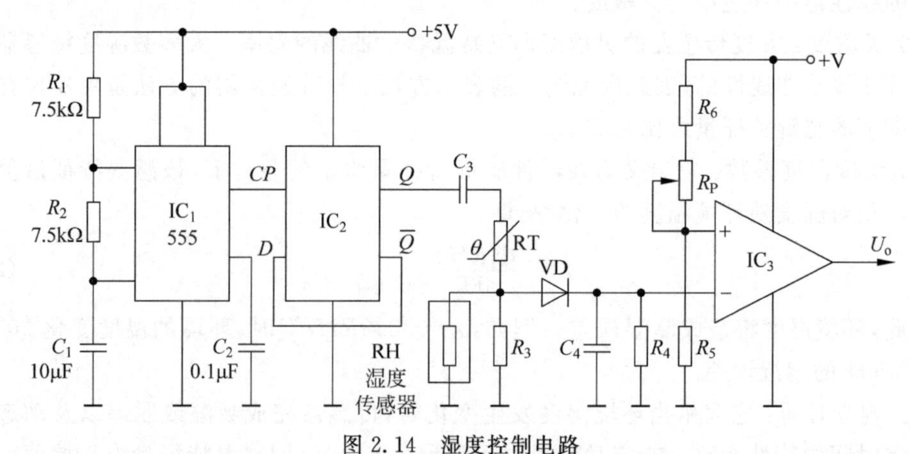

图 2.14 湿度控制电路

（3）汽车后窗玻璃自动去湿装置

图 2.15 是一种用于汽车驾驶室挡风玻璃的自动去湿电路。其目的是防止驾驶室的挡风玻璃结露或结霜，保证驾驶员视线清楚，避免事故发生。该电路也可用于其他需要去湿的场合。

图 2.15 中 R_L 为嵌入玻璃的加热电阻，RH 为设置在挡风玻璃上的湿度传感器。由 VT_1 和 VT_2 三极管组成施密特触发电路，在 VT_1 的基极接有由 R_1、R_2 和湿度传感器电阻 RH 组成的偏置电路。在常温常湿条件下，由于 RH 的阻值较大，VT_1 处于导通状态，VT_2 处于截止状态，继电器 K 不工作，加热电阻无电流流过。当车内、外温差较大，且湿度过大时，湿度传感器 RH 的阻值减小，使 VT_2 处于导通状态，VT_1 处于截止状态，继电器 K 工作，其常开触点 K_1 闭合，加热电阻开始加热，后窗玻璃上的潮气被驱散。

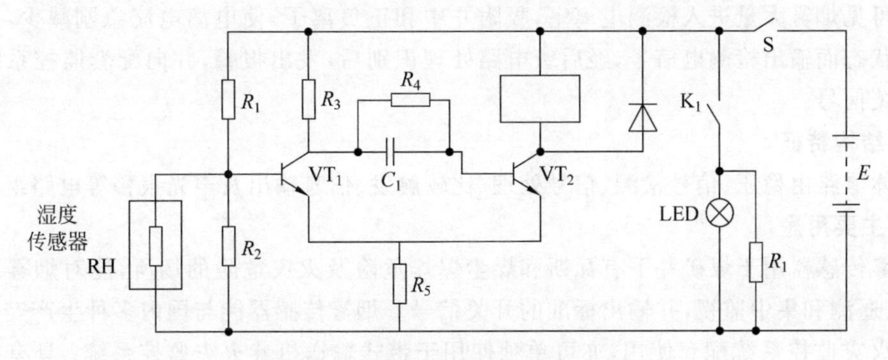

图 2.15　汽车挡风玻璃自动去湿电路

2.2.4　烟雾、气体传感器

1. 烟雾传感器的分类

烟雾传感器种类繁多，从检测原理上可以分为三大类。

(1) 利用物理化学性质的烟雾传感器：如半导体烟雾传感器、接触燃烧烟雾传感器等。

(2) 利用物理性质的烟雾传感器，如热导烟雾传感器、光干涉烟雾传感器、红外传感器等。

(3) 利用电化学性质的烟雾传感器，如电流型烟雾传感器、电势型气体传感器等。

2. 烟雾传感器应满足的基本条件

一个烟雾传感器可以是单功能的，也可以是多功能的；可以是单一的实体，也可以是由多个不同功能传感器组成的阵列。但是，任何一个完整的烟雾传感器都必须具备以下条件。

(1) 能选择性地检测某种单一烟雾，而对共存的其他烟雾不响应或低响应；

(2) 对被测烟雾具有较高的灵敏度，能有效地检测允许范围内的烟雾浓度；

(3) 对检测信号响应速度快，重复性好；

(4) 长期工作稳定性好；

(5) 使用寿命长；

(6) 制造成本低，使用与维护方便。

3. 检测原理

在探测器的电离室内放一 α 放射源 Am241，其不断地持续放射出 α 粒子射线，以高速运动撞击空气中的氮、氧等分子，在 α 粒子的轰击下引起电离，产生大量的带正负电荷的离子，从而使得原来不导电的空气具有导电性，当在电离室两端加上一定的电压后，使得空气中的正负离子向相反的电极移动，形成电离电流。具体电流的大小与电离室本身的几何形状、放射源活度、α 粒子能量、电极电压的大小及空气的密度、温度、湿度和气流速度等因素有关。

当烟雾粒子进入电离室后，由于气熔胶吸附大量的正负离子，使二者中和。烟雾越浓，导致离子复合概率加快，从而使空气中电离电流迅速下降，电离室阻抗增加，因此根据阻值变化可以感受到烟雾浓度的变化，从而实现对火灾的探测。

4. 工作原理

传感器的工作原理是当火灾场所发生的烟雾进入到监测电离室，位于电离室中的检测源镅 241 放射 α 射线，使电离室内的空气电离成正负离子。当烟雾进入时，内外电离室因极性相反，所产生的离子电流保持相对稳定，处于平衡状态；火灾发生初期释放的气溶胶亚微粒子及可见烟雾大量进入检测电离室，吸附并中和正负离子，使电离电流急剧减少，改变电离平衡状态而输出检测电信号，经后级电路处理识别后，发出报警，并向配套监控系统输出报警开关信号。

5. 结构特征

整体电路由稳压、信号检测、信号处理、比较触发、信号输出及声光报警等电路组成。

6. 主要用途

烟雾传感器用于煤矿井下有瓦斯和煤尘爆炸危险及火灾危险的场所，能对烟雾进行就地检测、遥测和集中监视，并输出标准的开关信号。烟雾传感器能与国内多种生产安全监测系统及火灾监控系统配套使用，亦可单独使用于带式输送机巷火灾监控系统；具有抗腐蚀能力强、高灵敏度、结构简单、功耗小、成本低、维护简便等特点。它能对火灾初期各类燃烧物质在阴燃阶段产生的不可见及可见烟雾进行稳定可靠的检测，且能有效地防止粉尘干扰所引起的非火灾误报。

7. MQ-2 气体传感器的结构、外形

MQ-2 气敏元件的结构如图 2.16 所示（结构 A 或 B），由微型 AL_2O_3 陶瓷管、SnO_2 敏感层，测量电极和加热器构成的敏感元件固定在塑料或不锈钢制成的腔体内，加热器为气敏元件提供了必要的工作条件。封装好的气敏元件有 6 个针状引脚，其中 4 个用于信号取出，2 个用于提供加热电流。MQ-2 实物如图 2.17 所示。

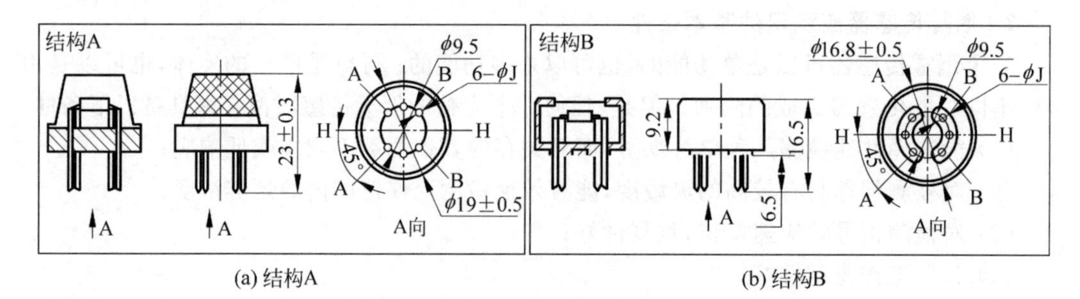

(a) 结构A　　(b) 结构B

图 2.16　MQ-2 气敏元件的结构

图 2.17　MQ-2 实物图

2.2.5 转速、位移、加速度传感器

转速传感器是将旋转物体的转速转换为电量输出的传感器。转速传感器属于间接式测量装置，可用机械、电气、磁、光和混合式等方法制造。按信号形式的不同，转速传感器可分为模拟式和数字式两种。前者的输出信号值是转速的线性函数，后者的输出信号频率与转速成正比，或其信号峰值间隔与转速成反比。转速传感器的种类繁多、应用极广，其原因是在自动控制系统和自动化仪表中大量使用各种电机，在不少场合下对低速（如每小时一转以下）、高速（如每分钟数十万转）、稳速（如误差仅为万分之几）和瞬时速度的精确测量有严格的要求。常用的转速传感器有光电式、电容式、变磁阻式以及霍耳转速传感器。下面浅析这几种传感器。

1. 光电式转速传感器

光电式转速传感器对转速的测量，主要是通过将光线的发射与被测物体的转动相关联，再以光敏元件对光线进行感应来完成的。光电式转速传感器从工作方式角度划分，分为透射式光电转速传感器和反射式光电转速传感器两种。

1）投射式光电转速传感器

投射式光电转速传感器设有读数盘和测量盘，两者之间存在间隔相同的缝隙。投射式光电转速传感器在测量物体转速时，测量盘会随着被测物体转动，光线则随测量盘转动不断经过各条缝隙，并透过缝隙投射到光敏元件上。

投射式光电转速传感器的光敏元件在接收光线并感知其明暗变化后，即输出电流脉冲信号。投射式光电转速传感器的脉冲信号，通过在一段时间内的计数和计算，就可以获得被测量对象的转速状态。投射式光电转速传感器原理如图 2.18 所示。

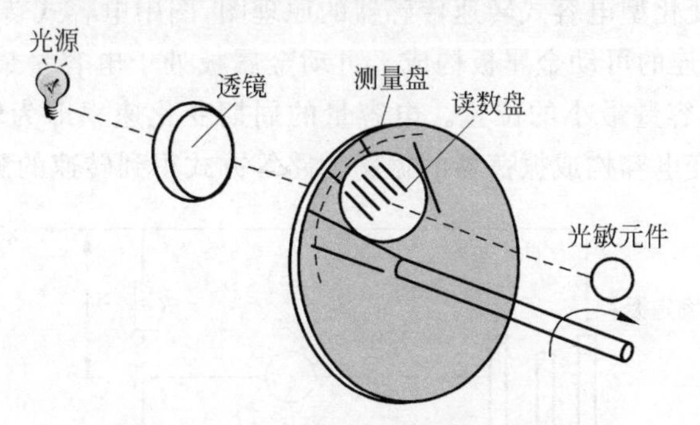

图 2.18 投射式光电转速传感器原理

2）反射式光电转速传感器

反射式光电转速传感器是通过在被测量转轴上设定反射记号，而后获得光线反射信号来完成物体转速测量的。反射式光电转速传感器的光源会对被测转轴发出光线，光线透过透镜和半透膜入射到被测转轴上，而当被测转轴转动时，反射记号对光线的反射率就会发生变化。

反射式光电转速传感器内装有光敏元件，当转轴转动反射率增大时，反射光线会通过透镜投射到光敏元件上，反射式光电转速传感器即可发出一个脉冲信号，而当反射光线随转轴转动到另一位置时，反射率变小光线变弱，光敏元件无法感应，即不会发出脉冲信号。反射式光电转速传感器原理如图 2.19 所示。

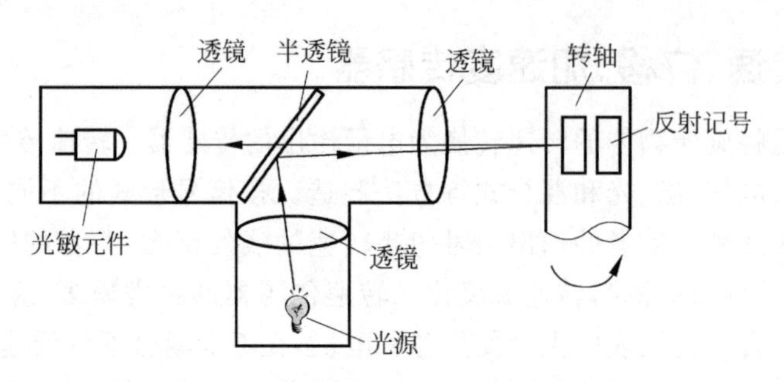

图 2.19 反射式光电转速传感器原理

2. 变磁阻式转速传感器

变磁阻式转速传感器属于变磁阻式传感器。变磁阻式传感器的三种基本类型,电感式传感器、变压器式传感器和电涡流式传感器都可制成转速传感器。电感式转速传感器应用较广,它利用磁通变化而产生感应电势,其电势大小取决于磁通变化的速率。这类传感器按结构不同又分为开磁路式和闭磁路式两种。开磁路式转速传感器结构比较简单,输出信号较小,不宜在振动剧烈的场合使用。闭磁路式转速传感器由装在转轴上的外齿轮、内齿轮、线圈和永久磁铁构成。内、外齿轮有相同的齿数。当转轴连接到被测轴上一起转动时,由于内、外齿轮的相对运动,产生磁阻变化,在线圈中产生交流感应电势。测出电势的大小便可测出相应转速值。

3. 电容式转速传感器

电容式转速传感器属于电容式传感器,有面积变化型和介质变化型两种。

1) 面积变化型

图 2.20 是面积变化型电容式转速传感器的原理图,图中电容式转速传感器由两块固定金属板和与转动轴相连的可动金属板构成。可动金属板处于电容量最大的位置,当转动轴旋转 180°时则处于电容量最小的位置。电容量的周期变化速率即为转速。可通过直流激励、交流激励和用可变电容构成振荡器的振荡槽路等方式得到转速的测量信号。

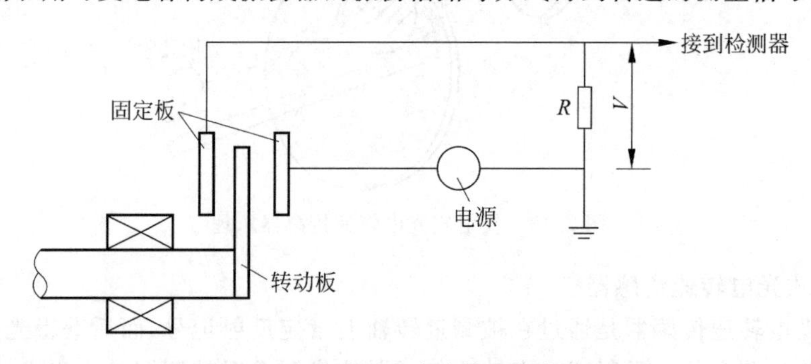

图 2.20 面积变化型电容式转速传感器的原理

2) 介质变化型

图 2.21 是介质变化型电容式转速传感器的原理图。介质变化型是在电容器的两个固定电极板之间嵌入一块高介电常数的可动板构成。可动介质板与转动轴相连,随着转动轴的旋转,电容器板间的介电常数发生周期性变化而引起电容量的周期性变化,其速率等于转动轴的转速。

图 2.21 中齿轮外沿面作为电容器的动极板，当电容器定极板与齿顶相对时，电容量最大，而与齿隙相对时，电容量最小。因此，电容量的变化频率应与齿轮的转频成正比。

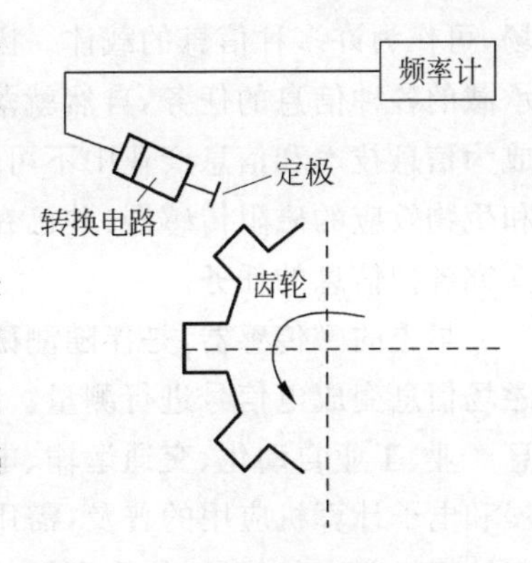

图 2.21　介质变化型电容式转速传感器原理图

4. 霍耳转速传感器

霍耳转速传感器的主要工作原理是霍耳效应，也就是当转动的金属部件通过霍耳传感器的磁场时会引起电势的变化，通过对电势的测量就可以得到被测量对象的转速值。霍耳转速传感器的主要组成部分是传感头和齿圈，而传感头又是由霍耳元件、永磁体和电子电路组成的。

1）霍耳转速传感器的工作原理

霍耳转速传感器在测量机械设备的转速时，被测量机械的金属齿轮、齿条等运动部件会经过传感器的前端，引起磁场的相应变化，当运动部件穿过霍耳元件产生磁力线较为分散的区域时，磁场相对较弱，而穿过产生磁力线较为集中的区域时，磁场就相对较强。

霍耳转速传感器就是通过磁力线密度的变化，在磁力线穿过传感器上的感应元件时，产生霍耳电势。霍耳转速传感器的霍耳元件在产生霍耳电势后，会将其转换为交变电信号，最后传感器的内置电路会将信号调整和放大，输出矩形脉冲信号。

2）霍耳转速传感器的测量方法

霍耳转速传感器的测量必须配合磁场的变化，因此在霍耳转速传感器测量非铁磁材质的设备时，需要事先在旋转物体上安装专门的磁铁物质，用以改变传感器周围的磁场，这样霍耳转速传感器才能准确地捕捉到物质的运动状态。

霍耳转速传感器主要应用于齿轮、齿条、凸轮和特质凹凸面等设备的运动转速测量。高转速磁敏电阻转速传感器除了可以测量转速以外，还可以测量物体的位移、周期、频率、扭矩、机械传动状态和测量运行状态等。

霍耳转速传感器目前在工业生产中的应用很是广泛，例如电力、汽车、航空、纺织和石化等领域，都采用霍耳转速传感器来测量和监控机械设备的转速状态，并以此来实施自动化管理与控制。

2.2.6　磁阻传感器

磁阻传感器也称磁阻效应传感器，它是根据磁性材料的磁阻效应制成的。磁性材料（如坡莫合金）具有各向异性，对它进行磁化时，其磁化方向将取决于材料的易磁化轴、材料的形状和磁化磁场的方向。当给带状坡莫合金材料通电流 I 时，材料的电阻取决于电流的方向与磁化方向的夹角。如果给材料施加一个磁场 B（被测磁场），就会使原来的磁化方向转动。如果磁化方向转向垂直于电流的方向，则材料的电阻将减小；如果磁化方向转向平行于电流的方向，则材料的电阻将增大。磁阻效应传感器一般有四个这样的电阻组成，并将它们接成电桥。在被测磁场 B 作用下，电桥中位于相对位置的两个电阻阻值增大，另外两个电阻的阻值减小。在其线性范围内，电桥的输出电压与被测磁场成正比。

磁阻传感器是可以将各种磁场及其变化的量转变成电信号输出的装置。自然界和人类社会生活的许多地方都存在磁场或与磁场相关的信息。利用人工设置的永久磁体产生的磁场，可作为许多种信息的载体。因此，探测、采集、存储、转换、复现和监控各种磁场和磁场中承载的各种信息的任务，自然就落在磁阻传感器身上。在当今的信息社会中，磁阻传感器已成为信息技术和信息产业中不可缺少的基础元件。目前，人们已研制出利用各种物理、化学和生物效应的磁阻传感器，并已在科研、生产和社会生活的各个方面得到广泛应用，承担起探究各种信息的任务。

早先的磁传感器，是伴随测磁仪器的进步而逐步发展的。在众多的测磁方法中，大都将磁场信息变成电信号进行测量。在测磁仪器中"探头"或"取样装置"就是磁传感器。随着信息产业、工业自动化、交通运输、电力电子技术、办公自动化、家用电器、医疗仪器等的飞速发展和电子计算机应用的普及，需用大量的传感器将需进行测量和控制的非电参量，转换成可与计算机兼容的信号，作为它们的输入信号，这就给磁传感器的快速发展提供了机会，形成了相当可观的磁传感器产业。

1. 薄膜磁致电阻传感器

在磁化过程中，铁磁性物质的电阻值沿磁化方向增加，并达到饱和，这种现象称为磁阻效应。薄膜磁阻元件是利用薄膜工艺和微细加工技术，将 NiPe 和 NiCo 合金用真空蒸镀或溯射工艺沉积到硅片或铁氧体基片上，通过微细加工技术制成一定形状的磁阻图形，形成三端式、四端式以及多端式器件。BMber 结构桥式电路磁阻元件具有灵敏度高、工作频率特性好、温度稳定性好、结构简单、体积小等特点。可制成高密度磁阻磁头、磁性编码器、磁阻位移传感器、磁阻电流传感器等。

薄膜磁阻传感器特性包括以下几点。

(1) 在弱磁场下，与半导体磁敏元件相比有较高的灵敏度。

(2) 具有方向性，当外加磁场平行于薄膜时，器件灵敏度最大，而垂直于薄膜平面时，灵敏度最小。此特性可用来检测外加磁场大小和方向，如磁性编码器。

(3) 饱和特性，磁阻元件阻值随外加磁场强度增大而增加，当外加磁场强度大于饱和磁场强度时，其阻值不再增加并达到饱和，利用该特性检测磁场方向的变化，如 GPS 导航系统、地磁场角度的变化等。

(4) 具较宽工作频率特性和倍频特性。

(5) 宽工作温度范围、较低温度系数。

薄膜磁阻电流传感器的电流输入检测端和信号输出端隔离，无任何电联系，具有灵敏度高、线性度优良、结构简单、体积小、双列直插 IC 封装等特点。薄膜磁阻电流传感器特别适用于电度表、仪器仪表、充电器和 UPS 电源系统等电流检测和控制，具有精度高、线性好、便于小型化等优点。磁阻电流传感器，可用于大功率器件 IGBT 过载和短路的保护，具有反应快、温度特性好等优点。

薄膜磁阻元件是一种新型的磁性传感器，具有灵敏度高、温度特性好、频率特性好等优点，其开发应用的潜力巨大，应用领域广阔。其中磁阻电流传感器是一种最新的应用，与霍耳电流传感器相比，具有精度高、线性好、温度特性好、反应快、结构简单、体积特小、价格低廉等特点，是一种适应于各种领域、不可多得的新颖的电流传感器。

2. 磁阻敏感器

物质在磁场中电阻发生变化的现象称为磁阻效应。对于铁、钴、镍及其合金等强磁性金属，当外加磁场平行于磁体内部磁化方向时，电阻几乎不随外加磁场变化；当外加磁场偏离金属的内磁化方向时，此类金属的电阻值将减小，这就是强磁金属的各向异性磁阻效应。

新型磁阻传感器在地磁场测量中的应用。地球本身具有磁性，所以地球及近地空间存在着磁场，称为地磁场。地磁场数值较小，其强度与方向也随地点而异。但在直流弱磁场测量中，往往需要知道其数值，并设法消除其影响。地磁场作为一种重要的天然磁源，在军事、工业、医学、探矿等科研中也有着重要用途。

通常用三个参量来表示地磁场的方向和大小：①磁偏角，即地球表面任一点的地磁场磁感应强度矢量 **B** 所在的垂直平面(地磁子午面)与地理子午面之间的夹角；②磁倾角 **A**，即地磁场磁感应强度矢量 **B** 与水平面之间的夹角；③地磁场磁感应强度的水平分量，即地磁场磁感应强度矢量 **B** 在水平面上的投影。测量了地磁场的这三个参量，就可确定某一地点的地磁场磁感应强度 **B** 矢量的大小和方向。以前一般采用正切电流计来测定地磁场的水平分量，由于仪器体积大，操作步骤烦琐，测量误差较大，且此方法不能测量非电量，故此法在科研中已不太应用。利用新型的磁阻传感器(Hh4C1021z 型)直接测定地磁场的磁倾角 **A** 和磁感应强度 **B** 及水平分量的大小，并求出其垂直分量的大小，取得了较为精确的实验结果。这种磁阻传感器磁场，可检测到低至 8.5×10^{9}T 的磁场，且体积小、灵敏度高、易安装，在测量弱磁场方面具有广泛的应用前景。

3. 电涡流式传感器

近年来，国内外正发展一对建立在电涡流效应原理上的传感器，即电涡流式传感器。这种传感器不但具有测量线性范围大、灵敏度高、结构简单、抗干扰能力强、不受油污等介质的影响等优点，而且具有无损、非接触测量的特点，目前正广泛地应用于工业各部门中的位移、尺寸、厚度、振动、转速、压力、电导率、温度、波面等测量，以及探测金属材料和加工件表面裂纹及缺陷。

20 世纪 40 年代至 50 年代德国的 Reutique 研究所和美国的 Bently Nevada 公司相继研制和生产了电涡流传感器并把它应用于测量位移、振动、电导串等。此后，日本不少研究所和公司也研制和生产出了许多不同用途的电涡流传感器和检测仪表。目前国外很多国家生产的动力机械的监护系统中已采用了电涡流传成器。

我国研制和生产电涡流传感器及检测仪表的历史不过十多年，当一些产品研制出来后，很快被工业部门采用。例如，电力部门用电涡流式位移振幅测量仪测量汽轮机主轴的轴向位移和径向振动；冶金工业部门用电涡流测厚仪测量金属板材的厚度。地震预报部门把电涡流传感器做成能测量连通液面的仪器来预报地震，军工部门用电涡流传盛器来测量某些运动体的轨迹等。由此可见，电涡流检测技术是一种很有生命力的新兴的检测技术。

4. 磁性液体加速度传感器

磁性液体作为一种新型的纳米功能材料，一经问世便走到科学技术发展的前沿，目前科学家们已经将这种新型功能材料应用到广阔的领域中。以此为基础的磁性液体传感器技术也引起了国际技术领域广泛的关注。

从目前资料来看，国外比较早地意识到开发磁性液体传感器技术的意义。早在 1983 年美国新墨西哥州阿尔帕克基应用技术公司就与美国空军签订了合同，该公司便开始研制基于磁性液体动力学原理(Magneto Hydrodynamics，MHD)的主动式和被动式传感器，并积极致力于磁性液体传感器的应用领域的开发。该公司研制出一系列用以测量冲击、振动以及运动的传感器，并已将其用于计算机磁盘驱动器、汽车特性测试系统。俄罗斯、德国、日本、罗马尼亚等国也随之进行了相关的研究，并取得一定的进展，目前这些国家在磁性液体传感器方面，从基本原理到研究模型再到试验，进而到产品设计制造，形成了一套比较系统的理论。美国、日本、罗马尼亚等国家还在该课题上取得了一些发明专利。国外生产的磁性液体加速度传感器的应用领域十分广泛，车载仪表、高精度兵器、科研仪表、航空航天等很多地方都有这些传感器的应用场合，而且更多的应用却是处在国防军事领域，用来解决苛刻条件下的测试问题。

目前国内刚刚兴起磁性液体技术的研究，磁性液体加速度传感器技术在国内尚未见到公开性的报道材料。而国内的在某些领域尤其是军事领域对磁性液体加速度传感器的需求量是很大的，因此为了提高科研实践水平，为了赶上国外先进技术发展的步伐，对磁性液体加速度传感器技术进行研究是十分必要的。

5. 磁性液体水平传感器

磁性液体传感器的研究与应用起源于美国。磁性液体传感器应用领域很广，既可以应用到民用上，也可以应用到军工上，有其他传感器所代替不了的功能，正因如此，国外比较早地意识到开发磁性液体传感器的意义，并且已开始了研究和生产，并将该种传感器应用到航空、航天、宇航站等尖端军事领域。美国、法国、德国、俄罗斯、日本和罗马尼亚等国家已开始利用磁性液体来制作各种传感器。磁性液体水平传感器对控制机器人工作状态，使太阳能栅板保持朝向太阳，使抛物天线持续朝向通信系统中的人造卫星等方面有着重要的应用。目前国外已研制出单轴、双轴、三轴等类型的磁性液体水平传感器，而我国有关磁性液体传感器的研究尚处于实验和探索阶段。

第3章 无线传感器网络的关键技术

CHAPTER 3

3.1 时钟同步技术

3.1.1 传感器网络的时间同步机制

1. 传感器网络时间同步的意义

无线传感器网络的同步管理主要是指时间上的同步管理。在分布式的无线传感器网络应用中，每个传感器节点都有自己的本地时钟，由于不同节点的晶体振荡器存在频率偏差，所以各个传感器节点的本地时钟频率、相位也各不相同，又由于温度、湿度变化的影响及电磁干扰的存在，就会造成不同网络节点之间的运行时间出现偏差。无线传感器网络单个节点能力有限，在某些情况下，一些测量工作，如移动物体定位，需要整个网络所有节点相互配合共同完成，完成这类工作，就需要所有节点的时间保持同步。

时间同步机制是分布式系统基础框架的一个关键机制。在分布式系统中，时间同步涉及"物理时间"和"逻辑时间"两个不同的概念。物理时间指人类社会使用的绝对时间；逻辑时间指表示事件发生先后顺序关系的时间，是一个相对的时间概念。

分布式系统通常需要一个表示整个系统时间的全局时间。全局时间根据需要可以是物理时间或逻辑时间。

无线传感器网络时间同步机制的意义和作用主要体现在如下两方面。

首先，传感器节点通常需要彼此协作，去完成复杂的监测和感知任务。

其次，传感器网络的一些节能方案是利用时间同步来实现的。如利用休眠/唤醒机制、同步机制为本地时钟提供相同的时间基准。

2. 传感器网络时间同步协议的特点

网络时间协议(Network Time Protocol，NTP)在因特网得到广泛使用，具有精度高、鲁棒性好和易扩展等优点。但是它依赖的条件在传感器网络中难以满足，因而不能直接移植运行，主要是由于以下原因：①NTP应用在已有的有线网络中，它假定网络链路失效的概率很小，而传感器网络中无线链路通信质量受环境影响较大，甚至通信经常中断；②NTP的网络结构相对稳定，便于为不同位置的节点手工配置时间服务器列表，而传感器网络的拓扑结构动态变化，简单的静态手工配置无法适应这种变化；③NTP中时间基准服务器间的同步无法通过网络自身来实现，需要其他基础设施的协助；④NTP需要通过频繁交换信息，来不断校准时钟频率偏差带来的误差，并通过复杂的修正算法，消除时间同步消息在传输和处理过程中的非确定因素干扰，CPU 使用、信道侦听和占用都不受任何约束，而传感器网络存在资源约束，必须考虑能量消耗。

因此，由于传感器网络的特点，在能量、价格和体积等方面的约束，使得 NTP、GPS 等现有时间同步机制并不适用于通常的传感器网络，需要有专门的时间同步协议才能使得传感器网络正常运行和实用化。

3.1.2 时间同步协议

传感器网络的时间同步协议（Timing-sync Protocol for Sensor Networks，TPSN）类似于传统网络的 NTP，目的是提供传感器网络全网范围内节点间的时间同步。TPSN 采用层次型网络结构。

1. TPSN 的操作过程

TPSN 包括两个阶段：

(1) 第一个阶段生成层次结构，每个节点赋予一个级别，根节点赋予最高级别第 0 级，第 i 级的节点至少能够与一个第($i-1$)级的节点通信；

(2) 第二个阶段实现所有树节点的时间同步，第 1 级节点同步到根节点，第 i 级的节点同步到第($i-1$)级的一个节点，最终所有节点都同步到根节点，实现整个网络的时间同步。

2. 相邻级别节点间的同步机制

邻近级别的两个节点对间通过交换两个消息实现时间同步。同步过程如图 3.1 所示。边节点 S 在 T_1 时间发送同步请求分组给节点 R，分组中包含 S 的级别和 T_1 时间。节点 R 在 T_2 时间收到分组，$T_2=(T_1+d+\Delta)$，其中 $\Delta=\dfrac{(T_2-T_1)-(T_4-T_3)}{2}$，然后在 T_3 时间发送应答分组给节点 S，分组中包含节点 R 的级别和 T_1、T_2 和 T_3 信息。节点 S 在 T_4 时间收到应答，$T_4=(T_3+d+\Delta)$。因此可以推导出公式：$d=\dfrac{(T_2-T_1)+(T_4-T_3)}{2}$。节点 S 在计算时间偏差之后，将它的时间同步到节点 R。

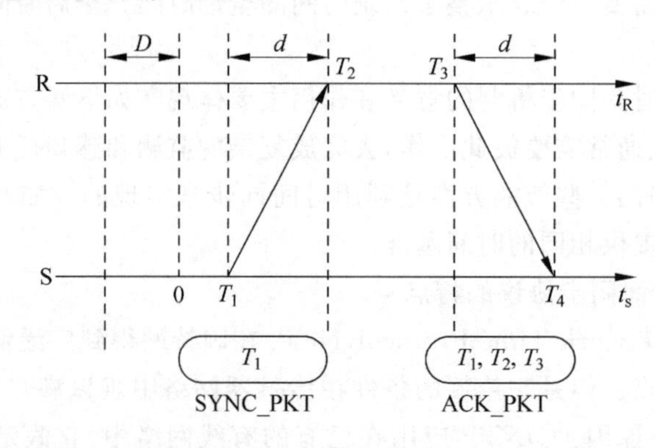

图 3.1 邻近级别的两个节点对间通过交换两个消息实现时间同步

3.1.3 时间同步的应用示例

这里介绍磁阻传感器网络对机动车辆的测速。为了实现这个用途，网络必须先完成时间同步。由于对机动车辆的测速需要两个探测传感器节点的协同合作，测速算法提取车辆经过每个节点的磁感应信号的脉冲峰值,并记录时间。如图 3.2 所示。

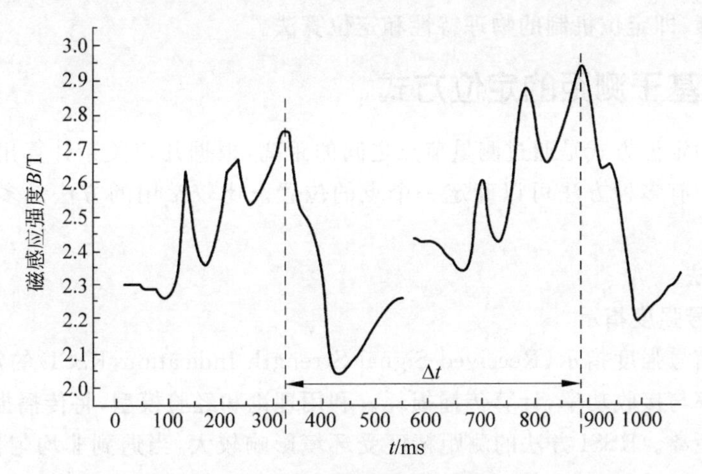

图 3.2 节点的磁感应信号脉冲

如果将两个节点之间的距离 d 除以两个峰值之间的时差 Δt,就可以得出机动目标通过这一路段的速度(V_{el}):$V_{el}=\dfrac{d}{\Delta t}$。

3.2 节点定位技术

3.2.1 概述

1. 定位的含义

无线传感器网络定位的含义是指自组织的网络通过特定方法提供节点的位置信息。这种自组织网络定位分为节点自身定位和目标定位。

位置信息有多种分类方法,一般可以按物理位置和符号位置进行分类。

2. 定位方法的分类

无线传感器网络的定位方法可以进行如下分类。

(1) 根据是否依靠测量距离,分为基于测距的定位和非测距的定位。

(2) 根据部署的场合不同,分为室内定位和室外定位。

(3) 根据信息收集的方式,网络收集传感器数据称为被动定位;节点主动发出信息用于定位,则称为主动定位。

3. 定位性能的评价指标

衡量定位性能有多个指标,除了一般性的位置精度指标以外,对于资源受到限制的传感器网络,还有覆盖范围、刷新速度和功耗等其他指标。

位置精度是定位系统最重要的指标,精度越高,则技术要求越严,成本也越高。定位精度指提供的位置信息的精确程度,分为相对精度和绝对精度。绝对精度指以长度为单位度量的精度。相对精度通常以节点之间距离的百分比来定义。

4. 定位系统的设计要点

在设计定位系统的时候,要根据预定的性能指标,在众多方案之中选择能够满足要求的最优算法,采取最适宜的技术手段来完成定位系统的实现。通常设计一个定位系统需要考虑两个主要因素,即定位机制的物理特性和定位算法。

3.2.2 基于测距的定位方式

基于测距的定位方式是通过测量节点之间的距离,根据几何关系计算出网络节点的位置。解析几何中有多种方法可以确定一个点的位置。比较常用的方法是多边定位和角度定位。

1. 测距方法

1) 接收信号强度指示

基于接收信号强度指示(Received Signal Strength Indication,RSSI)的定位算法,是通过测量发送功率与接收功率,计算传播损耗。利用理论和经验模型,将传播损耗转化为发送器与接收器的距离。RSSI 方法的测距精度受环境影响较大,当遇到非均匀传播环境时,有障碍物会造成多径反射,都会使可靠性降低,有时测距误差可达 50%,一般 RSSI 都和其他测量方法综合使用。

有些厂商生产的 ZigBee 芯片内部已集成 RSSI 功能,可以通过软件设置来使用这一测距功能,如 TI 公司生产的 CC2531 等。无线信号接收强度指示 RSSI 与信号传播距离之间的关系曲线如图 3.3 所示。

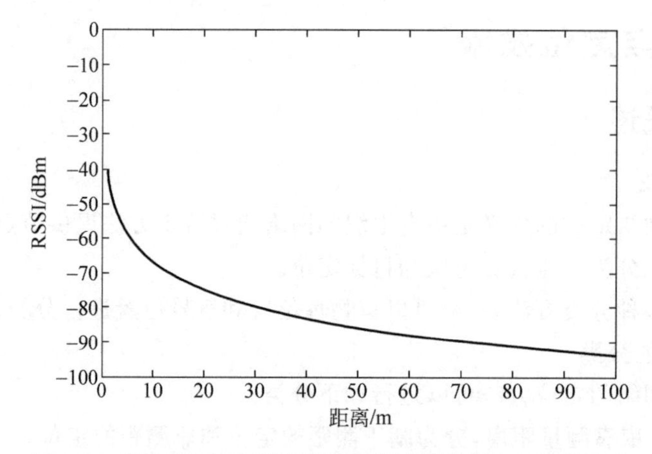

图 3.3　无线信号接收强度指示与信号传播距离之间的关系

2) 到达时间/到达时间差

这类方法通过测量传输时间来估算两节点之间距离,精度较好。到达时间(Time of Arrival,ToA)方法已知信号的传播速度,通过测量传输时间来估算两节点之间的距离,精度较好;但由于无线信号的传输速度快,时间测量上的很小误差就会导致很大的误差值,所以要求无线节点有较强的计算能力。它和到达时间差(Time Difference of Arrival,TDoA)这两种基于时间的测距方法适用于多种信号,如射频、声学、红外信号等。ToA 算法的定位精度高,但要求节点间保持精确的时间同步,对无线节点的硬件和功耗提出了较高的要求。ToA 测距原理框图如图 3.4 所示。

TDOA 定位是一种利用时间差进行定位的方法。通过测量信号到达监测站的时间,可以确定信号源的距离。利用信号源到各个监测站的距离(以监测站为中心,距离为半径作

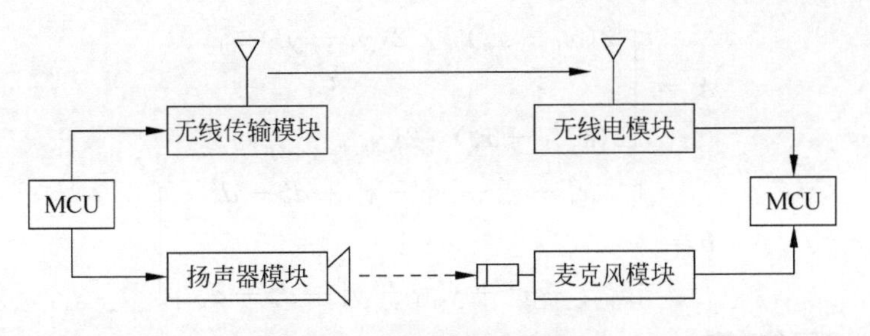

图 3.4　ToA 测距原理框图

圆),就能确定信号的位置。但是绝对时间一般比较难测量,通过比较信号到达各个监测站的时间差,就能作出以监测站为焦点,距离差为长轴的双曲线,双曲线的交点就是信号的位置。TDoA 技术对节点硬件要求高,它对成本和功耗的要求对传感器网络的设计提出了挑战,但其测距误差小,具有较高的精度。

3) 到达角

该方法通过配备特殊天线来估测其他节点发射的无线信号的到达角度。

到达角(Angle of Arrival,AoA)算法通过某些硬件设备感知发射节点信号的到达方向,计算接收节点和锚节点之间的相对方位或角度,再利用三角测量法或其他方式计算出未知节点的位置。它的硬件要求较高,一般需要在每个节点上安装昂贵的天线阵列。

AoA 定位不但可以确定无线节点的位置坐标,还能够确定节点的方位信息,但它易受外界环境的影响,且需要额外硬件,因此它的硬件尺寸和功耗指标并不适用于大规模的传感器网络,在某些应用领域可以发挥作用。AoA 测量原理如图 3.5 所示。

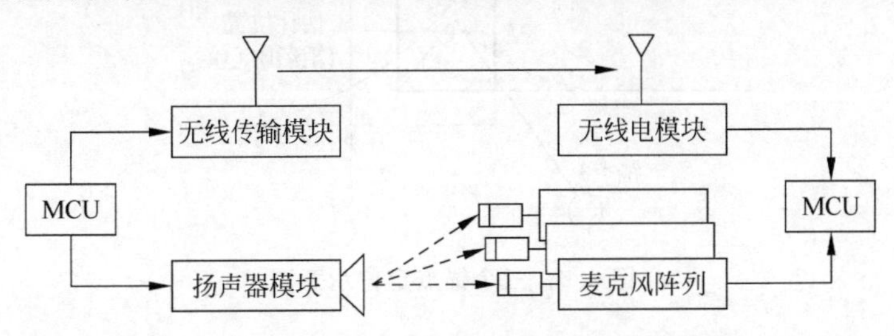

图 3.5　AoA 测量原理框图

2. 多边定位

多边定位法基于距离测量(如 RSSI、ToA/TDoA)的结果。确定二维坐标至少具有三个节点至被锚点的距离值;确定三维坐标,则需四个此类测距值。

$$\begin{cases}(x_1-x)^2+(y_1-y)^2=d_1^2\\ \vdots\\ (x_n-x)^2+(y_n-y)^2=d_n^2\end{cases}\tag{3.1}$$

$$\begin{cases}x_1^2-x_n^2-2(x_1-x_n)x+y_1^2-y_n^2-2(y_1-y_n)y=d_1^2-d_n^2\\ \vdots\\ x_{n-1}^2-x_n^2-2(x_{n-1}-x_n)x+y_{n-1}^2-y_n^2-2(y_{n-1}-y_n)y=d_{n-1}^2-d_n^2\end{cases}\tag{3.2}$$

用矩阵和向量表达为 $\boldsymbol{Ax}=\boldsymbol{b}$ 形式,其中:

$$A = \begin{bmatrix} 2(x_1 - x_n) & 2(y_1 - y_n) \\ \vdots & \vdots \\ 2(x_{n-1} - x_n) & 2(y_{n-1} - y_n) \end{bmatrix} \tag{3.3}$$

$$b = \begin{bmatrix} x_1^2 - x_n^2 + y_1^2 - y_n^2 + d_n^2 - d_1^2 \\ \vdots \\ x_{n-1}^2 - x_n^2 + y_{n-1}^2 - y_n^2 + d_n^2 - d_{n-1}^2 \end{bmatrix} \tag{3.4}$$

3. Min-max 定位方法

Min-max 定位是根据若干锚点位置和至待求节点的测距值，创建多个边界框，所有边界框的交集为一矩形，取此矩形的质心作为待定位节点的坐标。

以三个锚点进行定位的 Min-max 方法示例，即以某锚点 $i(i=1,2,3)$ 坐标 (x_i, y_i) 为基础，加上或减去测距值 d_i，得到锚点 i 的边界框：$[x_i-d_i, y_i-d_i]\times[x_i+d_i, y_i+d]$。

在所有位置点 $[x_i+d_i, y_i+d_i]$ 中取最小值、所有 $[x_i-d_i, y_i-d_i]$ 中取最大值，则交集矩形取作：$\max[(x_i-d_i), \max(y_i-d_i)]\times[\min(x_i+d_i), \min(y_i+d_i)]$ 三个锚点共同形成交叉矩形，矩形质心即为所求节点的估计位置。三个锚点定位的示意图如图 3.6 所示。

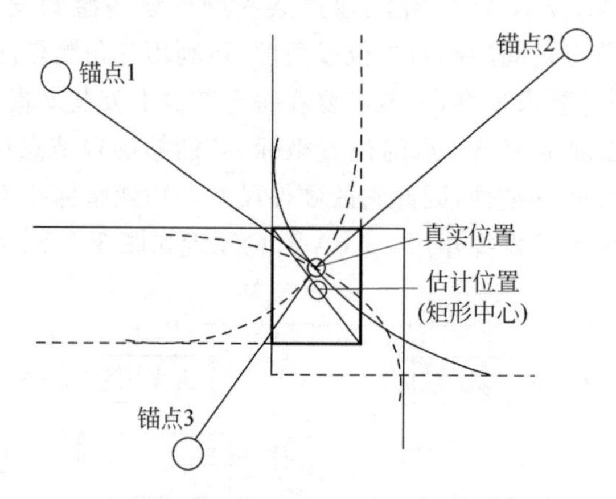

图 3.6 三个锚点定位示意图

3.2.3 基于非测距方法的定位方式

1. 质心算法

在计算几何学里多边形的几何中心称为质心，多边形顶点坐标的平均值就是质心节点的坐标。

假设多边形定点位置的坐标向量表示为 $\boldsymbol{p}_i=(x_i, y_i)^{\mathrm{T}}$，则这个多边形的质心坐标 $(\bar{x}, \bar{y}) = \left(\frac{1}{n}\sum_{i=1}^{n} x_i, \frac{1}{n}\sum_{i=1}^{n} y_i\right)$。

例如，如果四边形 ABCD 的顶点坐标分别为 (x_1, y_1)，(x_2, y_2)，(x_3, y_3)，(x_4, y_4)。则它的质心坐标为：$(\bar{x}, \bar{y}) = \left(\frac{x_1+x_2+x_3+x_4}{4}, \frac{y_1+y_2+y_3+y_4}{4}\right)$。

2. DV-Hop 算法

DV-Hop(Distance Vector-Hop)定位算法由于对信标节点比例要求较少，定位精度较高，目前已成为一种经典的无须测距定位方法。

DV-Hop定位方法的主要思想是引入最短路径算法到信标节点的选择过程中，从而在未知节点的位置估计过程中可以有效利用多跳信标节点的位置信息，这种方法可以大大减少实现网络定位所需信标节点的比例(密度)，从而大大降低网络的布置成本。

如图3.7所示，已知锚点L1与L2、L3之间的距离和跳数。L2计算得到校正值(即平均每跳距离)为(40m+75m)/(2+5)=16.42m。假设传感器网络中的待定位节点A从L2获得校正值，则它与3个锚点之间的距离分别是L1=3×16.42m，L2=2×16.42m，L3=3×16.42m，然后使用多边测量法确定节点A的位置。

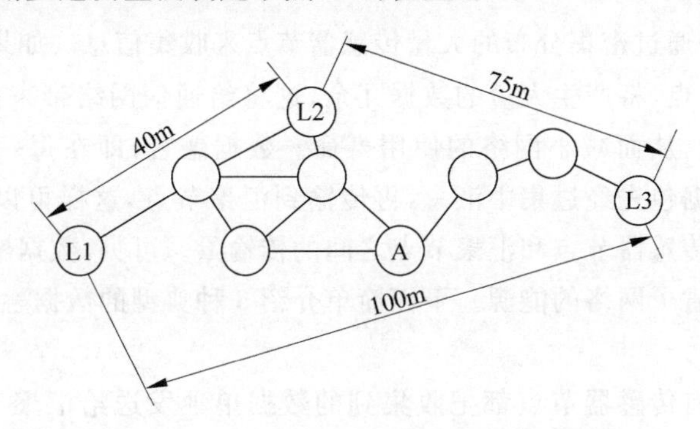

图3.7 DV-Hop算法确定节点A的位置

3.2.4 典型定位应用

位置信息有很多用途，在某些应用中可以起到关键性的作用。定位技术的用途大体可分为导航、跟踪、虚拟现实、网络路由等。

导航是定位最基本的应用，在军事上具有重要用途。

除了导航以外，定位技术还有很多应用。例如，办公场所的物品、人员跟踪需要室内的精度定位。虚拟现实仿真系统中也需要实时定位物体的位置和方向。

3.3 网络服务质量保证

3.3.1 概述

1. 服务质量定义

服务质量(Quality of Service，QoS)标准主要包括可用性、吞吐量、时延、时延变化和丢包率等几个参数。

2. 服务质量支持机制

(1) Intserv集成业务；

(2) Diffserv区分业务；

(3) MPLS多协议标签交换。

3. 无线传感器网络中的QoS

德国的Holger Karl将当前无线传感器网络中的QoS总结为3类。

(1) 传统端到端QoS支持，针对实时性无线传感器网络应用，提供延迟服务保证。

(2) 可靠性保证,保证数据包传输的可靠性。

(3) 应用相关 QoS,包括传感覆盖和如何控制网络活动节点数量等问题。

在目前大多数无线传感器网络应用中,人们关注较多的主要有两个问题。

(1) 如何保证网络能够及时可靠地发现所实施应用中相关事件的发生。

(2) 如何保证采集的传感数据在网络中传输时满足应用需求。

这两个问题可以归结为感知服务质量(传感覆盖)和网络传输服务质量。

3.3.2 数据融合

无线传感器网络通过密集分布的大量传感器节点来收集信息。如果原始数据不加处理就直接传送给中心节点,将产生大量的数据冗余,这将给通信网络带来巨大的开销,大大消耗传感器节点的能量,从而减小网络的使用寿命。数据融合,即在每一轮的数据采集过程中,节点采集到的数据包先经过集中汇总,再传输到汇聚节点,这样可以减小数据传输到汇聚节点的次数,减少传感器节点和汇聚节点之间的传输量。可见,数据融合不仅能够减小数据冗余,而且有效节省了网络的能源。下面简单介绍 3 种典型的数据融合协议。

1. 直接传输法

在该协议中,所有传感器节点都把收集到的数据单独发送给汇聚节点后再进行融合。在直接传输法中,与汇聚节点较远的节点将较快耗尽能量,这容易导致整个网络能量分布很不均匀。除此之外,在很多情况下,数据产生的地点都具有局部性,因此集中进行数据融合的效率会低于局部信息融合。由此可见,直接传输法适用于传感器节点与汇聚节点比较近,且接收数据消耗的能量比传输数据消耗的能量大很多的网络。

2. 基于层次的 LEACH 协议

LEACH 协议全称是低功耗自适应集簇分层型(Low Energy Adaptive Clustering Hierarchy)协议。在该协议中,监视区域内节点通过自组织的方式构成少量的簇,由每个簇中指定的一个节点对簇内其他节点发送的数据进行收集与融合,并将融合结果发送给汇聚节点。在 LEACH 中,簇头的选择是随机的,因此每个节点都有机会成为簇头,其目的是为了平衡各个节点的能量消耗,从而避免网络能量分布不均的情况。该协议有效延长了网络的生存时间,并提高了数据传输效率。但应该注意到,LEACH 在节约能耗方面还未能做到最佳。

3. PAGASIS 协议

PAGASIS(Power-efficient Gathering in Sensor Information System)是在 LEACH 协议的基础上改进而来的,被认为是无线传感器网络中接近于理想的数据采集方法。PAGASIS 的基本过程是:将监视区域内的传感器节点排列成一个链,每个节点都可从最近的邻居节点接收并发送数据。当一个节点接收到上一个节点的数据后,先将自己的数据和该数据进行融合,再将数据传送给下一个节点。最后,由一个指定的节点将融合结果传输给汇聚节点。通过 PAGASIS 协议,可以保证每个节点都将数据传输给汇聚节点,且大大降低了节点在每一轮数据传输中耗费的能量。

数据融合技术是无线传感器网络的关键技术之一。根据不同的应用需求以及网络特性,数据冗余情况有很大的差异,因此融合处理方式也有所不同,目前还没有统一的处理模式。

3.3.3　拥塞控制

在无线传感器网络中，不稳定的流量、多对一的通信和多跳的数据传输方式是造成网络拥塞的主要原因。此外，可能造成网络堵塞的还有感知事件之后的突发流量，拓扑结构的高度动态性，频繁变化的无线信道，不同信道上互相干扰的并发数据等。拥塞可能引起丢包率上升，时延增大，能源消耗增多，从而导致全局信道的质量下降。由于 WSNs 自身的特点，传统端到端网络的拥塞控制策略不适用于无线传感器网络。

拥塞控制可分为拥塞检测和拥塞减轻两个阶段。这里简单介绍一下在无线传感器网络研究中现有的几个拥塞控制策略。

1. CoDA（Congestion Detection and Avoidance）

针对基于事件驱动的 WSNs 检测到事件引起的拥塞，CoDA 的机制包括基于接收端的拥塞检测，开环逐跳回压信号向源节点报告拥塞以及闭环多源调节。该算法可调节局部造成的拥塞，并减少逐跳控制信息的能耗，但其中使用的速率调节方式会使距离汇聚节点较近的源节点发送更多的分组，可能在源节点附近发生拥塞。

2. ESRT（Event-to-Sink Reliable Transport）

针对汇聚节点只关心集合信息而不关心单个传感器节点的信息，ESRT 在拥塞监测上采用了基于节点的本地缓冲监测，并根据当前网络的状态进行节点速率的调节。该算法主要适用于汇聚节点，它可减小网络能耗，提高可靠性，但不适合只发生短暂拥塞、大规模的网络。

3. 自适应的资源控制

该算法针对拥塞期间重要数据包可能丢失的情况，并假设网络中通常有空闲节点可供调度。算法通过创建多元路径对资源供应进行了自适应的调整。该算法采取了拥塞检测、创建选择路径、多路通信三个步骤。自适应的资源控制增加了传送分组的精度并节约大量的能量，但多元路径热点距离过近可能引起冲突，而距离初始路径过远还可能增加分组传输延迟和能量消耗。

4. Fusion

该算法结合了三种拥塞控制机制，分别是逐跳（Hop-by-Hop）流控制、源速率限制模式和有优先级的 MAC 层协议。三种机制的有机结合减小了信道丢失率，明显改善了网络的有效性和公平性。其弊端是速率限制模式无法杜绝隐终端冲突、歪斜路由、节点故障等问题。

5. 多到一路由的拥塞控制

针对无线传感器网络多到一的通信导致汇聚节点附件拥塞的问题，该算法通过确定下游子节点最小允许发送速率来减轻拥塞现象。该算法比较简单，可升级，但是对不同深度的节点有较大的影响，同时使用 ACK 控制字符也增加了额外开销。

以上是有关无线传感器网络拥塞控制的几种算法。针对不同的拥塞原因以及可能导致的后果，还需要有更多不同的控制策略来解决不同应用上的 QoS 问题。此外，发生拥塞时如何确保应用的 QoS 也是当前的一个研究内容。

3.4 无线传感器网络中嵌入式系统软件技术

3.4.1 概述

1. 嵌入式系统

嵌入式系统是以应用为中心，以计算机技术为基础，软硬件可裁剪，适用于应用系统对功能、可靠性、成本、体积、功耗有严格要求的专用计算机系统。因此，嵌入式系统一般指非PC系统，它包括硬件和软件两部分。硬件包括微处理器、存储器及外设器件和I/O端口等。软件部分包括操作系统软件(OS)和应用程序，应用过程控制系统的运作和行为，而操作系统控制应用程序与硬件的交互作用。嵌入式系统如同物联网的“大脑”和“中枢神经”，物联网内的所有个体都需要嵌入式系统来传输和处理信息，嵌入式系统的好坏将直接影响物联网的运作。

2. 嵌入式系统的应用领域

嵌入式系统技术具有非常广阔的应用前景，其应用领域可以包括工业控制、交通管理、信息家电、家庭智能管理系统、POS(Point Of Sale)网络及电子商务、环境工程与自然以及机器人等领域。

基于嵌入式芯片的工业自动化设备将获得长足的发展，目前已经有大量的8、16、32位嵌入式微控制器在应用中，网络化是提高生产效率和产品质量、减少人力需求的重要途径，如工业过程控制、数字机床、电力系统、电网安全、电网设备监测、石油化工系统。同时在车辆导航、流量控制、信息监测与汽车服务方面，嵌入式系统技术也已经获得了广泛的应用，内嵌GPS(Global Positioning System)模块，GSM(Globlal System of Mobile Communication)模块的移动定位终端在各种运输行业获得了成功的使用。目前GPS设备已经从尖端产品进入了普通百姓的家庭，只需要几千元，就可以随时随地找到你的位置。在家庭智能管理系统方面，水、电、煤气表的远程自动抄表，安全防火、防盗系统，其中的专用控制芯片将代替传统的人工检查，并实现更高、更准确和更安全的性能。在POS网络及电子商务方面，公共交通无接触智能卡发行系统，公共电话卡发行系统，自动售货机，各种智能ATM终端将全面走入人们的生活。嵌入式芯片的发展将使机器人在微型化、高智能方面优势更加明显，同时会大幅度降低机器人的价格，使其在工业领域和服务领域获得更广泛的应用。

3.4.2 TinyOS操作系统

TinyOS是加州大学伯克利分校(UC Berkeley)开发的开放源代码操作系统，专为嵌入式无线传感网络设计，操作系统基于组件(component-based)的架构使得快速的更新成为可能，而这又减小了受传感网络存储器限制的代码长度。

TinyOS本身提供了一系列的组件，可以很方便地编制程序，用来获取和处理传感器的数据，并通过无线方式来传输信息。可以把TinyOS看成是一个与传感器进行交互的API接口，它们之间能实现各种通信。

1. 概述

TinyOS的构件包括网络协议、分布式服务器、传感器驱动及数据识别工具。其良好的电源管理源于事件驱动执行模型，该模型也允许时序安排具有灵活性。TinyOS已被应用于多个平台和 TinyOS 感应板中。

(1) TinyOS 操作系统、库和程序服务程序是用 nesC 编写。

(2) nesC 是一种开发组件式结构程序的语言。

(3) nesC 是一种 C 语法风格的语言，但是支持 TinyOS 的并发模型，以及组织、命名和连接组件成为健壮的嵌入式网络系统的机制。nesC 应用程序是由有良好定义的双向接口的组件构建。nesC 定义了一个基于任务和硬件事件处理的并发模型，并能在编译时检测数据流组件。

2. TinyOS 操作系统的规范

(1) nesC 应用程序由一个或多个组件连接而成。

(2) 一个组件可以提供或使用接口。组件中 command 接口由组件本身实现。组件中 event 接口由调用者实现。接口是双向的，调用 command 接口必须实现其 event 接口。

3. TinyOS 操作系统的实现

(1) modules 包含应用程序代码，实现接口。

(2) configurations 装配模块，连接模块使用的接口到其提供者 TinyOS。每个 nesC 应用程序都有一个顶级 configuration 连接内部模块。

4. TinyOS 操作系统的模型

(1) TinyOS 只能运行单个由所需的系统模块和自定义模块构成的应用程序。

(2) 两个线程。

(3) 任务：一次运行完成，非抢占式。

(4) 硬件事件处理：处理硬件中断；一次运行完成，抢占式 TinyOS；用于硬件中断处理的 command 和 event 必须用 async 关键字声明。

5. TinyOS 操作系统特点

(1) 基于组件的架构(Componented-Based Architecture)：TinyOS 提供一系列可重用的组件，一个应用程序可以通过连接配置文件(A Wiring Specification)将各种组件连接起来，以完成它所需要的功能。

(2) 事件驱动的架构(Event-Driven Architecture)：TinyOS 的应用程序都是基于事件驱动模式的，采用事件触发去唤醒传感器工作。

(3) 任务和事件并发模型(Tasks and Events Concurrency Model)：任务一般用在对于时间要求不是很高的应用中，且任务之间是平等的，即在执行时按顺序先后，而不能互相占先执行，一般为了减少任务的运行时间，要求每一个 task 都很短小，能够使系统的负担较轻。

(4) 事件一般用在对于时间的要求很严格的应用中，而且它可以占先优于任务和其他事件执行，它可以被一个操作的完成或是来自外部环境的事件触发，在 TinyOS 中一般由硬件中断处理来驱动事件。

(5) Split-Phase Operations。在 TinyOS 中由于任务之间不能互相占先执行，所以 TinyOS 没有提供任何阻塞操作，为了让一个耗时较长的操作尽快完成，一般来说都是将对这个操作的需求和这个操作的完成分开来实现，以便获得较高的执行效率。

3.4.3　后台管理软件

无线传感器网络后台管理软件一般由三大部分组成，其结构如图 3.8 所示。

图 3.8 无线传感器网络后台管理软件一般结构

后台管理软件的一般组成如图 3.9 所示。

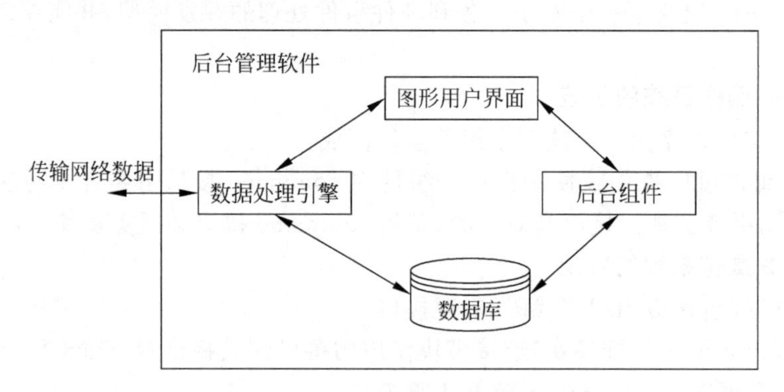

图 3.9 后台管理软件一般组成

1. Mote-View

Mote-View 是无线传感器网络与用户之间的一个接口。

2. TinyViz

TinyViz 是 TOSSIM 的可视化工具，能够附加到一个正在运行的仿真程序中，采用 Java 实现。

3. EmStar

EmStar 是一个基于 Linux 的软件框架，它着重在无线传感器网络领域创建可靠的软件。

4. SNA

Draintree Network 公司的 SNA(Sensor Network Analyzer)是对传统网络协议分析的扩展，它是一个强大的虚拟网络分析器，包括网络拓扑结构、路由及绑定应用、链路质量及设备状态等的可视化。

5. SpyGlass

SpyGlass 的目的在于通过将传感器网络、拓扑结构、状态及传感数据形象化而简化对传感器网络的调试、评估及对软件的理解。SpyGlass 的可视化框架包括三个重要的功能实体：传感器网络、网关和可视化软件。

6. SNAMP

中科院开发的 SNAMP (Sensor Network Analysis and Management Platform)包括串口监听模块、数据处理模块、实时显示模块等主要模块。模块化的设计使得整个系统层次清晰，可扩展性良好。

第4章 ZigBee 技术基础

CHAPTER 4

目前用于无线传感器网络的无线通信技术除了 ZigBee 技术外，还有 Wi-Fi、蓝牙、UWB、RFID、IrDA 等。红外线的传输具有方向性且距离短；UWB 具有发射信号功率谱密度低、对信道衰落不敏感、数据传输率高、能提供数厘米的定位精度等优点，但是传输距离只有 10m 左右；Wi-Fi 技术因为功耗高而应用不多；蓝牙工作传输速率高，可达 10Mbps，但是传输距离也只有 10m 左右，完整协议栈有 250KB，不适合使用低端处理器，多用于家庭个人无线局域网。因而，具有成本低、体积小、功耗低等显著优点的 ZigBee 技术已经成为目前 WSNs 中无线通信技术的首选方案之一。

4.1 ZigBee 技术简介

ZigBee 是一种新兴的短距离、低成本、低速率的无线网络技术，它通过数千个微小的传感器之间相互协调进行通信。ZigBee 一词源于蜜蜂群在发现食物源位置时，通过跳一种 ZigZag 形的舞蹈来告诉同伴，达到交换信息的目的，是一种简单传达信息的方式。在此之前 ZigBee 也被称为“HomeRF Lite”“RF-EasyLink”或“fireFly”无线电技术，统称为 ZigBee。

ZigBee 的基础是 IEEE 802.15.4，这是 IEEE 无线个人区域网工作组的一项标准，被称为 IEEE 802.15.4(ZigBee)技术标准。2002 年 8 月，由英国 Inversys 公司、日本三菱电气公司、美国摩托罗拉公司及荷兰飞利浦半导体公司组成 ZigBee 联盟。在标准化方面，IEEE 802.15.4 工作组主要负责制定物理层和 MAC 层的协议，ZigBee 联盟负责高层应用、测试和市场推广等方面的工作。

正式的 IEEE 802.15.4 标准在 2003 年上半年发布，芯片和产品已经面世。ZigBee 联盟在 IEEE 802.15.4.2003 标准的基础上，于 2005 年 6 月 27 日公布了第一份 ZigBee 规范“ZigBee Specification v1.0”，并与 2006 年 12 月 1 日公布了改进版本的 ZigBee Specification-2006 版本，再次掀起了全球范围内研究 ZigBee 的热潮。2007 年底，ZigBee PRO 推出，其目标是商业和工业环境，支持大型网络，1000 个以上网络节点，具有相应更好的安全性。2009 年 3 月，ZigBee RF4CE 推出，具备更强的灵活性和远程控制能力。基于 ZigBee 技术的无线传感器网络结合其他无线技术可以实现一个无所不在的传感器网络(Ubiquitous Sensor Network)，该网络不仅在环境、医疗、工业、农业、军事等传统领域有极高的应用价值，而且还将扩展到涉及人类日常生活和社会生产的所有领域。

ZigBee 网络的每一个数据传输模块都可以看作是移动网络中的一个基站，它是一个由最多 65 000 个无线模块组成的一个无线数据传输网络平台。在整个网络范围内,模块之间不但可以实现相互通信,两节点之间的距离可从标准的 75m,扩展到上百米。每个 ZigBee 节点不但可以监控对象,还可以自动中转其他网络节点传过来的数据资料。

ZigBee 技术的主要特点如下:

1. 功耗低

由于 ZigBee 的传输速率低,发射功率仅为 1mW,而且具有休眠模式,可以在系统不工作的时候关闭无线设备,极大地降低了系统功耗。据估算,ZigBee 设备仅靠两节 5 号电池就可以维持长达 6 个月到 2 年左右的使用时间,这是其他无线设备望尘莫及的。低功耗这一特点也是 ZigBee 技术能够有效应用的基石。

2. 成本低

ZigBee 网络无须大量布线,降低了设备安装和维护的费用,而且 ZigBee 协议不存在专利费用。现有 ZigBee 芯片一般都是基于 8051 单片机内核的,成本很低,适合用于一些需要布置大量节点的应用领域。

3. 时延短

通信时延和从休眠状态激活的时延都非常短,典型的搜索设备时延为 30ms,休眠激活的时延是 15ms,活动设备信道接入的时延为 15ms。因此 ZigBee 技术适用于对时延要求苛刻的无线控制(如工业控制场合等)应用。

4. 网络容量大

ZigBee 的设备既可以使用 64 位 IEEE 地址,也可以使用指配 16 位短地址。一个区域内可以同时存在最多 100 个 ZigBee 网络,而且网络组成灵活。在一个单独的 ZigBee 网络内,可以容纳最多 216 个设备。

5. 安全性高

由于无线通信是共享信道的,面临着有线网络所没有的安全威胁。ZigBee 在物理层和媒体访问控制层采用 IEEE 802.15.4 协议,使用带时隙或不带时隙的载波检测多址访问与冲突避免(CSMA/CA)的数据传输方法,可保证数据的可靠传输。ZigBee 还提供了基于循环冗余校验(Cyclic Redundancy Check,CRC)的数据包完整性检查功能,支持鉴权和认证,采用了 AES-128 的加密算法,各个应用可以灵活确定其安全属性。

6. 工作频率灵活

ZigBee 网络选择了无须取得许可即可使用的“免注册”频段,即工业、科学、医疗(ISM)频段。为了使用各国的不同情况,定义了 2.4GHz 频段和 868/915MHz 频段:2.4GHz 频段在全世界范围内是通用的,而 868/915MHz 频段分别用于欧洲和北美。我国使用的 ZigBee 设备工作在 2.4GHz 频段。免注册的频段和较多的信道使 ZigBee 的使用更加方便、灵活,特别使用 2.4GHz 频段的设备,可以在全世界任何地方使用。

4.2 IEEE 820.15.4 标准

4.2.1 概述

随着通信技术的迅速发展,人们提出了在人自身附近几米范围内通信的要求,由此出现了个人区域网络(Personal Area Network,PAN)和无线个人域网的概念。WPAN 为近距离范围内的设备建立无线连接，把几米范围内的多个设备通过无线的方式连接在一起，使它们可以相互通信甚至接入LAN或Internet。1998年3月，IEEE 802.15工作组致力于WPAN的物理层和媒体访问层的标准化工作。

在IEEE 802.15工作组内有四个任务组(Task Group，TG)，分别制定适合不同应用的标准，这些标准在传输速率、功耗、支持的服务上存在差异。下面是4个任务组的主要任务。

(1) TG1：制定IEEE 802.15.1标准，即蓝牙无线个人区域网络标准。这是一个中等速率、近距离的WPAN网络标准，通常用于手机、PDA等设备的短距离通信。

(2) TG2：制定IEEE 802.15.2标准，研究IEEE 802.15.1与IEEE 802.11的共存问题。

(3) TG3：制定IEEE 802.15.3标准，研究高传输速率无线个人区域网络标准。该标准主要考虑无线个人区域网络在多媒体方面的应用，以追求更高的传输速率与服务品质。

(4) TG4：制定IEEE 802.15.4标准，针对低速无线个人区域网络(Low-Rate Wireless Personal Area Network，LR-WPAN)制定标准。该标准把低能量消耗、低速率传输、低成本作为重点目标，旨在为个人或家庭范围内不同设备之间的低速互连提供统一标准。

IEEE 802.15.4标准定义的LR-WPAN网络可以支持功耗小且在个人活动空间工作的简单器件，支持两种网络拓扑，即单跳星型拓扑及多跳对等拓扑。LR-WPAN中的器件既可以使用64位IEEE地址，也可以使用在关联过程中指配的16位短地址，下面详细介绍IEEE 802.15.4的主要特点。

1. 工作频段和数据速率

IEEE 802.15.4工作在ISM频段，定义了两种物理层：2.4GHz频段和868/915MHz频段。这两种物理层都基于直接序列扩频技术(DSSS)，使用相同的物理层数据包格式，区别在于工作频率、调制技术、传输速率等不同。在IEEE 802.15.4中，总共分配了27个具有三种速率的信道：2.4GHz频段有16个250kbps速率的信道，在915MHz频段有10个40kbps的信道，在868MHz频段有1个20kbps速率的信道。

2. 支持简单器件

IEEE 802.15.4低速率、低功耗和短距离传输的特点使它非常适合支持简单器件。在IEEE 802.15.4中定义了两种器件：全功能器件(Full Function Device，FFD)和简化功能器件(Reduced Function Device，RFD)。对全功能器件，要求它支持所有的49个参数；对简化功能器件，在最小配置时只要求支持38个基本参数。一个全功能器件能够与简化功能器件和其他全功能器件通信，可以按三种方式工作，而简化功能器件智能与全功能器件通信，仅用于非常简单的应用。

3. 信标方式和超帧结构

IEEE 802.15.4可以工作于信标使能方式或非信标使能方式。在信标使能方式中，协调器不定期广播信标，以达到相关器件同步及其他目的。在非信标使能方式中，协调器不是定期广播信标，而是在器件请求信标时向它单播信标。在信标使能方式中使用超帧结构，超帧结构的格式由协调器来定义，一般包括工作部分和任选的不工作部分。

4. 数据传输和低功率

在IEEE 802.15.4中，有3种不同的数据转移：从器件到协调器、从协调器到器件以及在对等网络中从一方到另一方。为了突出低功耗的特点，把数据传输分为以下3种方式。

1) 直接数据传输

直接数据传输适用于以上所有三种数据转移,采用载波侦听多址接入冲突避免机制(CSMA/CA)还是基于时隙的CSMA/CA机制,要视使用非信标使能方式还是信标帧使能方式而定。

2) 间接数据传输

间接数据传输仅适用于从协调器到器件的数据转移。在这种方式中,数据帧由协调器保存在事务处理列表中,等待相应的器件来提取。通过检查来自协调器的信标帧,器件就能发现在事务处理列表中是否挂有一个属于它的数据分组。有时在非信标帧方式中也可能发生间接数据传输。在数据提取过程中也使用非时隙的CSMA/CA机制或时隙的CSMA/CA机制。

3) 时隙保障(Guaranteed Time Slot,GTS)数据传输

GTS数据传输仅适用于器件与其协调器之间的数据转移,既可以从器件到协调器,也可以从协调器到器件。在GTS数据传输中不需要载波侦听。

5. 安全性

安全性是IEEE 802.15.4的另一个重要问题。为了实现灵活性并支持简单器件,IEEE 802.15.4在数据传输中提供了三级安全机制。第一级实际是无安全性方式,对于某种安全性不重要或上层已经提供足够安全保障的应用中,器件就可以使用此种方式。对于第二级安全性,器件可以使用接入控制清单来防止非法器件获取数据,在这一级不采取加密措施。第三级安全性在数据转移中采用属于高级加密标准(Advanced Encryption Standard,AES)的对称密码。AES可以用来保护数据和防止攻击者冒充合法器件,但它不能防止攻击者在通信双方交换密钥时通过窃听来截取对称密钥,为了防止这种攻击,可以采用公钥加密。

6. 自配置

IEEE 802.15.4在媒介接入控制层中加入了关联和分离功能,以达到支持自配置的目的。自配置不仅能自动建立一个星型网,而且还允许创建自配置的对等网。在关联过程中可以实现各种配置,例如为个人区域网选择信道和识别符、为器件指配16位短地址及设定电池寿命延长选项等。

4.2.2 网络协议栈

IEEE 802.15.4网络协议栈基于开放系统互连(Open System Interconnection,OSI)参考模型,每一层都实现一部分通信功能,并向高层提供服务,如图4.1所示。

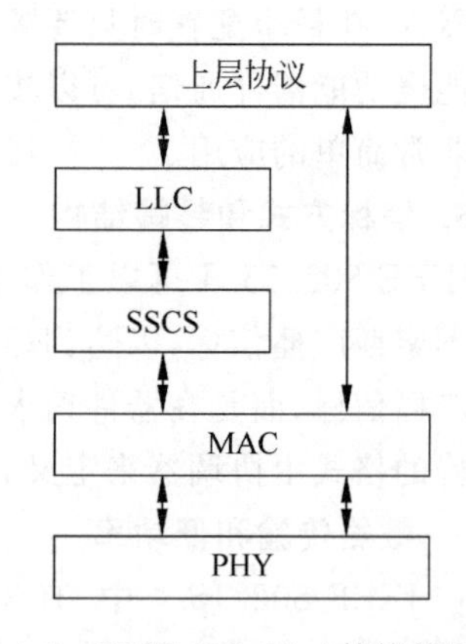

图4.1 IEEE 802.15.4协议栈层次

IEEE 802.15.4标准只定义了PHY层和数据链路层的MAC子层。PHY层由射频收发器以及底层的控制模块构成。MAC子层为高层访问物理信道提供点到点通信的服务接口。MAC子层以上的几个层级,包括特定服务的聚合子层(Service Specific Convergence Sublayer,SSCS),逻辑链路控制(Logical Link Control,

LLC)子层等,只是 IEEE 802.15.4 标准可能的上层协议,并不在 IEEE 802.15.4 标准的定义范围内。

4.2.3 物理层

1. 物理层概述

物理层定义了物理无线信道和 MAC 子层之间的接口,提供物理层数据服务和物理层管理服务。

物理层数据服务包括以下 5 方面的功能。

(1) 激活和休眠射频收发器。

(2) 信道能量检测(energy detect)为网络层提供信道选择依据,它主要测量目标信道中接收信号的功率强度。这个检测本身不进行解码操作,检测结果是有效信号功率和噪声信号功率之和。

(3) 检测接收数据包的链路质量指示(Link Quality Indication,LQI)为网络层或应用层提供接收数据帧时无线信号的强度和质量信息,与信道能量检测不同的是,它要对信号进行解码,生成的是一个信噪比指标。这个信噪比指标和物理层数据单元一起提交给上层处理。

(4) 空闲信道评估(Clear Channel Assessment,CCA)判断信道是否空闲。IEEE 802.15.4 定义了三种空闲信道评估模式:第一种是简单判断信道的信号能量,当信号能量低于某一门限值就认定信道空闲;第二种是判断无线信号的特征,这个特征主要包括两方面,即扩频信号特征和载波频率;第三种模式是前两种模式的综合,即同时检测信号强度和信号特征,给出信道空闲判断。

(5) 收发数据。

2. 物理层帧格式

IEEE 802.15.4 协议的物理层数据帧由同步头、物理帧头和物理层负荷三部分组成,其结构图如图 4.2 所示。

前导码 (4字节)	SFD (1字节)	帧长度 (7位)	保留位 (1位)	PSDU (长度可变)
同步头		物理帧头		负荷

图 4.2　物理层帧格式

同步头由前导码和数据包帧起始分隔符组成,其中前导码被收发机用来从输入码流中获得同步,它由 32 个二进制“0”组成;帧起始分隔符(Start of Frame Delimiter,SFD)字段长度为 1 字节,其值固定为 0xA7,标识一个物理帧的开始。收发器接收完前导码后只能做到数据的位同步,通过搜索 SFD 字段的值 0xA7 才能同步到字节上。

物理帧头占 1 字节,其中 7 位用来标识帧的长度,1 位保留。帧长度取值范围为 0 到物理层最大分组长度,其长度不会超过 127 字节。

物理层负荷即物理层业务数据单元(PHY Service Data Unit,PSDU),也即 MAC 帧,其长度可变。

4.2.4 MAC层

1. MAC子层概述

“MAC”是媒体接入控制(Media Access Control)的意思，因此MAC层的基本功能是控制通信设备如何利用通信资源进行通信，在网络中能够协调多个设备恰当地使用通信资源。在IEEE 802系列标准中，把数据链路层分为MAC层和LLC层两个子层。MAC子层使用物理层提供的服务实现设备之间的数据传输，而LLC在MAC子层的基础上，在设备之间提供面向连接和非连接的服务。

MAC子层处理所有接入到物理射频信道的工作，主要功能如下。

(1) 协调器产生并发送信标帧，普通设备根据协调器的信标帧与协调器同步；

(2) 支持PAN网络的关联和取消关联操作；

(3) 支持无线信道的通信安全；

(4) 使用CSMA/CA机制访问信道；

(5) 支持时隙保障机制；

(6) 支持不同设备的MAC子层间的可靠传输。

2. 帧格式

MAC子层的帧结构的设计目标是用最低复杂度实现在多噪声无线信道环境下的可靠数据传输。一个MAC帧通常由帧头、负荷、帧尾构成。MAC层帧头包含帧控制信息、帧序列号以及地址信息，其中的顺序是固定的；MAC负荷中包含了一些特定帧的信息，它的长度是可变的；MAC层帧尾中包含帧校验序列(Frame Check Sequence，FCS)。其一般的帧格式如图4.3所示。

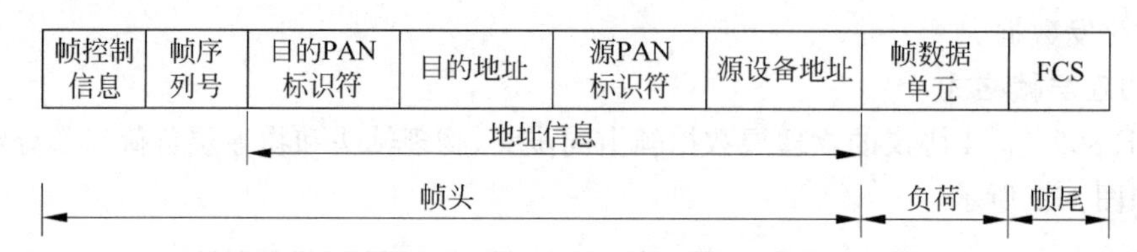

图4.3 MAC层一般帧格式

IEEE 802.15.4网络定义了四种类型的帧：信标帧、数据帧、应答帧和MAC命令帧。

1) 信标帧

信标帧(MAC Protocol Data Unit，MPDU)由MAC子层产生。在信标网络中，协调器通过向网络中的所有从设备发送信标帧，以保证这些设备能够与协调器同步，以达到网络功耗最低。信标帧结构如图4.4所示。

帧控制	序列码	寻址信息	超帧	GTS	未处理事务地址	信标载荷	FCS
MHR			MSDU				MFR

图4.4 信标帧格式

其中，MHR是MAC层帧头；MSDU是MAC层服务数据单元，表示MAC层载荷；MFR是MAC层帧尾。这三部分共同构成了MAC协议数据单元MPDU。当MAC层协议数据单元被发送到物理层时，它便成为了物理层服务数据单元 PSDU，如果在其前面加上一个物理层帧头便可构成物理层协议数据单元 PPDU。

信标帧的负载数据单元由四部分组成：超帧描述字段、GTS 分配字段、待转发数据目标地址字段和信标帧负载数据。

- 信标帧中超帧描述字段规定了这个超帧的持续时间、活跃部分持续时间以及竞争访问时段持续时间信息。
- GTS 分配字段将无竞争时段划分为若干 GTS，并把每个 GTS 具体分配给某个设备。
- 转发数据目标地址列出了与协调器保存的数据相对应的设备地址。一个设备如果发现自己的地址出现在待转发数据目标地址字段里，则意味着协调器存有属于它的数据，所以它就会向协调器发出请求传送数据的 MAC 命令帧。
- 信标帧负载数据为上层协议提供数据传输接口。例如，在使用安全机制时，这个负载域将根据被通信设备设定的安全通信协议填入相应的信息。通常情况下，这个字段可以忽略。

2）数据帧

数据帧用来传输上层（应用层）发到 MAC 子层的数据，它的负载字段包含了上层需要传送的数据。数据负载传送至 MAC 子层时，被称为 MAC 服务数据单元 MSDU。通过添加 MAC 层帧头信息和帧尾，便形成了完整的 MAC 数据帧 MPDU，其帧结构如图 4.5 所示。

MAC 帧传送至物理层后，就成为了物理帧的负载 PSDU。PSDU 在物理层被包装起来，其首部增加了同步信息 SHR 和帧长度字段 PHR 字段。同步信息 SHR 包括用于同步的前导码和 SFD 字段，它们都是固定值。帧长度字段的 PHR 标识了 MAC 帧的长度，为一个字节长而且只有其中的低 7 位有效值，所以 MAC 帧的长度不会超过 127 个字节。

3）应答帧

应答帧由 MAC 子层发起。为了保证设备之间通信的可靠性，发送设备通常要求接收设备要求接收设备在接收到正确的帧信息后返回一个应答帧，向发送设备表示已经正确地接收了相应的信息。其帧格式如图 4.6 所示。

帧控制	序列码	寻址信息	数据载荷	FCS
MHR			MSDU	MFR

图 4.5 数据帧结构

帧控制	序列码	FCS
MHR		MFR

图 4.6 应答帧结构

MAC 子层应答帧由 MHR 和 MFR 组成。MHR 包括 MAC 帧控制域和数据序列号；MFR 由 16 位的 FCS 形成。

4）MAC 命令帧

MAC 命令帧用于组建 PAN 网络，传输同步数据等。目前定义好的命令帧有 9 种类型，主要完成三方面的功能：把设备关联到 PAN 网络，与协调器交换数据，分配 GTS。

命令帧在格式上和其他类型的帧没有太大区别，只是控制字段的帧类型位有所不同，若帧头的帧控制字段位 011b，则表示这是一个命令帧。命令帧的具体功能由帧的负载数据表示。负载数据是一个变长结构，所有命令帧负载的第一个字节是命令类型字节，后面的数据针对不同的命令类型有不同的含义。其帧格式如图 4.7 所示。

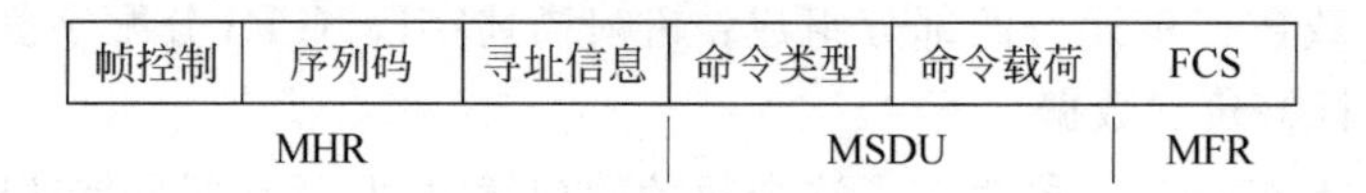

帧控制	序列码	寻址信息	命令类型	命令载荷	FCS
MHR			MSDU		MFR

图 4.7 命令帧结构

4.3 ZigBee 中的无线通信技术

4.3.1 CSMA/CA

CSMA/CA 被翻译为载波侦听多路访问/碰撞避免。此种方案采用主动避免碰撞而非被动侦测的方式来解决碰撞问题，可以满足那些不易准确侦测是否有碰撞发生的需求。

CSMA/CA 协议主要使用两种方法来避免碰撞。

(1) 设备欲发送信息，且信息听到通道空闲时，维持一段时间后，再等待一段随机的时间依然空闲时，才提交数据。由于各个设备的等待时间是分别随机产生的，因此很大可能有所区别，由此可以减少碰撞的可能性。

(2) RTS-CTS 三向握手(Handshake)：设备欲发送信息前，先发送一个很小的 RTS (Request to Send)信息给最近的接入点(Access Point)，等待目标端回应 CTS(Clear to Send)帧后，才开始发送。此方式可以确保接下来发送数据时，不会发生碰撞。同时由于 RTS 帧与 CTS 帧都很小，让发送的无效开销变小。

ZigBee/IEEE 802.15.4 的网络所有节点都工作在同一个信道上，因此如果邻近的节点同时发送数据就有可能发生冲突。为此 MAC 层采用了 CSMA/CA 的技术，简单来说，就是节点在发送数据之前先监听信道，如果信道空闲则可以发送数据，否则就要进行随机的退避，即延迟一段随机时间，然后再进行监听，这个退避的时间是指数增长的，但有一个最大值，即如果上一次退避之后再次监听信道忙，则退避时间要增倍，这样做的原因是如果多次监听信道都忙，有可能表明信道上的数据量大，因此让节点等待更多的时间，避免繁忙的监听。

通过这种信道接入技术，所有节点竞争共享同一个信道。在 MAC 层当中还规定了两种信道接入模式，一种是信标(Beacon)模式，另一种是非信标模式。信标模式当中规定了一种“超帧”的格式，在超帧的开始发送信标帧，里面含有一些时序以及网络的信息，紧接着是竞争接入时期，在这段时间内各节点以竞争方式接入信道，再后面是非竞争接入时期，节点采用时分复用的方式接入信道，然后是非活跃时期，节点进入休眠状态，等待下一个超帧周期的开始又发送信标帧。而非信标模式则比较灵活，节点均以竞争方式接入信道，不需要周期性的发送信标帧。显然，在信标模式当中由于有了周期性的信标，整个网络的所有节点都能进行同步，但这种同步网络的规模不会很大。实际上，在 ZigBee 当中用得更多的可能是非信标模式。

4.3.2 DSSS

ZigBee 芯片数字高频部分，采用了直接序列扩频(Direct Sequence Spread Spectrum，DSSS)技术，不仅能够非常方便地实现 802.15.4 短距离无线通信标准兼容，而且大大提高了无线通信的可靠性。

直接序列扩频是扩展频谱(Spread Spectrum)技术的一种方式，直接序列扩频技术是利用 10 个以上的 chip 来代表原来的「1」或「0」位，使得原来较高功率、较窄的频率变成具有较宽频的低功率频率。而每位使用多少个 chip 称做 Spreading chip，一个较高的 Spreading chip 可以增加抗噪声干扰，而一个较低 Spreading Ration 可以增加用户的数量。基本上，在 DSSS 的 Spreading Ration 是相当少的，例如在几乎所有 2.4GHz 的无线局域网络产品所使用的 Spreading Ration 皆少于 20。而在 IEEE 802.11 的标准内，其 Spreading Ration 大约在 100 左右。

直接序列扩频，用高速率的伪噪声码序列与信息码序列模二加(波形相乘)后的复合码序列去控制载波的相位而获得直接序列扩频信号，即将原来较高功率、较窄的频率变成具有较宽频的低功率频率，以在无线通信领域获得令人满意的抗噪声。直接序列扩频通过利用高速率的扩频序列在发射端扩展信号的频谱，而在接收端用相同的扩频码序列进行解扩，把展开的扩频信号还原成原来的信号。例如，在发射端将 1 用 11001100111 代替，将 0 用 00111000110 代替，这个过程就实现了扩展频率，而在接收端只要把接收到的数据恢复成“1”或“0”即可解扩。这样信源速率被提高了 10 倍，同时处理增益也达到 10dB 以上，从而有效提高了整机信噪比。

直接序列扩频技术在军事通信和机密工业中得到了广泛应用，现在甚至普及到一些民用的高端产品，例如信号基站、无线电视、蜂窝手机、婴儿监视器等，是一种可靠安全的工业应用方案。

直接序列扩频技术的主要优点包括以下方面。

(1) 直接序列扩频系统射频带宽很宽。小部分频谱衰落不会使信号频谱严重衰落。

(2) 多径干扰是由于电波传播过程中遇到各种反射体(高山，建筑物)引起，使接受端接受信号产生失真，导致码间串扰，引起噪音增加。而直接序列扩频系统可以利用这些干扰能量提高系统的性能。

(3) 由于直接序列扩频系统射频带宽很宽，谱密度很低，甚至淹没在噪声中，就很难检查到信号的存在，因此对其他系统的影响就很小。

(4) 直接序列扩频系统一般采用相干解调解扩，其调制方式多采用 BPSK、DPSK、QPSK、MPSK 等调制方式。而跳频方式由于频率不断变化、频率的驻留时间内都要完成一次载波同步，随着跳频频率的增加，要求的同步时间就越短。因此跳频多采用非相干解调，采用的解调方式多为 FSK 或 ASK，从性能上看，直扩系统利用了频率和相位的信息，性能优于跳频。

直接序列扩频通信技术的主要特点有以下方面。

(1) 抗干扰性强。抗干扰是扩频通信的主要特性之一，比如信号扩频宽度为 100 倍，窄带干扰基本上不起作用，而宽带干扰的强度降低了 100 倍，如要保持原干扰强度，则需加大 100 倍总功率，这实际上是难以实现的。因信号接收需要扩频编码进行相关解扩处理才能得到，所以即使以同类型信号进行干扰，在不知道信号的扩频码的情况下，由于不同扩频编码之间的不同的相关性，干扰也不起作用。正因为扩频技术抗干扰性强，美国军方在海湾战争等处广泛采用扩频技术的无线网桥来连接分布在不同区域的计算机网络。

(2) 隐蔽性好。因为信号在很宽的频带上被扩展，单位带宽上的功率很小，即信号功率谱密度很低，信号淹没在白噪声之中，别人难以发现信号的存在，加之不知扩频编码，很难拾取有用信号，而极低的功率谱密度，也很少对于其他电讯设备构成干扰。

(3) 易于实现码分多址。直接序列扩频通信占用宽带频谱资源通信，改善了抗干扰能力，是否浪费了频段？其实正相反，扩频通信提高了频带的利用率。正是由于直接序列扩频通信要用扩频编码进行扩频调制发送，而信号接收需要用相同的扩频编码作相关解扩才能得到，这就给频率复用和多址通信提供了基础。充分利用不同码型的扩频编码之间的相关特性，分配给不同用户不同的扩频编码，就可以区别不同的用户的信号，用户只要配对使用自己的扩频编码，就可以互不干扰地同时使用同一频率通信，从而实现了频率复用，使拥挤的频谱得到充分利用。发送者可用不同的扩频编码，分别向不同的接收者发送数据；同样，接收者用不同的扩频编码，就可以收到不同的发送者送来的数据，实现了多址通信。美国国家航天管理局(NASA)的技术报告指出：采用扩频通信提高了频谱利用率。另外，扩频码分多址还易于解决随时增加新用户的问题。

(4) 抗多径干扰。无线通信中抗多径干扰一直是难以解决的问题，利用扩频编码之间的相关特性，在接收端可以用相关技术从多径信号中提取分离出最强的有用信号，也可把多个路径来的同一码序列的波形相加使之得到加强，从而达到有效的抗多径干扰。

(5) 直扩通信速率高。直接序列扩频通信速率可达 2Mbps、8Mbps、11Mbps，无须申请频率资源，建网简单，网络性能好。

第 5 章 ZigBee 应用开发

CHAPTER 5

5.1 ZigBee 芯片

5.1.1 CC2530 射频芯片简介

CC2530 芯片是美国 TI 公司生产的第二代 ZigBee/IEEE 802.15.4 无线收发器芯片。该芯片专用于企业、科学研究所与医疗部门的 2.4GHz 频段，它具有当今业界最佳的选择性/共存性及优异的链路预算功能特点，能够以低成本来建立强大的网络节点。CC2530 芯片结合了领先的 RF 收发器的优良性能，业界标准的增强型 8051 内核，系统内可编程闪存，8KB RAM 和许多其他强大功能，其产品目标在于满足各种应用中 ZigBee 与专有无线系统的要求。

1. 功能

1) RF

- 适应 2.4GHz IEEE 802.15.4 的 RF 收发器；
- 极高的接收灵敏度和抗干扰性能；
- 可编程的输出功率高达 4.5dBm；
- 只需极少的外接元件；
- 只需一个晶振，即可满足网状网络系统需要；
- 适合系统配置符合世界范围的无线电频率法规：ETSI EN 300 328 和 EN 300440 (欧洲)，FCC CFR47 第 15 部分(美国)和 ARIB STD-T-66(日本)。

2) 低功耗

- 主动模式 RX(CPU 空闲)：24mA；
- 主动模式 TX 在 1dBm(CPU 空闲)：29mA；
- 供电模式 1(4μs 唤醒)：0.2mA；
- 供电模式 2(睡眠定时器运行)：1μA；
- 供电模式 3(外部中断)：0.4μA；
- 宽电源电压范围(2V～3.6V)。

3) 微处理器

- 优良的性能和具有代码预取功能的低功耗 8051 微控制器内核；
- 32KB、64KB 或 128KB 的系统内可编程闪存；

- 8KB RAM,具备在各种供电方式下的数据保持能力;
- 支持硬件调试。

4) 外设

- 强大的5通道DMA;
- IEEE 802.5.4 MAC定时器,通用定时器(一个16位定时器,一个8位定时器);
- IR发生电路;
- 具有捕获功能的32kHz睡眠定时器;
- 硬件支持CSMA/CA;
- 支持精确的数字化RSSI/LQI;
- 电池监视器和温度传感器;
- 具有8路输入和可配置分辨率的12位ADC;
- AES安全协处理器;
- 2个支持多种串行通信协议的强大USART;
- 21个通用I/O引脚;
- 看门狗定时器。

5) 应用

- 2.4GHz IEEE 802.15.4系统;
- RF4CE远程控制系统;
- ZigBee系统;
- 家庭/楼宇自动化;
- 照明系统;
- 工业控制和监控;
- 消费类电子;
- 医疗保健;
- 低功耗无线传感器网络。

5.1.2 CC2530引脚描述

CC2530采用QFN-40,6mm×6mm的封装,其外部引脚图如图5.1所示,引脚描述见表5.1所列。

表5.1 引脚描述

引脚名称	引脚号	类　型	描　述
AVDD1	28	电源(模拟)	2~3.6V模拟电源连接
AVDD2	27	电源(模拟)	2~3.6V模拟电源连接
AVDD3	24	电源(模拟)	2~3.6V模拟电源连接
AVDD4	29	电源(模拟)	2~3.6V模拟电源连接
AVDD5	21	电源(模拟)	2~3.6V模拟电源连接
AVDD6	31	电源(模拟)	2~3.6V模拟电源连接
DCOUPL	40	电源(数字)	1.8V数字电源退耦

续表

引脚名称	引脚号	类　型	描　述
DVDD1	39	电源(数字)	2～3.6V 数字电源连接
DVDD2	10	电源(数字)	2～3.6V 数字电源连接
GND		接地	芯片安装衬底,需要连接到 PCB 接地层
GND	1,2,3,4	未使用的引脚	连接到 GND
P0_0	19	数字 I/O	端口 0.0
P0_1	18	数字 I/O	端口 0.1
P0_2	17	数字 I/O	端口 0.2
P0_3	16	数字 I/O	端口 0.3
P0_4	15	数字 I/O	端口 0.4
P0_5	14	数字 I/O	端口 0.5
P0_6	13	数字 I/O	端口 0.6
P0_7	12	数字 I/O	端口 0.7
P1_0	11	数字 I/O	端口 1.0
P1_1	9	数字 I/O	端口 1.1.具有 20mA 驱动能力
P1_2	8	数字 I/O	端口 1.2.具有 20mA 驱动能力
P1_3	7	数字 I/O	端口 1.3
P1_4	6	数字 I/O	端口 1.4
P1_5	5	数字 I/O	端口 1.5
P1_6	38	数字 I/O	端口 1.6
P1_7	37	数字 I/O	端口 1.7
P2_0	36	数字 I/O	端口 2.0
P2_1	35	数字 I/O	端口 2.1
P2_2	34	数字 I/O	端口 2.2
P2_3/XOSC32K_Q2	33	数字 I/O,模拟 I/O	端口 2.3/32.768kHz XOSC
P2_4/XOSC32K_Q1	32	数字 I/O,模拟 I/O	端口 2.4/32.768kHz XOSC
RBIAS1	30	模拟 I/O	连接提供基准电流的外接精密偏置电阻器
RESET_N	20	数字输入	复位,低电平有效
RF_N	26	RF I/O	接收时,负 RF 输入信号到 LNA 发送时,来自 PA 的负 RF 输出信号
RF_P	25	RF I/O	接收时,正 RF 输入信号到 LNA 发送时,来自 PA 的正 RF 输出信号
XOSC_Q1	22	模拟 I/O	32MHz 晶振引脚 1
XOSC_Q2	23	模拟 I/O	32MHz 晶振引脚 2

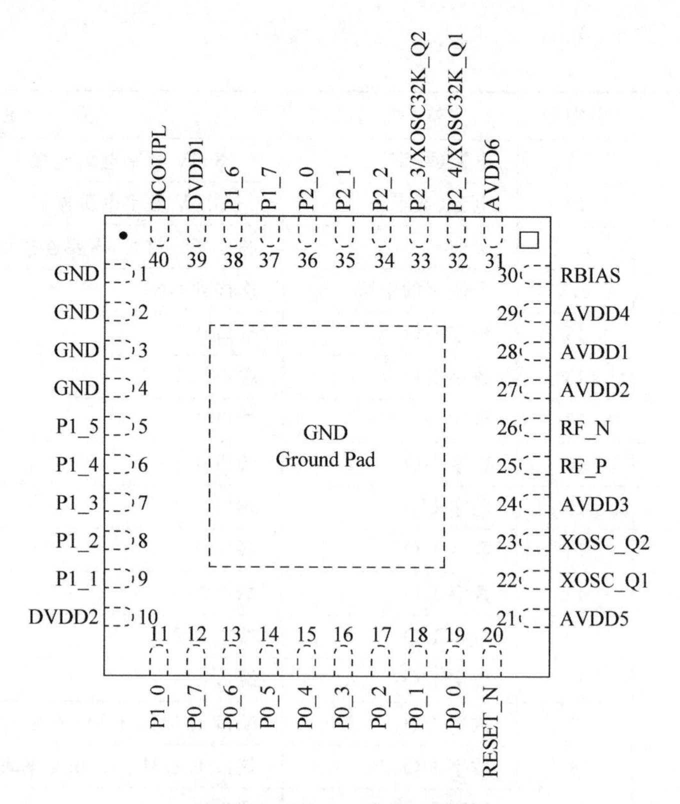

图 5.1　CC2530 外部引脚图

5.1.3　CPU 和存储器

CC2530 芯片使用的 8051CPU 是一个单周期的 8051 兼容核，它有 3 个不同的存储器访问总线，可以单周期访问 SFR、DATA 和主 SRAM，还包含一个调试接口和扩展的 18 路输入中断单元。

中断控制器共有 18 个中断源，分为 6 个中断组，每个中断组赋值为 4 个中断优先级之一。当该设备处于空闲模式，任何的中断都可以把 CC2530 恢复到主动模式。某些中断还可以将设备从睡眠模式唤醒。

存储器交叉开关/仲裁时位于系统核心，它通过 SFR 总线将 CPU、DMA 控制器、物理存储器和所有的外接设备连接起来。存储器仲裁有 4 个存储器访问点，访问可以被映射到 3 个物理存储器中的 1 个：1 个 8KB SRAM，Flash 存储器和 XREG/SFR 寄存器。存储器仲裁负责对访问到同一个物理存储器的同步存储器访问进行仲裁和排序。

8KB SRAM 映射到数据存储器空间和部分外部数据存储器空间。8KB SRAM 是一个超低功耗的 SRAM，甚至当数字部分掉电后，它也能保持数据。对于低功耗应用，这是一个重要的特性。

32/64/128/256KB Flash 块为设备提供了在电路可编程非易失性存储器，并且映射到代码和外部数据存储器空间。除了保持程序代码和常量以外，非易失性存储器允许应用程序保存必须保留的数据，以保证这些数据在设备重启后可用。使用此功能，可以实现诸如利用保存的具体网络数据，就不再需要经过完全启动、网络寻找和加入过程。

5.1.4 外部设备

CC2530芯片包括许多不同的外部设备，使得开发者可以进行高级应用程序开发。

1. 调试接口

调试接口实现了一个专有的两线串行接口来进行电路调试，通过此接口可对Flash存储器进行全片擦除；控制启动哪一个振荡器；停止和开始执行用户程序；在8051内核上知心供电指示；设置代码断点；在代码中通过指令进行单步调试。

CC2530芯片包含用于存储程序代码的Flash存储器，通过调试接口用软件可以对Flash存储器进行编程。Flash控制器处理对嵌入式Flash存储器的写和擦除，它允许页擦除和4字节编程。

2. I/O

I/O控制器负责所有通用I/O引脚的控制，CPU可以配置某些引脚是由外接设备模块控制还是由软件控制，以及配置每个引脚为输入或输出，上拉或下拉电阻是否连接等。并且每个引脚都可以单独使用CPU的中断。每个连接到I/O引脚的外接设备可以在两种不同的I/O引脚位置进行选择以确保在各种应用中灵活使用。

3. DMA控制器

系统内有一个通用的5通道DMA控制器，并且使用外部数据存储器空间来访问存储器，因此可以访问所有物理存储器。每个通道可以在存储器的任何位置用DMA描述来配置。很多硬件外接设备(AES核心、Flash控制器、USART、定时器、ADC接口)依靠DMA控制器在SFR或XREG地址和Flash/SRAM之间的数据传输来有效运行。

4. 定时器

定时器1是一个16位定时器，具有定时器/计数器/脉宽调制功能，它有一个可编程分频器，1个16位周期值和5个单独可编程计数器/捕获信道，每个信道有一个16位比较值。每个计数器/捕获信道可用来当做PWM输出或捕获输入信号的边沿时间。

MAC定时器(定时器2)是为支持一个IEEE 802.15.4 MAC或其他软件中的时间跟踪协议而特别设计的。该定时器具有一个可配置时间周期和一个可用来记录已经发生的周期数轨道的8位溢出计数器。它还有一个16位捕获寄存器，用来记录一个帧开始定界符接收/发送的精确时间或传输完成的精确时间，以及一个可以在特定时间对无线模块产生各种命令选通信号的16位输出比较寄存器。

定时器3和定时器4是8位定时器，具有定时器/计数器/PWM功能。它们有一个可编程分频器，一个8位周期值和一个具有8位比较值的可编程计数器信道。每一个计数器信道可以被用来当做PWM输出。

5. ADC

ADC在理想的32～40kHz带宽下支持7～12位分辨率。直流和音频转换最多可达8个输入通道，输入可以被选择为单端输入或差分输入。参考电压可以是内部AVDD或一个单端或差分外部信号。ADC也有温度传感器输入通道。ADC可以自动操作定期采样过程或通道序列转换过程。

6. AES

AES加密/解密核心允许用户使用128位密钥的AES算法来加密和解密数据。该核心可以支持 IEEE 802.15.4 MAC 安全、ZigBee 网络层和应用层所要求的 AES 操作。

7. USART

USART0 和 USART1 均可配置为一个主/从 SPI 或一个 UART。它们提供在接收和发送时的双缓冲和硬件流控制，因而非常适合大吞吐量全双工应用。每一个 USART 都有高精度的波特率发生器，因此可以解放普通计时器作其他用途。

5.2 ZigBee 硬件开发

5.2.1 ZigBee 硬件平台介绍

ZigBee 无线传感器网络技术开发套件是广大电子工程师进行 ZigBee 开发的关键部件，这里介绍北京奥尔斯科技有限公司研制的基于 CC2530 的 ZigBee 开发套件，详细阐述其中各个配件的性能、特点、设计原理等。

物联网创新实验系统 OURS-IOTV2-2530 采用系列传感器模块和无线节点模块组成无线传感网，扩展嵌入式网关实现广域访问，可实现多种物联网构架，完成物联网相关的传感器信息采集、无线信号收发、ZigBee 网络通信、组件控制全过程多种教学实验和网络通信技术开发，适合各大高校及大专院校的专业教学、创新和竞赛。

该工具箱提供了无线传感网通信模块、基本的传感器及控制器模块、嵌入式网关、计算机服务器参考软件等，实验系统形式如图 5.2 所示。

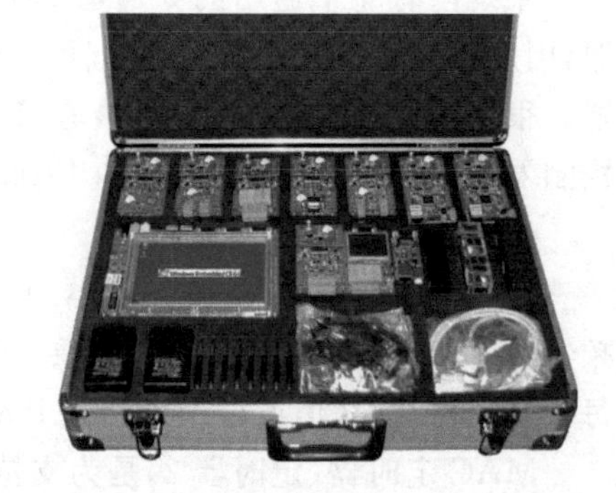

图 5.2 OURS-IOTV2-2530 开发套件

物联网创新实验系统 OURS-IOTV2-2530 的功能特点如下：

(1) 具有 USB 高速下载，支持 IAR 集成开发环境；

(2) 具有在线下载、调试、仿真功能；

(3) 提供 ZigBee 协议栈源代码；

(4) 所有例子程序以源代码方式提供；

(5) 配置灵活，可根据需求选配多种扩展模块，如传感器模块；

(6) 采用 C51 编程，入手快；

(7) 具有液晶显示，直观明了；

(8) 支持 3 种输入电源共存于同一系统，包括外接电源、锂电池和干电池；

(9) 硬件系统及软件代码程序自主设计完成，提供硬件原理图和接口通信协议。

5.2.2 无线传感器网通信模块结构

实验系统包含 8 个无线传感网通信节点及 1 个无线网络协调器。无线传感器网节点的一般结构如图 5.3 所示，主要包括 3 个模块。

(1) 无线节点模块：主要由射频单片机构成，MCU 是 TI 的 CC2530 芯片，2.4G 载频，棒状天线。

(2) 传感及控制模块：系列传感及控制模块，包括温度传感模块、湿度传感模块、继电器模块和 RS232 模块等，也可以通过总线扩展用户自己的传感器及控制器部件。

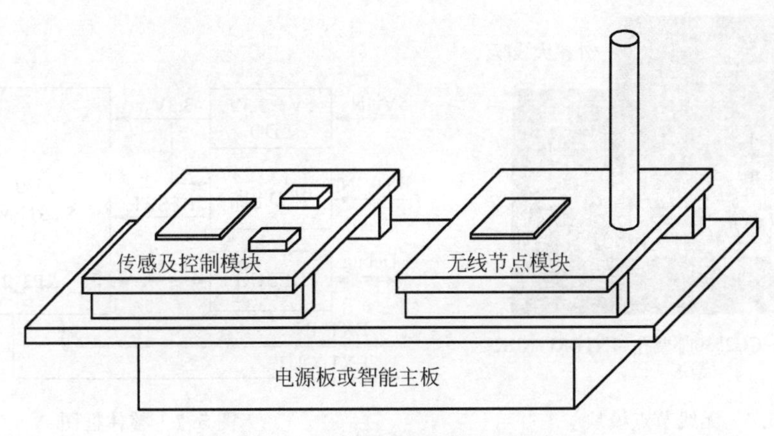

图 5.3　无线传感器网络节点结构

(3) 电源板或智能主板：即实现无线节点模块与传感及控制模块的连接，又实现系统供电，目前主要两节电池供电，保留外接电源接口，可以直接由直流电源供电。

无线网络协调器和无线传感网络通信节点实物分别如图 5.4 和图 5.5 所示。

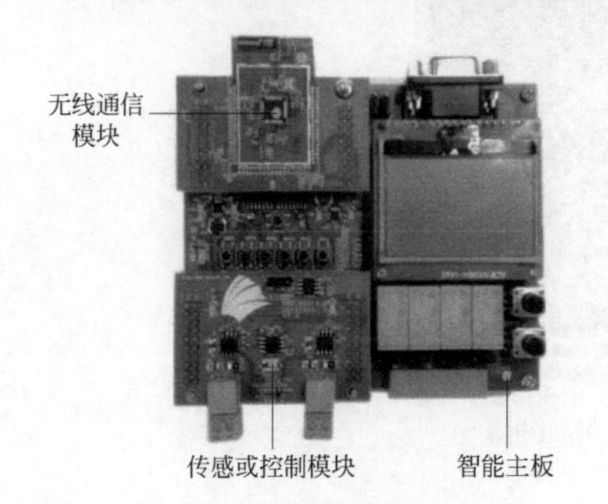

图 5.4　无线网络协调器

图 5.5　无线传感网络通信节点

5.2.3　无线节点模块

OURS-IOTV2-2530 系统的无线模块采用单芯片解决方案，CC2530 芯片的信号将从模块层引出并进行系统规划，模块引出总共有 56 个引脚，其中 19 个 2530 I/O 口，AD 参考电平引脚，复位引脚，电源和地引脚。采用六层电路板结构，使电路有完整的地平面，在 2.4GHz 的高频中能很好地进行干扰的处理，实物图如图 5.6 所示。

整体模块使用 5V 供电输入，在内部使用 DC/DC 芯片转换成 3.3V。使用专用 5 脚的 FPC 插座完成 2 线 Debug 接口信号的引出，Debug 信号使用额外的扩展小板转换成标准的 Debug 插头可用的接口。其整体框图如图 5.7 所示。

5.2.4　电源板与智能主板

电源板及智能主板采用部分相同的电路设计(当然物理尺寸不同)，其中，电源板可认为是智能主板的一个设计子集。智能主板和电源板分别如图 5.8 与图 5.9 所示。

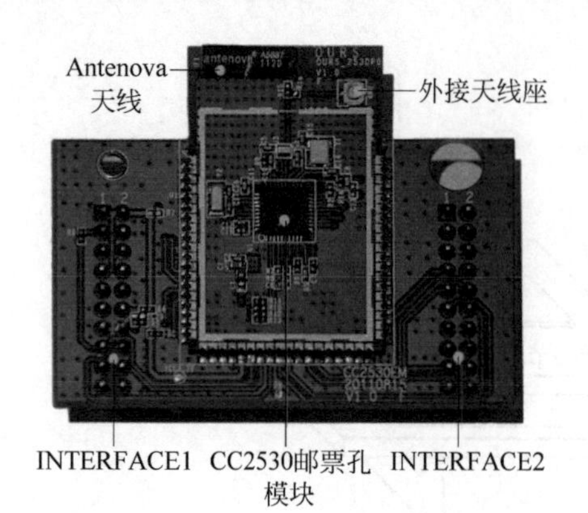

图 5.6 无线节点模块

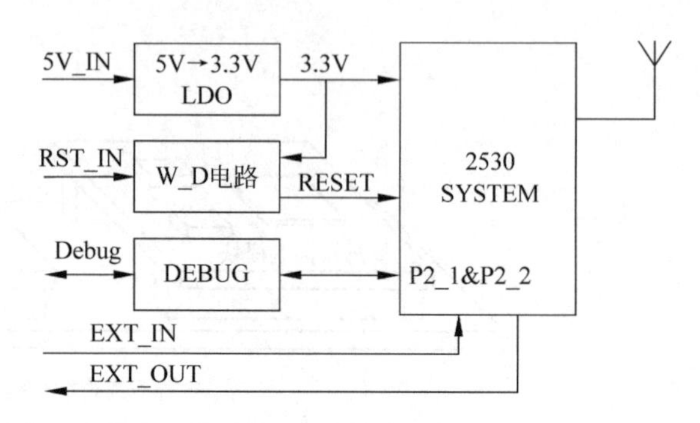

图 5.7 整体框图

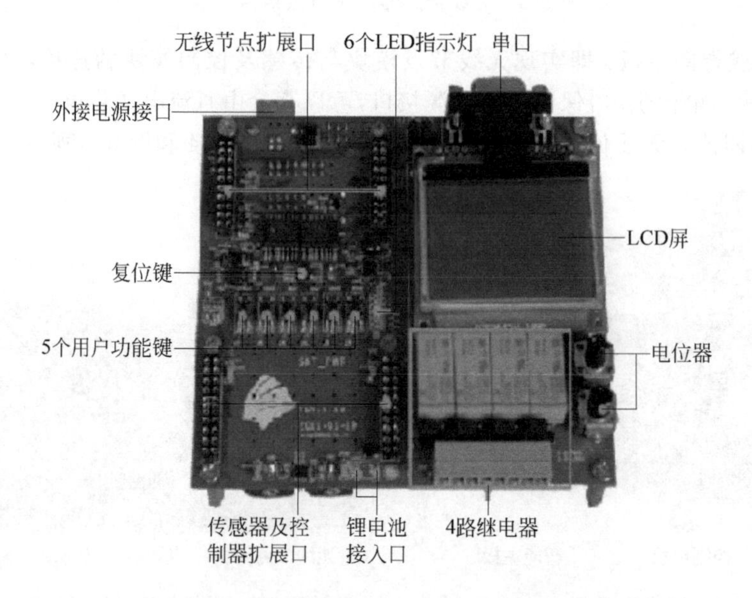

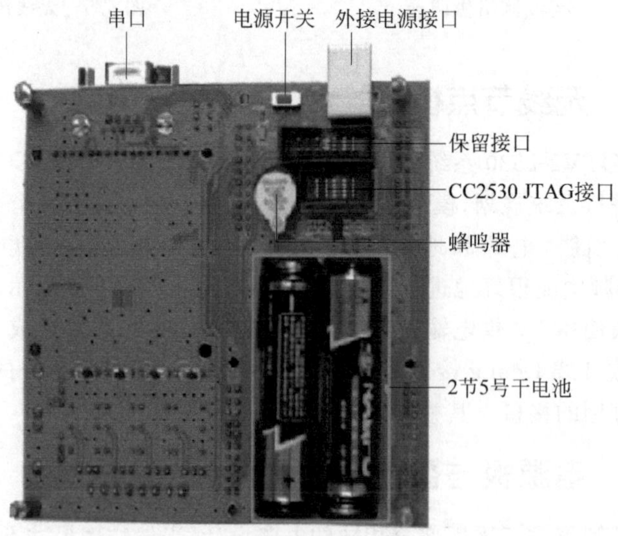

图 5.8 智能主板

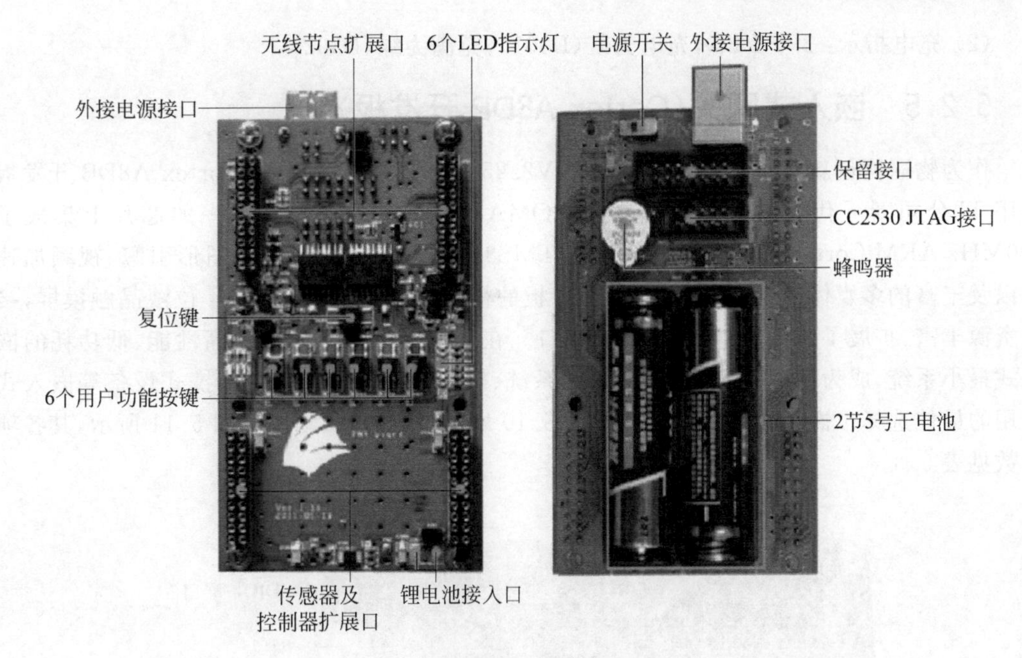

图 5.9　电源板

其工作模式的异同比较，见表 5.2 所示。

表 5.2　电源板与智能主板比较

项目列表		电源板	智能主板
相同部分	RF 模块	使用相同的 RF 模块	
	传感器模块	使用相同的传感器模块	
	供电切换	使用 3 路电源输入，直流电源、干电池以及锂电池，智能切换	
	充电控制	使用相同充电控制，只对锂电池充电，使用直流电源	
	DC/DC 变换	使用相同 DC/DC 变换，将供电切换输出稳定在 5V/1A 输出	
	Debug 接口	使用相同规格的 Debug 接口，信号从无线节点模块引出	
	按键开关控制	使用 6 个按键开关，使用 I²C 接口扩展	
	LED 控制	系统使用 6 个 LED 输出，使用 I²C 接口扩展	
	蜂鸣器控制	一个蜂鸣器控制，与 LED 使用相同的 I²C 接口扩展	
不同部分	模拟 AD 测试	无	2 个电位器模拟 2 路 AD 输入信号
	继电器控制	无	4 路继电器控制输出（I²C 扩展）
	LCD 控制	无	128×64 点阵 LCD 显示（串口）
	RS232 变换	无	无线节点中串口变换为 RS232

输入电源同时支持外部电源、锂电池及普通干电池（不支持镍氢充电电池），电源使用的优先顺序为外接电源、锂电池、干电池。在使用外部电源时，如锂电池同时存在且电量处于非满电状态，将启动锂电池充电状态，充电过程自动控制，充满自动结束。

在电源板及智能主板上侧，安排 6 个 LED 指示灯，其中 3 个 LED 预留，可供传感器使用，另外 3 个 LED 为系统所用，依次为：

(1) 电源状态：单蓝（D104）。

(2) 充电指示：2 个 LED，充电为红(D301)，充满为绿(D302)。

5.2.5 嵌入式网关(Cortex A8DB 开发板)

作为物联网创新实验系统 OURS-IOTV2.2530 中的嵌入式网关，Cortex A8DB 开发板采用 TI 公司新一代移动应用处理器——OMAP3530，该处理器在单一的芯片上集成了 600MHz ARM Cortex-A8 Core、412MHz TMS320C64x+ DSP Core、图形引擎、视频加速器以及丰富的多媒体外设，以核心板外加底板的模式，提供了 7in TFT24 位液晶触摸屏，接口资源丰富，扩展了通用的存储器、通信接口。在很小的体积下构成了高性能、低功耗的嵌入式最小系统，成为下一代智能手机、GPS 系统、媒体播放器以及全新便携式设备等嵌入式应用的最佳选择。嵌入式网关实物图如图 5.10 所示，核心板实物图如图 5.11 所示，其各项参数见表 5.3。

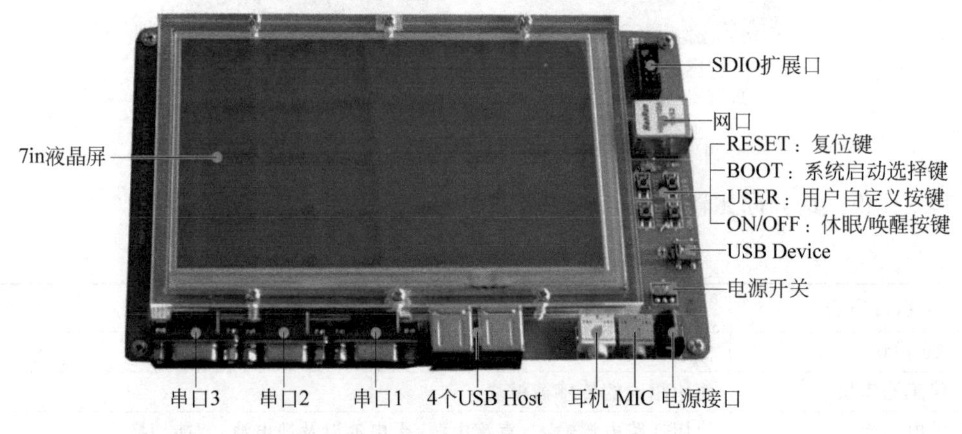

图 5.10 嵌入式网关

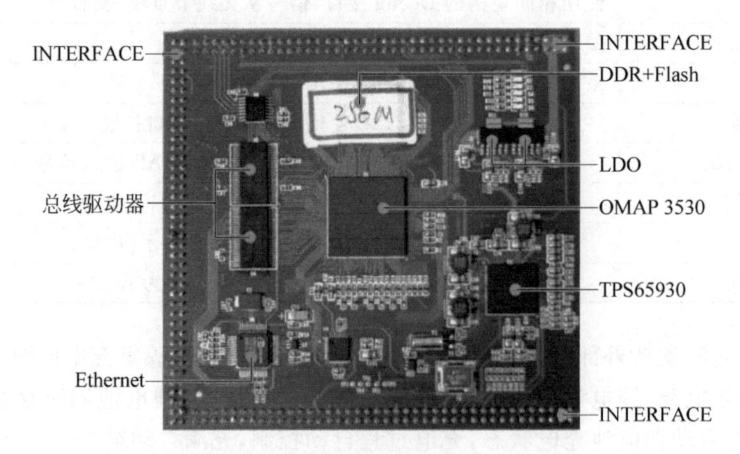

图 5.11 核心板

表 5.3 核心板参数

嵌入式网关	
CPU	ARM Cortex-A8 600M 以上
DDR	256M
FLASH	256M
以太网	100M Ethernet controller
SD 卡	SD 卡控制器
USB host	4 个
USB client	1 个
RS232 接口	3 路
液晶屏	7in TFT LCD(包含触摸屏和有机玻璃外壳) 16：9 显示，分辨率：800×480
音频	AC97 标准音频
触摸屏	电阻式触摸屏
LED 显示	9 个 LED 工作状态指示
按键	4 个功能按键
无线广域接入模块	
无线广域接入模块	GPRS/3G

5.3 ZigBee 软件开发

5.3.1 IAR 集成开发环境简介

IAR Embedded Workbench 是一套开发工具，用于对汇编、C 或 C++语言编写的嵌入式应用程序进行编译和调试。它的 C/C++交叉编译环境和调试器是目前世界上最完整、最易使用的嵌入式应用开发工具之一。IAR 的开发环境主要包括 C/C++编译器、汇编器、链接器、文件管理器、文本编辑器、工程管理器和 C-SPY 调试器。

IAR Embedded Workbench 集成开发软件各组件的主要特点如下。

1. 集成开发环境

(1) 层次化的工程表示方法；

(2) 强大的工程管理器允许在同一工作区管理多个工程；

(3) 自适应窗口和浮动窗口管理；

(4) 智能的源文件浏览器；

(5) 包括生成、维护库的库工具；

(6) 集成源码控制系统；

(7) 文本编辑器；

(8) 常用代码构件的代码模板；

(9) 命令行建立功能。

2. C/C++编译器

(1) 对代码的大小和执行速度多级优化，允许不同的转换形式；

(2) 用于数据/函数定义和存储器及类型属性声明的扩展关键字；

(3) 用于控制编译器行为的 Pragma 指令；

(4) 在 C 源码中可以直接访问的内在函数，从而执行低级处理器操作；

(5) 支持 C、嵌入式 C++，并且包含有模板、名称和标准模板库。

3. 汇编器

强大的可重定位宏汇编器，并带有丰富的标识符和操作符，内置 C 语言预处理器，支持所有 C 宏定义。

4. 链接器

(1) 灵活的段名令，允许对代码和数据的放置进行细节化控制；

(2) 优化链接并移除不需要的代码和数据；

(3) 在链接过程中检查 C/C++ 变量和函数；

(4) 在非连续的存储空间自动放置代码和数据。

5. C-SPY 调试器

(1) 完全集成的源代码和反汇编调试器；

(2) 非常精细的运行控制尺度；

(3) 发杂的代码和数据断点；

(4) 多种数据监测；

(5) 支持 STL 容器；

(6) C/C++ 调用栈窗口，也会显示即将进入的函数，双击调用链上的任一函数，将自动更新编辑器、Locals、寄存器、Watch 和反汇编窗口以显示该函数被调用时的状态；

(7) Terminal I/O 仿真；

(8) 中断和 IO 的模拟；

(9) 类 C 的宏语言系统，用于扩展调试器功能；

(10) 通用的 Flash Loader，并带有 API 使用手册。

6. 库和库工具

(1) 包含所有必须的 ISO/ANSI/C++ 库和源代码；

(2) 为所有的低级程序，如 write char 和 read char 提供完整的代码；

(3) 轻量级的 Runtime 库，可由用户根据应用的需要自行配置；

(4) 包含用于创建和维护库工程、库和库模块的工具。

7. 语言和标准

(1) 符合 ISO/ANSI 94 标准的 C 编程语言，并带有从 C99 中选择的一些特点；

(2) 扩展的嵌入式 C++，带有模板、名字空间以及其他不会给代码尺寸和速度带来额外开销的 C++ 特性，整个嵌入式 C++ 库包含字符串、流等特性以及标准模板库(STL)；

(3) IEEE-754 浮点算法；

(4) MISRAC 检查器；

(5) 支持大量工业标准的调试和映像文件格式，与大多数常用调试器和仿真器兼容，包括 ELF/DWARF 格式。

5.3.2　IAR工程的建立及配置

本节介绍了使用IAR新建一个工程以完成软件的设计，通过一个简单的测试程序带领读者逐步熟悉IAR的工作环境。

1. 创建一个工作区

使用IAR开发环境首先要建立一个新的工作区(Workspace)。在一个工作区中，用户可以创建一个或多个工程(Project)。用户打开软件后，就建立了一个工作区，会显示如图5.12所示的窗口，可以选择最近使用的工作区或向当前工作区添加新的工程。

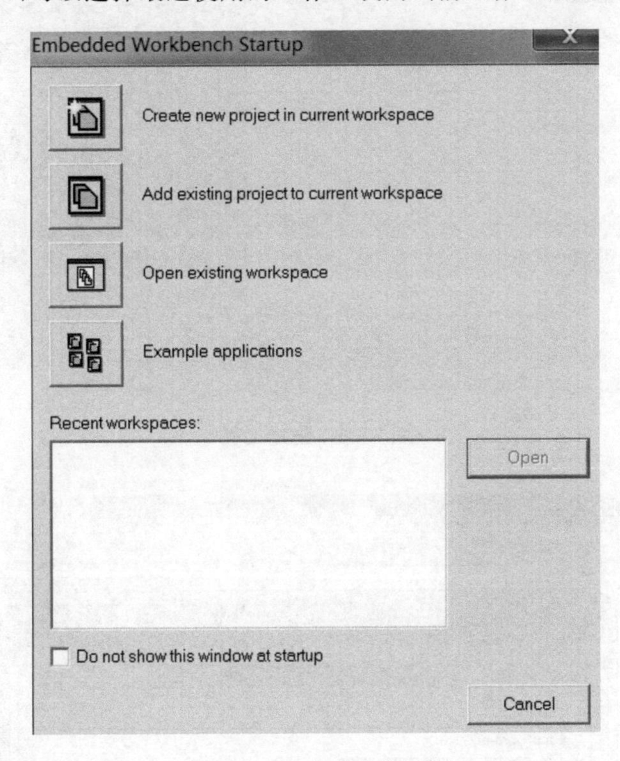

图5.12　新建工作区

2. 建立一个工程

在进入软件后，单击Project菜单，选择Create New Project，如图5.13所示。随后会弹出建立工程的对话框，如图5.14所示。在图中可以看出Tool chain栏已经选择8051，在Project templates栏选择Empty project，单击OK按钮，根据需要将工程保存在新的路径下。

建立工程后，系统产生了两个创建配置，分别为调试Debug和发布Release。在这里只使用Debug即可。

3. 添加文件或新建源程序

在Project菜单下选择Add File或在工作区窗口中，右击工程名称，在弹出的快捷菜单中选择Add File，弹出的文件打开对话框，选择需要添加的文件。

如果要新建一个源程序，可以在File菜单中选择New→File，这样会建立一个空的文本文档，用户就可在此编辑环境中输入所要实现的代码。在输入完成后，在File菜单中选择Save进行保存，并输入文档的名称。再按之前的步骤将此文件添加到项目中。

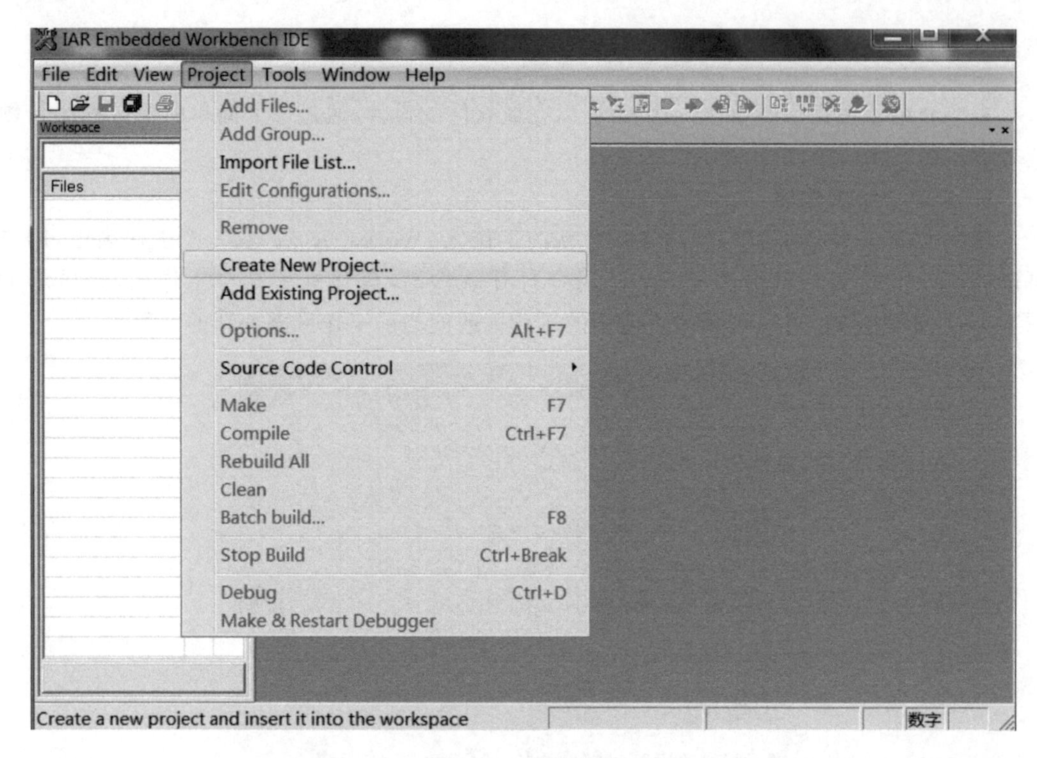

图 5.13 创建工程

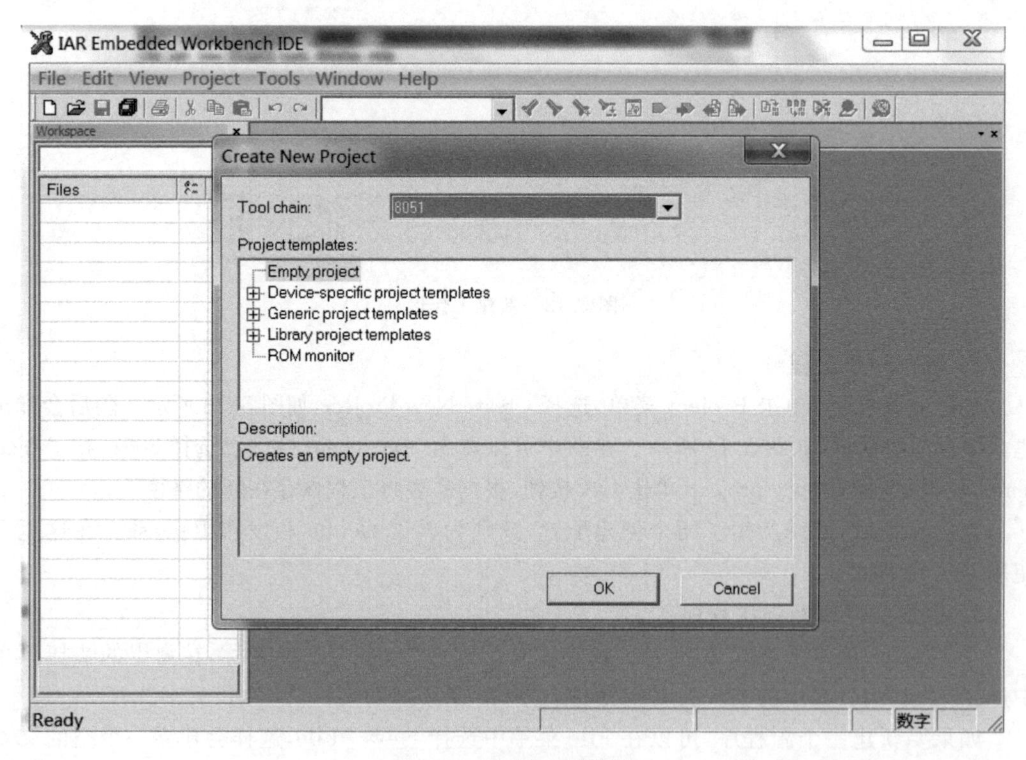

图 5.14 选择工程类型

4. 配置工程参数

除了建立工程,添加文件外,还需要对工程的参数进行配置。选择 Project 菜单下的 Options,设置与 CC2530 相关的选项,配置界面如图 5.15 所示。

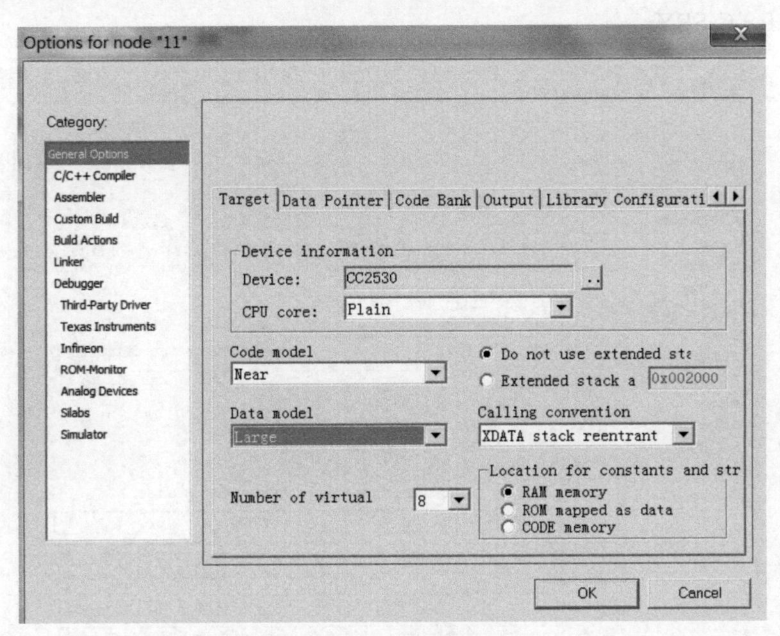

图 5.15　参数配置

1) General Options 选项

Target 标签,选择 Code model 和 Data model 配置目标以及其他参数。

Derivative information 栏中选择 CC2530,CPU core 选择 Plain。

Data Pointer 标签,如图 5.16 所示,选择数据指针数 1 个,16 位。

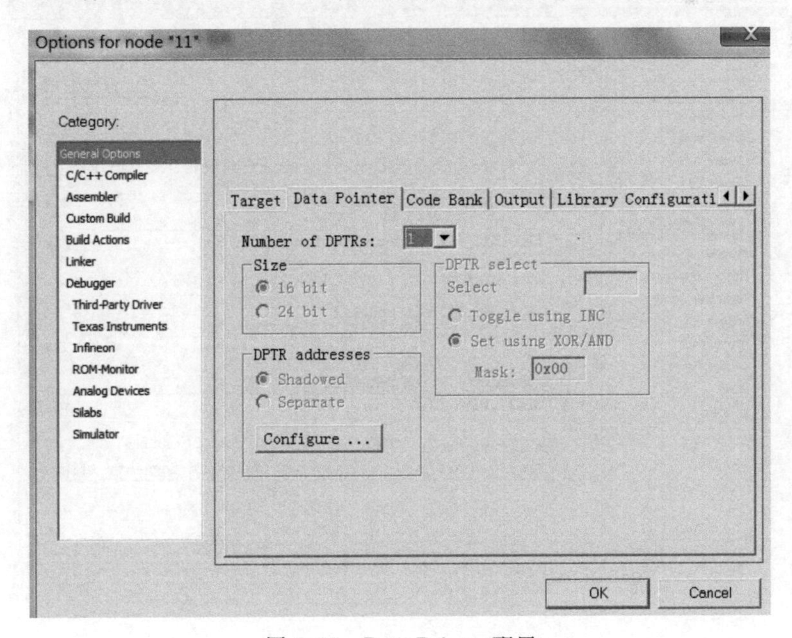

图 5.16　Data Pointer 配置

2）Linker 选项

Output 标签，如图 5.17 所示。在 Output file 栏中，如果选中 Override default 可以在下面的文本框中更改输出文件名。如果要用 C-SPY 进行调试，选中 Format 下面的 Debug information for C-SPY。

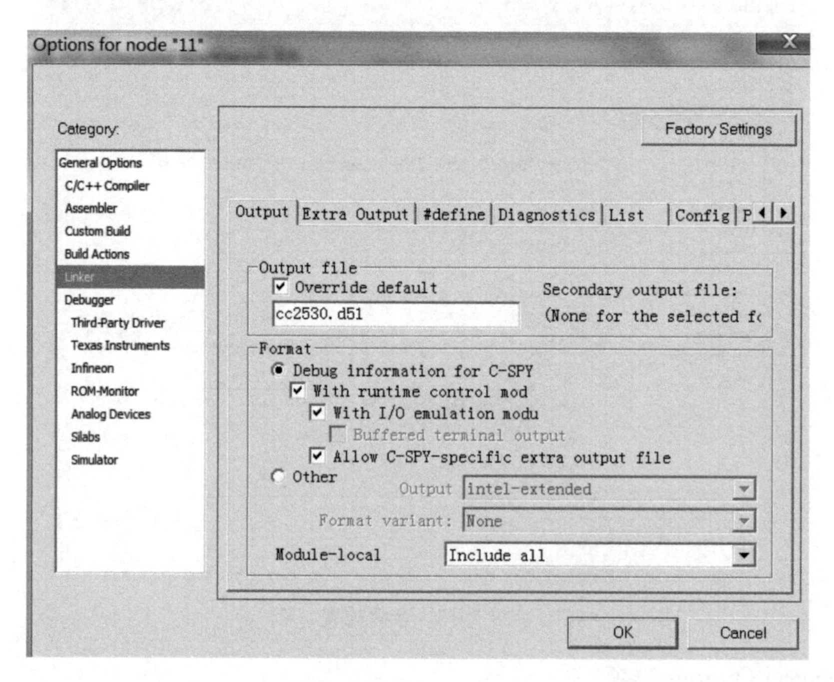

图 5.17　Output 配置

Config 标签，其配置如图 5.18 所示。

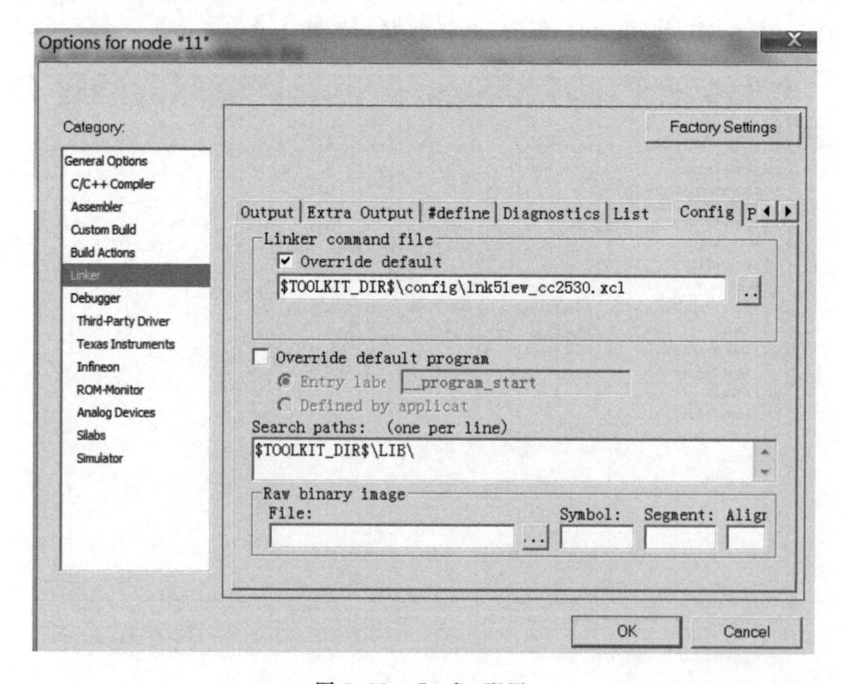

图 5.18　Config 配置

3) Debugger 选项

Setup 的配置见图 5.19 所示，在 Device Description file 栏中选择 CC2530.ddf 文件，其位置在安装目录下。最后全部设置完成后，单击 OK 按钮保存设置。

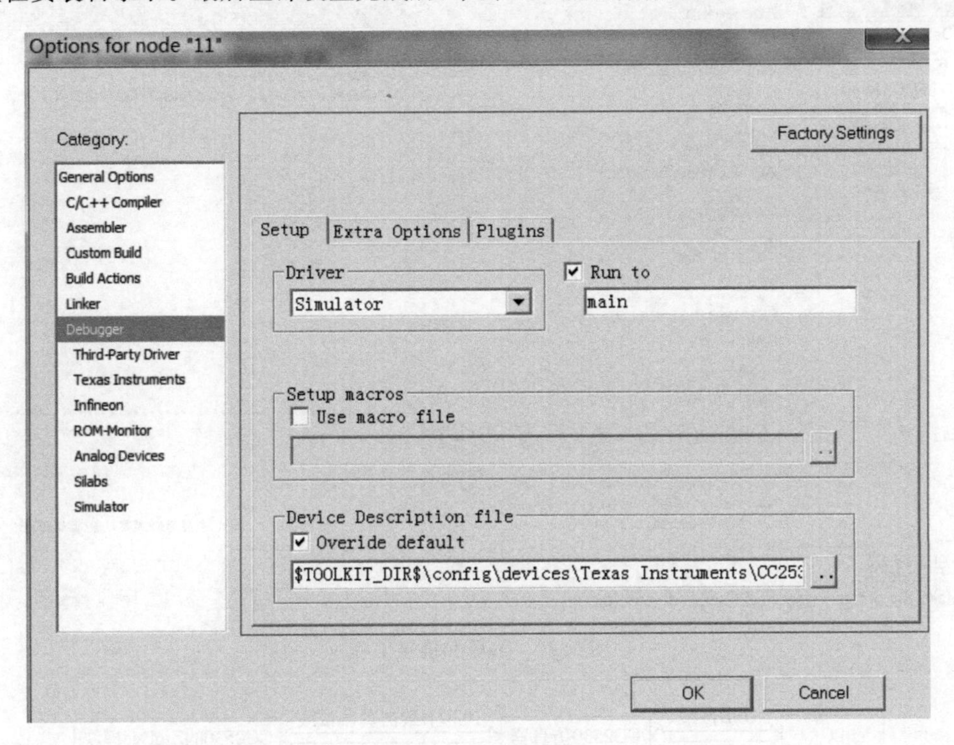

图 5.19 Setup 配置

5.3.3 编译与调试

1. 编译

在完成上节的所有操作后，一个完整的工程已经建立好了，下面要做的就是对程序进行编译，生成可以烧写到芯片中的可执行文件。在 Project 菜单中找到 Make 或按快捷键 F7 即可编译并链接工程，如图 5.20 所示。

成功编译工程，而且没有错误信息提示后，可以进行硬件的连接，如图 5.21 所示。

将仿真器通过开发系统附带的 USB 电缆连接到 PC，PC 的操作系统会提示找到新硬件，此时需要安装驱动程序。驱动程序文件在 IAR 程序安装目录下，默认为 C:\Program Files\IAR Systems\Embedded Workbench 5.3\8051\drivers\Texas Instruments。

2. 调试

仿真器驱动成功安装后，就可以进行仿真调试了。在 Project 菜单中，选择 Debug 或按快捷键 Ctrl+D 进入调试状态。

调试的过程主要是使用单步命令，观察相关寄存器、变量、内存中值的变化，以发现程序现有的问题。主要用到的单步指令有：Step Into、Step Over 和 Next statement，这些命令在调试环境中有相应的工具按钮，使用很方便。Step Into 主要功能是执行内部函数或子进程的调用；Step Over 主要功能是每步执行一个函数调用；Next statement 则每次执行一个语句。

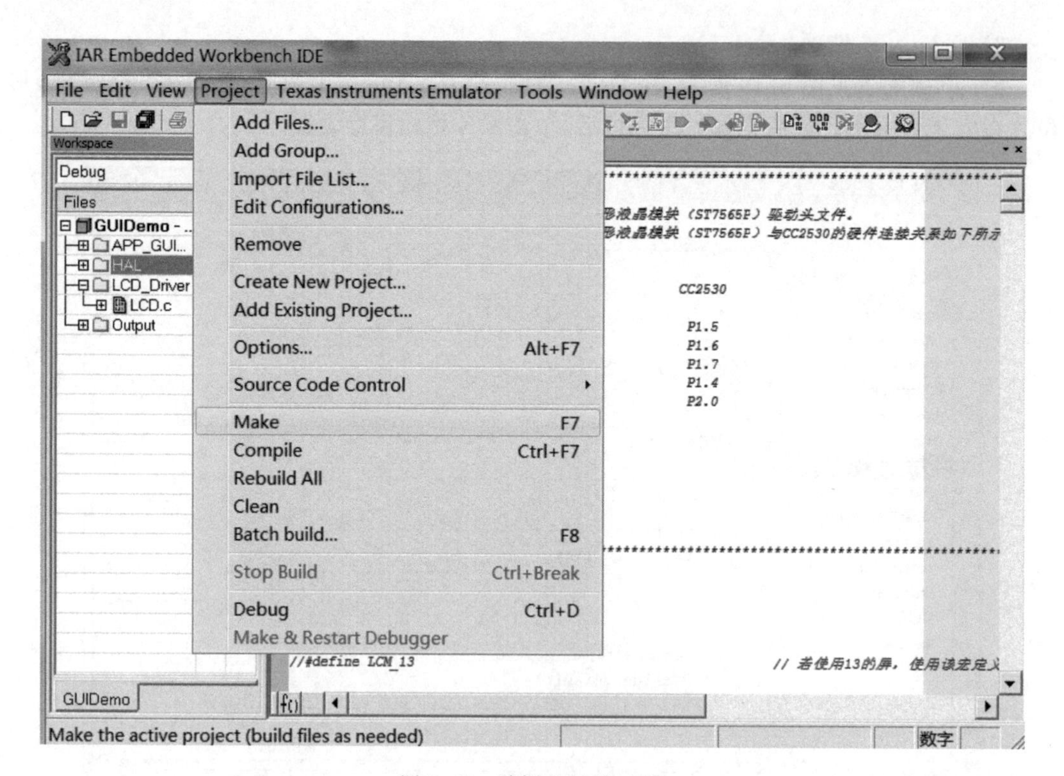

图 5.20 编译和链接工程

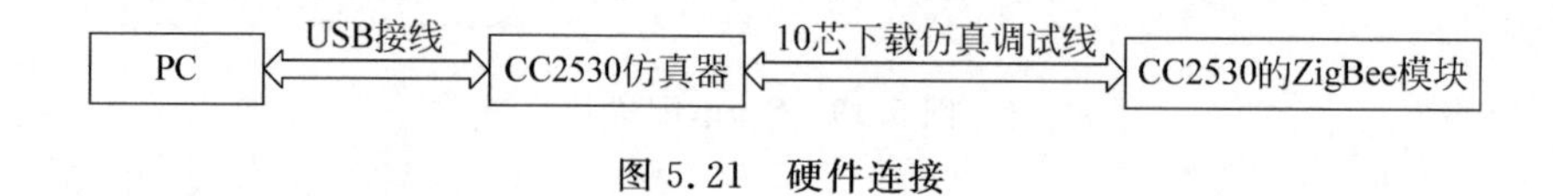

图 5.21 硬件连接

下面介绍一般的调试过程。

1）设置要监控的变量。

使用 Watch 窗口进行查看，打开方式为 View 菜单中选择 Watch，在弹出的 Watch 窗口中的虚线框中输入要监控的变量名称并按 Enter 键。

2）设置监控断点。

设置断点的方式为：在一条语句前面，选择 Toggle Break 命令。设置好后，会在此条语句前用高亮表示且在左边标注一个红色的叉。当需要查看程序中所有的断点信息时，可在 View 菜单中选择 Breakpoint。如果想要取消断点，只需要在原来的位置再执行一次 Toggle Break 命令即可。

3）监控寄存器。

寄存器窗口允许用户监控并修改寄存器的内容。在 View 菜单中选择 Register 即可打开寄存器窗口，如图 5.22 所示。

4）监控存储器。

存储器窗口允许用户监控寄存器的指定区域。在 View 菜单中选择 Memory，打开存储器窗口。

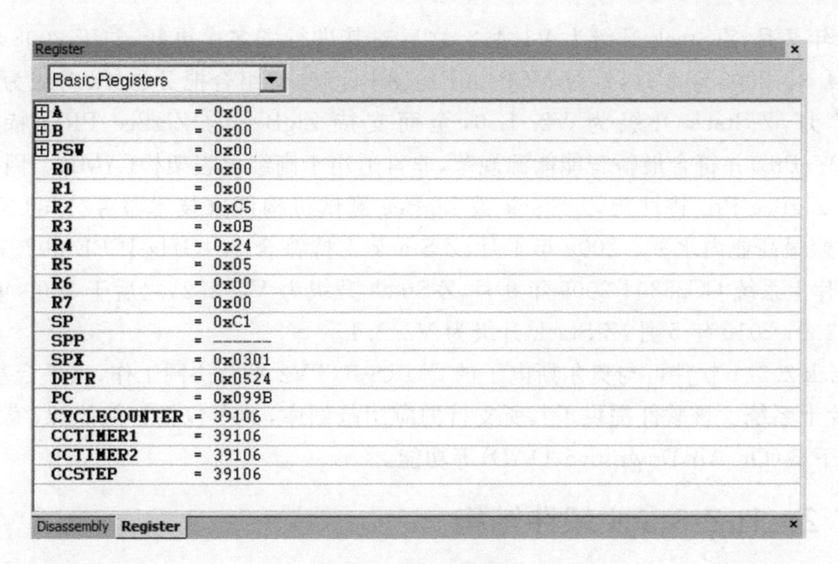

图 5.22 寄存器窗口

5）单步执行程序。

在设置好各种监控后，就可以单步执行程序，观察变量、寄存器或存储器中的数值变化，当然也可以在对应的窗口中对数据进行编辑。

6）完整运行程序。

在 Debug 菜单中选择 Go，如果没有断点，则程序会完整地运行下去。如果要停止，在 Debug 菜单中选择 Break 即可停止程序运行。

7）退出调试。

在 Debug 菜单中选择 Stop Debugging 或单击调试工具栏上的按钮退出调试模式。

5.4 ZigBee 协议栈

5.4.1 TI Z-Stack 协议栈简介

2007 年 1 月，TI 公司宣布推出 ZigBee 协议栈，并于同年 4 月提供免费下载版本 V1.4.1。Z-Stack 达到 ZigBee 测试机构德国莱茵集团评定的 ZigBee 联盟参考平台水平，目前已为全球众多 ZigBee 开发商所广泛采用。Z-Stack 符合 ZigBee 2006 规范，支持多种平台，其中包括面向 IEEE 802.15.4/ZigBee 的 CC2430 片上系统解决方案、基于 CC2420 收发器的新平台以及 TI 公司的 MSP430 超低功耗微控制器（MCU）。

除了全面符合 ZigBee 2006 规范以外，Z-Stack 还支持丰富的新特性，如无线下载，可通过 ZigBee 网状网络（Mesh Network）无线下载节点更新。Z-Stack 还支持具备定位感知（Location Awareness）特性的 CC2431。上述特性使用户能够设计出可根据节点当前位置改变行为的新型 ZigBee 应用。

Z-Stack 与低功耗 RF 开发商网络，是 TI 公司为工程师提供的广泛性基础支持的一部分，其他支持还包括培训和研讨会、设计工具与实用程序、技术文档、评估板、在线知识库、产品信息热线以及全面周到的样片供应服务。

2007年7月，Z-Stack升级为V1.4.2，之后对其进行了多次更新，并于2008年1月升级为V1.4.3。2008年4月，针对MSP430F4618+CC2420组合把Z-Stack升级为V2.0.0；2008年7月，Z-Stack升级为V2.1.0，全面支持ZigBee与ZigBee PRO特性集（即ZigBee2007/Pro）并符合最新智能能源规范，非常适用于高级电表架构（AMI）。因其出色的ZigBee与ZigBee Pro特性集，Z-Stack被ZigBee测试机构国家技术服务公司（NTS）评为ZigBee联盟最高业内水平。2009年4月，Z-Stack支持符合2.4GHz IEEE 802.15.4标准的第二代片上系统CC2530；2009年9月，Z-Stack升级为V2.2.2，之后于2009年12月升级为V2.3.0；2010年5月，Z-Stack升级为V2.3.1。

Z-Stack 2.3.1软件可与奥尔斯电子的OURS-IOTV2平台协同工作，该平台基于TI的CC2530片上系统。该软件提供了其所支持的应用范例库，其中包括智能能源、家庭自动化以及无线下载（On Air Download，OAD）等功能。

5.4.2 TI Z-Stack 软件结构

在网络中，为了完成通信任务，必须使用多层上的多种协议。这些协议按照层次顺序组合在一起，构成了协议栈（Protocol Stack）。协议栈是指网络中各层协议的总和，一套协议的规范。其形象地反映了一个网络中文件传输的过程：由上层协议到底层协议，再由底层协议到上层协议。TI公司的Z-Stack协议是基于一个轮转查询式操作系统的，它定义了通信硬件和软件在不同级如何协调工作。

Z-Stack的main函数在ZMain.c中，总体上来说，它一共做了两件工作，一个是系统初始化，即由启动代码来初始化硬件系统和软件构架需要的各个模块，另外一个就是开始执行操作系统实体，如图5.23所示。

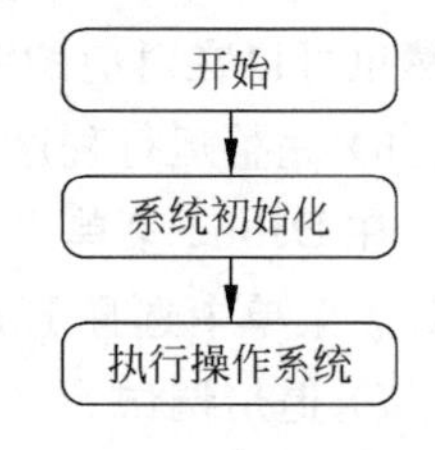

图5.23 协议栈流程

1. 系统初始化

系统启动代码需要完成初始化硬件平台和软件架构所需的要的各个模块，微操作系统的运行做好准备工作，主要分为初始化系统时钟，检测芯片工作电压，初始化堆栈，初始化各个硬件模块，初始化FLASH存储，形成芯片MAC地址，初始化非易失变量，初始化MAC层协议，初始化应用帧层协议，初始化操作系统等十余部分，其具体流程图和对应的函数如图5.24所示。

2. 操作系统的执行

启动代码为操作系统的执行做好准备工作以后，就开始执行操作系统入口程序，并由此彻底将控制权交给操作系统，完成新老更替，自己则光荣地退出舞台。

其实，操作系统实体只有一行代码：

```
Osal_start_system();    //no return from here
```

可以看到这句代码有句注释，意思是本函数不会返回，也就是说它是一个死循环，永远不可能执行完。即操作系统从启动代码接到程序的控制权之后，就大权在握，不肯再把这个权利拱手相让给别人了。这个函数就是轮转查询式操作系统的主体部分，它所做的就是不断地查询每个任务是否有事件发生，如果发生，执行相应的函数，如果没有发生，就查询下一个任务。

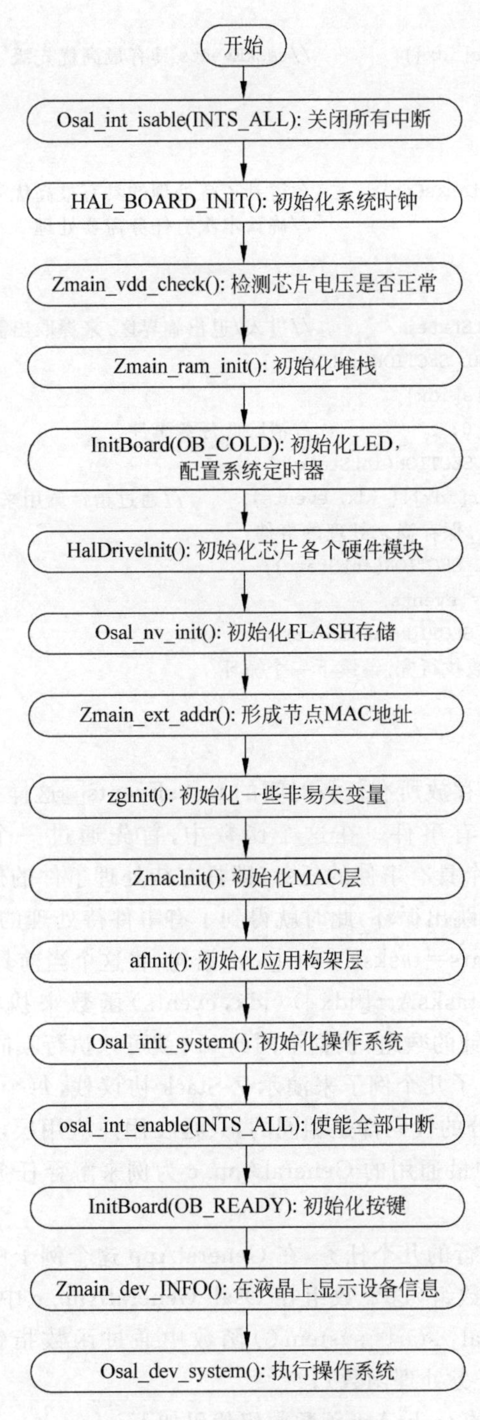

图 5.24　系统初始化流程图

函数的主题部分代码如下：

```
for(;;)                          //Forever  Loop
{
    do
```

```
    {
      if  (tasksEvents[idx])          //taskEvents具有最高优先级
      {
       break;
      }
    } while (++idx < tasksCnt);       //得到了待处理的具有最高优先级的任务索引号 idx
   if (idx < tasksCnt)                //确认本次有任务需要处理
   {
     uint16  events;
    halIntState_t  intState;          //进入/退出临界区,来提取出需要处理的任务中的事件
     HAL_ENTER_CRITICAL_SECTION(intState);
    events = tasksEvents[idx];
    tasksEvents[idx] = 0;             //清除此任务事件
    HAL_EXIT_CRITICAL_SECTION(intState);
    events = (tasksArr[idx])( idx, events);    //通过指针调用来执行对应的任务处理函数
    //进入/退出临界区,保存尚未处理的事件
    HAL_ENTER_CRITICAL_SECTION(intState);
    tasksEvents[idx] |= events;
    HAL_EXIT_CRITICAL_SECTION(intState);
    //本次事件处理函数执行完,继续下一个循环
    }
  }
```

操作系统专门分配了存放所有任务时间的 tasksEvents[]这样一个数组,每一个单元对应存放着一个任务的所有事件。在这个函数中,首先通过一个 do-while 循环来遍历 tasksEvents[],找到第一个具有事件的任务(即具有待处理事件的优先级最高的任务,因为序号低的优先级高),然后跳出循环,此时就得到了有事件待处理的具有最高优先级的任务的序号 idx,然后通过 events=tasksEvents[idx]语句,将这个当前具有最高优先级的任务的时间取出,接着就调出(tasksArr[idx])(idx,events)函数来执行具体的处理函数了。tasksArr[]是一个函数指针的数组,根据不同的 idx 就可以执行不同的函数。

TI 的 Z-Stack 中给出了几个例子来演示 Z-Stack 协议栈,每个例子对应一个项目。对于不同的项目来说,大部分的代码都是相同的,只是在用户应用层,添加了不同的任务及事件处理函数。本节以其中最通用的 GeneralApp. c 为例来解释任务在 Z-stack 中是如何安排的。

首先应明确系统要执行的几个任务,在 GeneralApp 这个例子中,几个任务函数组成了上述的那个 taskArr 函数数组(这个数组在 Osal_GeneralApp. c 中,前缀 Osal 表明这是和操作系统接口的文件,osal_start_system()函数中通过函数指针(taskArr[idx])(idx,events)调用具体的相应任务处理函数)。

项目 GeneralApp 中的 tasksArr 函数数组代码如下。

```
const  pTaskEventHandlerFn  tasksArr[]  =
 {
   macEventLoop,                      //MAC 层事件处理进程
   nwk_event_loop,                    //网络层事件处理进程
   Hal_ProcessEvent,                  //物理层事件处理进程
```

```
    #if defined( MT_TASK )
    MT_ProcessEvent,                        //调试任务处理进程,可选
    #endif
    APS_event_loop,                         //APS 层事件处理进程
    ZDApp_event_loop,                       //ZDApp 层事件处理进程
    GeneralApp_ProcessEvent                 //用户应用层处理进程,用户自己生成
};
```

由上可见,如果不算调试的任务,操作系统一共要处理6项任务,分别为MAC层、网络层、物理层、应用层,ZigBee设备应用层以及可完全由用户处理的应用层,其优先级由高到低,即MAC层具有最高优先级,用户层具有最低优先级。如果MAC层任务有事件未处理完,用户层任务就永远不会得到执行。当然,这是属于极端的情况,这种情况一般是程序出了问题。

Z-Stack已经编写了对从MAC层(macEventLoop)到ZigBee设备应用层(ZDApp_eventloop)这五层任务的时间的处理函数,一般情况下无须修改这些函数,只需要按照自己的需求编写应用层的任务及事件处理函数就可以。

再看另外一个项目SampleApp中的任务的安排(本数组在Osal_SampleApp.c中)。项目SampleApp中的tasksArr函数数组代码如下:

```
Const pTaskEventHandlerFn tasksArr[] =
{
   macEventLoop,                            //MAC 层事件处理进程
   nwk_event_loop,                          //网络层事件处理进程
   Hal_ProcessEvent,                        //物理层事件处理进程
   #if defined( MT_TASK )
   MT_ProcessEvent,                         //调试任务处理进程,可选
   #endif
   APS_event_loop,                          //APS 层事件处理进程
   ZDApp_event_loop,                        //ZDApp 层事件处理进程
   SampleApp_ProcessEvent                   //用户应用层处理进程,用户自己生成
};
```

将SampleApp和GeneralApp的任务函数数组对比一下,可以发现它们唯一的不同就在于用户层的处理进程,一个为GeneralApp_ProcessEvent,一个为SampleApp_ProcessEvent。

一般情况下,用户只需外加三个文件就可以完成一个项目,一个是主文件,存放具体的任务事件处理函数(如GeneralApp_ProcessEvent或SampleApp_ProcessEvent),一个是这个主文件的头文件,另外一个是操作系统接口文件(以Osal开头),是专门存放任务处理函数数组tasksArr[]的文件。对于GeneralApp来说,主文件是GeneralApp.c,头文件是GeneralApp.h,操作系统接口文件是Osal_GeneralApp.c;对于SampleApp来说,主文件是SampleApp.c,头文件是SampleApp.h,操作系统接口文件是Osal_SampleApp.c,如图5.25所示。

通过这种方式,Z-Stack就实现了绝大部分代码公用,用户只需添加这几个文件,编写自己的任务处理函数就可以了,无须改动Z-Stack核心代码,大大增加了项目的通用性和易移植性。

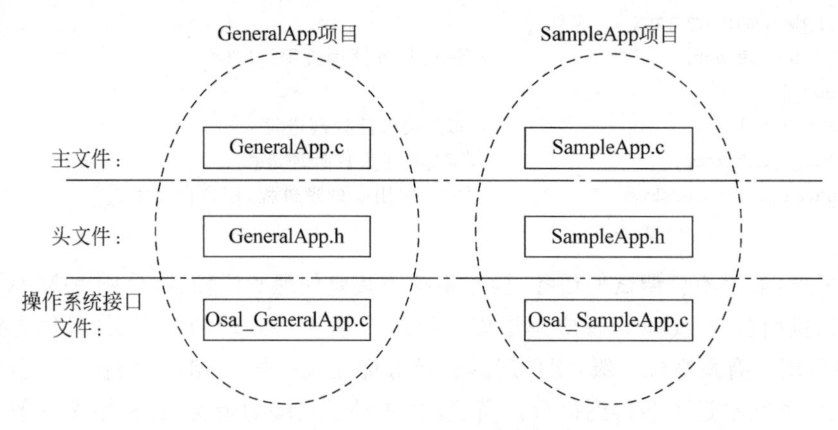

图 5.25 用户开发程序所需新增编写的文件

3. 项目组织中的 Z-Stack 文件

为了更好地从整体上认识 Z-Stack 架构，本节以 SampleApp 为例来看在具体项目中怎样把 Z-Stack 中的文件组织起来，如图 5.26 所示。

SampleApp - CoordinatorDB
App
HAL
MAC
MT
NWK
OSAL
Profile
Security
Services
Tools
ZDO
ZMac
ZMain
Output

图 5.26 Z-Stack 在项目中的目录结构

图中各个目录含义如下。

(1) App：应用层目录，这个目录下的三个文件就是创建一个新项目时需主要添加的文件。当要创建另外一个新的项目时，也只需主要换掉这三个文件。

(2) Hal：硬件层目录，其下还包含有三个目录，分别为 Common、Include 和 Target。Common 目录下的文件是公用文件，基本上与硬件无关，其中 hal_assert.c 是断言文件，用于调试，hal_drivers.c 是驱动文件，抽象出与硬件无关的驱动函数，包含有与硬件相关的配置和驱动及操作函数。Include 目录下主要包含各个硬件模块的头文件，而 Target 目录下的文件是跟硬件平台相关的。

(3) MAC：MAC 层目录，其下包含有三个目录，分别为 High Level、Include 和 Low Level。High Level 和 Low Level 两个目录表示 MAC 层分为了高层和低层两层，Include 目录下则包含了 MAC 层的参数配置文件及其 MAC 的 LIB 库的函数接口文件。

(4) MT：监控调试层目录，该目录下的文件主要用于调试目的，及实现通过串口调试各层，与各层进行直接交互。

(5) NWK：网络层目录，包含网络层配置参数文件、网络层库的函数接口文件及 APS

层库的接口函数。

(6) OSAL：协议栈的操作系统。

(7) Profile：AF层目录，包含AF层处理函数接口文件。

(8) Security：安全层目录，包含安全层处理函数接口文件。

(9) Services：ZigBee和802.15.4设备的地址处理函数目录，包括地址模式的定义及地址处理函数。

(10) Tools：工程配置目录，包括空间划分及Z-Stack MAC相关配置信息。

(11) ZDO：指ZigBee设备对象，可以认为是一种公共的功能集，方便用户自定义的对象调用APS子层的服务和NWK层服务。

(12) ZMac：ZMac目录中zmac.c是Z-Stack MAC导出层接口文件，zmac_cb.c是ZMAC需要的调用的网络层函数。

(13) ZMain：ZMain目录中的ZMain.c主要包含了整个项目的入口函数main()，在OnBoard.c中包含对硬件开发平台各类外设进行控制的接口函数。

(14) Output：输出文件目录，这个是EW8051 IDE自动生成的。

第6章 无线传感器网络安全技术

CHAPTER 6

网络安全技术历来是网络技术的重要组成部分，没有足够安全保证的网络是没有应用前景的。网络安全问题的涉及面非常广，已不单是技术和管理问题，还有法律、道德方面的问题，需要综合利用数学、管理科学、计算机科学等众多学科的成果予以有效地解决，因此网络安全已经成为一个系统工程。

无线传感器网络作为一种起源于军事领域的新型测控网络技术，其网络安全性问题显得更为重要。由于和传统网络之间存在较大差别，无线传感器网络的安全问题也有一些新特点。安全涉密保护和网络可靠性问题对无线传感器网络具有十分重要的意义。

无线传感器网络应用系统必须设法取得人们的信任，在许多应用中，网络的安全与保密都是首先需要解决的问题。例如，在战场环境中的目标跟踪与监测，自动遥感、遥测，森林火灾、洪水等自然灾害探测与预警，办公环境与健康监测。我国的探月工程，石油运输管道与西气东输工程中温度和压力测量，南水北调的全程监控等均需要保护机制。在诸多的类似应用中，如果传感器信息得不到合理的保护，很可能因此泄露用户和使用信息，甚至泄露执行的过程信息，其后果往往不堪设想。

无线传感器网络的安全问题包括两个同等重要的方面：网络的实际安全性和用户对网络安全性的感觉。用户对网络安全性的感觉是很重要的，因为用户在通过无线方式传输数据时自然会考虑安全问题，毕竟理论上任何人都可能收到这些数据。通常，用户在采用无线传感器网络应用系统之前用的是有线系统，他们直观地看到用于信息传输的电线和电缆，因此顺理成章地相信没有其他人在接收他们的信息，也没有人在向他们发送虚假信息。

6.1 安全问题概述

无线传感器网络安全与保密性发展的主要动力来自军事运用。军事应用的安全问题最突出，其次是商业应用，保密问题与网络的安全可靠性同样重要。随着无线传感器网络应用的推广和复杂化，保护网络系统正常可靠运行，免受未授权访问的影响变得越来越重要。

无线传感器网络运行于不同的物理环境和不同的约束条件之下。由于无线传感器网络节点资源有限，所以，这些机制必须适应相应的传感器系统结构和特定环境的安全威胁。

随着计算机和无线通信能力的增强，传感器节点也从单纯的信息发布扩展到网络处理和分布式计算等更有挑战的任务中。用于网内数据处理的传感器节点和传感器网络的体系结构容易发生故障，如节点或网络系统能量不足、数据出错率较高等。另外，无线传感器节点的可移动性、动态重配置造成网络结构动态改变，但传感器网络数据采集、数据处理与数据传输必须可靠执行，以确保嵌入式应用结果的正确性和精度。

目前普遍认为，网络安全管理包括以下一些研究内容：

(1) 网络实体安全。包括物理条件、物理环境以及网络设施的安全标准，嵌入式系统硬件、sink(目的节点)硬件、终端及附属设备、网络传输线路的安装及配置。

(2) 网络软件安全。包括保护网络系统不被非法侵入，系统软件与应用软件不被非法复制、修改、不受病毒的侵害等。

(3) 网络中的数据安全，包括保护网络信息的数据安全、不被非法存取，保护数据的原始性、完整性、一致性等。

(4) 网络安全管理。网络运行时突发事件的安全处理，包括采取计算机安全技术，建立安全管理制度，开展安全审计，进行风险分析等内容。传感器网络安全管理是网络管理中最薄弱的环节之一。

将有线网络中的入侵检测思想引入到无线传感器网络，是解决无线传感器网络安全问题的一个有效思路，尽管目前在这一领域的研究还处于起步阶段，但是随着越来越多的研究人员参与到这一领域的研究，一定会有更多的安全解决方案呈现出来。

6.1.1 信息安全面临的障碍

无线传感器网络是一种特殊类型的网络，其约束条件(相对于传统计算机网络)很多。这些约束条件导致很难将现有的安全技术应用到无线传感器网络中。下面分析无线传感器网络的约束条件。

1. 资源极其有限

所有的安全协议和安全技术都依靠一定资源来实现，包括数据存储器、程序代码存储器、能量以及带宽。但是，目前无线微型传感器中的这些资源非常有限。

2. 存储器容量限制

传感器节点是微型装置，只有少量存储器用于存储代码。为了建立有效安全机制，有必要限制安全算法的实现代码长度。TinyOS 代码约占 4KB。因此，所有安全实现代码必须很小。

3. 能量控制

能量是无线传感器能力的最大约束因素。通常依靠电池供电的传感器节点一旦布置在一个传感器网络就不容易被替换(工作成本很高)，也不容易重新充电(传感器成本高)，因此必须节省电池能量，延长各个传感器节点的寿命，从而延长整个传感器网络的寿命。在传感器节点上实现一个加密函数或者协议时，必须考虑所增加的安全代码对能量的影响。给传感器节点增加安全能力时，必须考虑这种安全能力对节点寿命(即电池工作寿命)的影响。节点安全能力引起的能耗包括所要求的安全能力(如加密、解密、数据签名、签名验证)的处理能耗、有关安全数据和开销(如加密/解密所需要的初始化矢量)的发送能耗、采用安全方式存储安全参数的能耗(如加密密钥的存储)。

4. 不可靠通信

不可靠通信无疑是无线传感器网络安全的另一个威胁。无线传感器网络安全密切依赖所定义的协议，而协议又依赖通信。

5. 不可靠传输

传感器网络的分组传输路由是无连接路由的,因此不可靠。信道误码、高拥塞节点的分组丢失可能损坏分组,结果导致分组丢失。不可靠的无线通信信道也会损坏分组。高信道误码率迫使软件开发人员利用一些网络资源来处理误码。假如协议没有合适的误码处理能力,那么有可能丢失关键的安全分组(如加密密钥)。

6. 碰撞

即使信道可靠,通信也仍然可能不可靠,其原因在于无线传感器网络的广播特性。假如分组在传输途中遇到碰撞,那么分组传输失败。在高密度传感器网络中,碰撞是一个主要问题。

7. 时延

多跳路由、网络拥塞、节点处理会引起较大的网络时延,因此实现传感器节点之间的同步很困难。同步问题对传感器安全很关键:安全机制依赖关键时间报告和加密密钥分组。

8. 操作无人看管

依据具体传感器网络的特定功能,传感器节点可能长时间处于无人照看状态。对于无人照看传感器节点存在以下 3 个主要威胁。

(1) 暴露在物理攻击之下。传感器节点可能布置在对攻击者开放、恶劣气候等环境中。这种环境中的传感器节点遭受物理攻击的可能性比典型 PC(安置在一个安全地点,主要面临来自网络的攻击)要高得多。

(2) 远程管理。传感器网络的远程管理实质上不可能检测出物理篡改、进行物理维护(如替换电池)。最典型的例子是用于远程侦查的传感器节点(布置在敌方边界之后)可能失去与友方部队的联系。

(3) 缺乏中心管理点。一个无线传感器网络应该是一个分布式网络,没有中心管理点,这会提高无线传感器网络的生命力。但是,假如设计不合理,会导致网络组织困难、低效、脆弱。

传感器节点无人照看时间越长,受到攻击者安全攻击的可能性就越大。

无线传感器网络具有和应用密切相关的特点,不同的应用有不同的安全需求,无线传感器网络的安全需求是设计有效安全架构的根本依据,安全需求包括通信安全需求和信息安全需求,通信安全是面向网络基础设施的安全性,是保证无线传感器网络数据采集、融合、传输等基本功能的正常进行。信息安全是指无线传感器网络中前传信息的真实性、完整性和保密性,是面向用户应用的安全。

6.1.2 安全需求

无线传感器网络的安全需求是设计网络安全系统的根本依据。由于无线传感器网络具有和应用密切相关的特点,因此,不同的应用有不同的安全需求,其安全性需求主要源自两个方面:通信安全需求和信息安全需求。

1. 通信安全需求

1) 节点的安全保证

传感器节点是构成无线传感器网络的基本单元,节点的安全性包括节点不易被发现和节点不易被篡改。无线传感器网络中普通传感器节点分布密度大,少数节点被破坏不会对网络造成太大影响；但如果入侵者能找到并毁坏各个节点，那么网络就没有任何安全性可言。节点的安全性包括以下两个具体需求：

(1) 节点不易被发现。网络中普通传感器节点的数据巨大，少数节点被破坏不会对网络造成太大影响。但是，一定要保证簇头和 sink 等特殊节点绝对的安全，这些节点在网络中只占极少数，一旦被破坏，则整个网络就面临完全失效的危险。

(2) 节点不易被篡改。节点被发现后，入侵者可能从中读出密钥和程序等机密信息，甚至可以重写存储器使该节点“已为他用”，因此，要求节点具备抗篡改能力。

2) 被动抵御入侵的能力

无线传感器网络安全系统的基本要求是在网络局部发生入侵的情况下保证网络的整体可用性，但在实际操作中由于诸多因素的制约，实现高性能的网络安全系统是非常困难的，被动防御指的是当网络遇到入侵时网络具备的对抗外部攻击和内部攻击的能力，因此，在遭到入侵时网络的被动防御能力至关重要。被动防御要求网络具备以下能力：

(1) 对抗外部攻击者的能力。外部攻击是指那些没有得到密钥，无法接入网络的节点。外部攻击者无法有效地注入虚假信息，但是可以通过窃听、干扰、分析通信能量等活动，为进一步攻击收集信息。因此，对抗外部攻击者首先需要解决保密性问题；其次，要防范能扰乱网络正常运转的简单网络攻击，如重放数据包等，这些攻击会造成网络性能下降；再次，要尽量减少入侵者得到密钥的机会，防止外部攻击者演变成内部攻击者。

(2) 对抗内部攻击者的能力。内部攻击者是指那些获得了相关密钥，并以合法身份混入网络的攻击节点。由于无线传感器网络不可能阻止节点被篡改，而且密钥可能被对方破解。因此，总会有入侵者在取得密钥后以合法身份接入网络。由于至少能取得网络中一部分节点的信任，内部攻击者能发动的网络攻击种类更多，危害更大，也更隐蔽。

3) 主动反击入侵的能力

主动反击能力是指网络安全系统能够主动地限制甚至消灭入侵者，为此至少需要具备以下能力：

(1) 入侵检测能力。和传统的网络入侵检测相似，首先需要准确识别网络内出现的各种入侵行为并警报；其次，入侵检测系统还必须确定入侵节点的身份或者位置，只有这样才能在随后发动有效反击。

(2) 隔离入侵者能力。网络需要具有根据入侵检测信息调度网络正常通信来避开入侵者，同时丢失任何由入侵者发出的数据包的能力。这样，相当于把入侵者和己方网络从逻辑上隔离开，可以防止它继续危害网络。

(3) 消灭入侵者的能力。要想彻底消除入侵者对网络的危害，就必须消灭入侵节点。但是，网络自主消灭入侵者是较难实现的。由于无线传感器网络的主要用途是为用户收集信息，因此，可以在网络提供的入侵信息的引导下，由用户通过人工方式消灭入侵者。

2. 信息安全需求

信息安全就是要保证网络中传输信息的安全性。对无线传感器网络而言，具体的需求有以下几方面。

(1) 数据的机密性：保证网络内传输的信息不被非法窃听。

(2) 数据鉴别：保证用户收到的信息来自己方节点而非入侵节点。

(3) 数据的完整性：保证数据在传输过程中没有被恶意篡改。

(4) 数据的实效性：保证数据在其时效范围内被传输给用户。

综上所述，无线传感器网络安全技术的研究内容包括两方面内容，即通信安全和信息安全。通信安全是信息安全的基础，通信安全保证无线传感器网络内数据采集、融合、传输等基本功能的正常进行，是面向网络基础设施的安全性。信息安全侧重于网络中所传信息的真实性、完整性和保密性，是面向用户应用的安全。

6.1.3 攻击与威胁

无线传感器网络中的安全隐患在于传感器部署区域的开放特性以及无线电的广播特性。网络部署区域的开放特性是指传感器网络一般部署在应用者无法监控的区域内，所以存在受到无关人员或者敌方人员破坏的可能性。无线电网络的广播特性是指通信信号在物理空间上是暴露的，任何设备只要调制方式、频率、振幅、相位和发送信号匹配，就能够获得完整的通信信号。这种广播特性使得无线传感器网络的部署非常高效，只要保证一定的部署密度，就能够很容易地实现网络的联通，但同时也带来安全隐患。

1. 信息泄露

无线信号在物理空间中以球面波传送，所以只要在通信范围之内，任何通信设备都可以很轻易地监听到通信信号。通过监听网络传输的信号，敌人可以了解无线传感器网络的任务，窃取采样数据，甚至直接将网络资源占为己用。采用光通信可以解决空间泄露问题，但是光通信的单向性带来了网络布置和多向通信困难等实现问题。

2. 空间攻击

无线通信的空间共享特性使得其传输信道完全暴露。攻击者可以通过发送同频段无线电波的方式直接对无线网络设施攻击。空间攻击通过复制、伪造信息和信息干扰手段，使传感器网络处于瘫痪状态，从而不能够提供正确的数据信息。

针对攻击者的攻击行为，传感器网络可以采用各种主动和被动的防御措施。主动防御指在网络受到攻击以前节点为防范攻击采取的措施，如对发送的数据采取机密认证处理，对接收到的数据包进行数据解密、签名认证、完整性鉴别等一系列检查。被动防御指在网络遭受到攻击之后，节点为了减少攻击影响而采取的措施，如遭受拥塞干扰的时候关闭系统，然后通过定期检查判断攻击实施的情况，在攻击停止后或间歇时迅速恢复通信。

3. 拥塞攻击

无线环境是一个开放的环境，所有无线设备共享一个开放的时间，所以若有两个节点发射的信号在同一个频段上，或者是频点很接近，则会因为彼此的干扰而不能够正常通信。攻击节点通过在传感器网络工作频段上不断发送无用信号，可以使得攻击节点通信半径内的传感器网络节点都不能正常工作。这种攻击节点达到一定程度时，整个传感器网络将面临瘫痪。

拥塞攻击对于单频点无线通信网络非常有效。攻击者只要获得或者检测到目标网络的中心频率，就可以通过在这个频点附近发射无线电波进行干扰。要抵御单频点的拥塞攻击，使用频带和调频的方法是比较有效的。在监测到所有空间遭受攻击以后，网络节点通过统一的策略跳到另外一个频率进行通信。

对于全频长期持续的拥塞攻击，转换通信模式是唯一能够使用的方法。光通信和红外无线通信等都是有效的备选方案。

4. 物理破坏

因为传感器网络分布在很大的区域内，甚至被部署在对方区域内，所以保证节点的物理安全是不可能的。敌人可以捕获一些节点，对其进行物理上的分析和修改，并利用捕获的节点干扰正常的网络功能。甚至可以通过分析内部敏感信息和上层协议机制，破坏网络的安全外壳。

针对无法避免的物理破坏，需要传感器网络采用更加精细的控制和保护，相关的机制有：增加物理损坏感知机制，如传感器节点上的位移传感器感知自身位置被移动，可以做出可能遭受到物理破坏的判断，在节点感知到受到物理破坏的情况下，销毁敏感数据、脱离网络以及修改安全处理程序，以至于不能够让敌人正确分析系统的安全机制，保护网络的其余部分免受安全威胁；对敏感信息进行加密存储，敏感信息尽量存放在易失的存储器上，对于存放在非易失存储器上的信息必须进行加密处理。

5. 碰撞攻击

无线网络的承载环境是开放的，两个邻居节点同时发送信息导致信号相互重叠而不能被分离，从而产生碰撞。只要有一个字节产生碰撞，整个数据包均被丢弃。

解决碰撞的主要方法有：①使用纠错码技术，通过在数据包中增加冗余信息来纠正数据包中的错误位；②使用信道监听和重传机制，通过监听信道，当信道为空闲的时候才发送信息，从而降低碰撞的概率。

6. 耗尽攻击

耗尽攻击是利用协议漏洞，通过持续通信的方式使节点能量资源耗尽。如利用链路层的错包重传机制，使节点不断重复发送上一个数据包，最终耗尽节点的资源。

应对耗尽攻击的一个方法就是限制网络的发送速度，节点自动抛弃那些冗余的数据请求，但是这样会降低网络的效率；另外一种方法是在协议实现的时候制定一些执行策略，对过度频繁的请求不予理睬，或者对数据包的重传次数进行限制，避免恶意节点无休止的干扰导致能量耗尽。

7. 非公平竞争

如果网络数据包通信机制中存在优先级控制，恶意节点或者是被俘节点可能被用来不断发送高优先级的数据包，占据通信信道，使其他节点在通信过程中处于劣势。

这是一种弱的DOS攻击方式，需要敌方完全了解传感器网络的MAC协议机制，并利用MAC协议进行干扰性攻击。已转接的办法就是采用短包策略，即在MAC层中不允许使用过长的数据包，这样可以缩短每个包占用信道的时间；另外一种方法就是弱化优先级之间的差异，或者不采用优先级策略，而采用竞争或者时分复用的方式实现数据传输。

8. 丢弃和贪婪破坏

恶意节点作为网络的一部分，会被当做正常的路由节点来使用。恶意节点在冒充数据转发节点的过程中，可以随机地丢掉其中的一些数据包，即丢弃破坏；另外也可以将数据包以很高的优先级发送，从而破坏网络的通信秩序。

解决的办法之一是采用多路径路由。这样，即使恶意的节点丢弃数据包，数据仍然能够从其他路径到达目标节点。多路径增加了数据传输的可靠性，但是也引入了其他的安全问题。

9. 汇聚节点攻击

一般的传感器网络中节点并不是完全对等的，基站节点、汇聚节点或者基于簇管理的簇头节点，一般都会承担比普通节点更多的责任，其在网络中的地位相对来说也会比较重要。攻击者可能利用路由信息判断这些节点的物理位置(尤其是地理位置路由系统中)或者逻辑位置进行攻击，给网络造成较大的威胁。

抵御汇聚节点攻击的一个方法是加强路由信息的安全级别，如在任意两个节点之间传输的数据(包括产生的和转发的)都进行加密和认证保护，并采用逐跳认证的方法抵制异常包的插入。另外，增加对地理位置信息传输的加密强度，做到位置信息重点保护。

另外一种方法是尽量弱化节点异构性，增加重要节点的冗余度。一旦系统关键节点被破坏，可以使用选举机制和网络重组方式进行网络重构。

10. 黑洞攻击

基于距离向量的路由机制通过路径长短进行选路，这样的策略容易被恶意节点利用，通过发送 0 距离公告(即自己到达发送目标节点的距离为 0，一跳可达)，恶意节点周围的节点会把所有的数据包都发送给恶意节点，而不能够到达正确的目标节点，从而在网络中形成一个路由黑洞。

黑洞攻击比较容易被感知，但是其破坏力还是非常大的。通过认证、多路径等方法可以抵御黑洞攻击。

6.2 路由安全

在 OSI 参考模型中，网络层是通信子网的最高层。在一般的联机系统和线路交换系统中，网络层的功能意义不大。但是，当终端增多时，它们之间就需要有中继设备相连，此时会出现一台终端要求有多台终端通信的情况，这就产生了把任意两台数据终端设备的数据连接起来的问题，即网络路由问题。

路由是把信息从源穿过网络传递到目的地的行为。路由技术其实是由两项最基本的活动组成，即决定最优路径和传输数据包。路径选择是实现高效通信的基础。

路由器是网络间的连接设备，它的重要工作之一是路径选择。路由选择算法是在路由表中写入各种不同的信息，路由器根据数据包所要求到达的目的地选择最佳路径，把数据包发送到可以到达该目的地所谓下一台路由器。当下一台路由器接收到该数据包时，也会查看其目的地址，并使用合适的路径继续传送给后面的路由器。以此类推，路由过程直到数据包到达最终目的地时结束。

6.2.1 无线传感器网络路由的特点

无线传感器网络的一个基本理念是以大量低成本节点组网，通过节点之间协作获得比单一的高精度、高可靠性和高成本的传感器更好的采集效果。单一传感器低能量和不可靠是无线传感器网络固有的，将对协议设计产生较大影响。从对路由协议设计影响的角度，把无线传感器网络的特点总结如下。

1. 形式多样的信息报告模式

无线传感器的应用范围少，不同应用场合的差别很大。无线传感器网络的信息报告模式可分为三类：事件触发的、周期的和基于查询的。事件触发的报告模式中，节点采集到信息后进行判断，如果超过了一定的阈值，则认为发生了某种事件，需要立即上报。一些用于预警的无线传感器网络采用的就是事件触发的信息报告模式。周期上报模式是指节点定期把采集到的信息上报给 sink。这通常用在环境检测和野生动植物生活习性观察等场合。基于查询的模式中传感器节点并不主动向 sink 报告采集到的信息，而是等待用户查询，根据用户需要反馈信息。在一些实际的系统中，往往同时存在多种信息报告模式。例如，在用于智能交通的无线传感器网络中，传感器节点可能周期地把目前的交通信息传送给 sink，这种周期的信息反映了整个交通系统的运行态势；用户可能根据自己的兴趣，重点查询某个街区，要求传感器节点提供实时性更强的信息；一旦某个区域发生拥堵或者交通事故，传感器节点应该立即把这个信息反馈到 sink。这个系统中就同时存在以上三种不同的信息报告模式，有时也把这种报告模式称为混合模式。

不同的信息报告模式影响路由的触发机制。对于周期报告，以先应试的方法建立路由是一种合理的做法；对于事件触发的模式，从节能的角度，按需建立路有更为恰当；而对于基于查询的模式，查询信息的扩散本身就可以辅助建立路由。业务需求的多元化导致很难有一种普适路由能完全解决不同无线传感器网络的要求。

2. 多对一和一对多为主的业务模式

经典的无线自组织网络中存在多种业务模式，即点对点、一对多和多对一，其中点对点业务占主要部分。在无线传感器网络中，主要的业务使传感器网络节点把采集到的信息传送给 sink 及 sink 向无线传感器网络下达查询命令，这是典型的多对一和一对多模式。为了支持这种通信模式，无线传感器网络中有很多路由协议建立了具有树状结构的路由，而无线自组织网络中的路由并不具备这个特点。

此外，还存在“地域多播”的业务模式。在无线传感器网络中，用户可能对于一个地理区域内的信息感兴趣，因此需要把查询和命令发送到该区域的所有节点。以洪泛的方式支持这种业务当然是可以的，但是其开销也很大，针对这种业务模式设计了路由协议。

3. 数据为中心的设计理念

“数据为中心”是无线传感器网络一个十分有特色的设计理念，它源于无线传感器网络进行信息获取的设计目标。提出这个理念的学者把无线传感器网络看成是一个大型数据库，用户关心的是从这里得到了什么信息，而并不关心数据库中的哪个元素(传感器节点)提供了该信息。

该理念对网络层的一个重要影响是节点地址分配。在传统的通信网络中，为每一个设备或用户分配全局唯一的 ID 是必需的。而对于无线传感器网络，其目的是进行信息采集，只要求传感器节点能够描述信息产生的时间、地点和内容，并不关心是哪个节点提供了这些信息。从这一点上来说，没有必要为每一个无线传感器节点分配全局唯一的地址。同时，由于典型的无线传感器网络中节点数量很大，如果为其进行编址，其开销也很大。但是，在一些特定的应用场合下，如果 ID 和位置等信息具有一定的绑定关系，以 ID 代替位置也是十分方便。例如，在工业监测中，在大型机床上手动布设无线传感器节点，一旦布设，节点的位置就固定下来。在这种情况下，节点 ID 和他监测的地理区域实际上建立了一一对应的关系。另外，从实现多跳通信的角度，仍然需要在局部表示标识的节点。因此，有的协议提出以数据内容区别节点。

该理念还影响了分组转发过程。在传统的通信网络中，数据分组的内容在转发过程中不会被修改。而无线传感器网络中，由于原始信息可能存在一定的冗余，在满足信息采集要求的前提下，可以在数据转发过程中对其进行修改，甚至把多个分组合并一个分组，从而降低传输能耗。

“数据为中心”涵盖的内容十分丰富，任何从信息采集的角度，考虑数据信息内容而进行的协议设计和优化都可以看成是数据为中心的设计。

4. 动态变化的网络拓扑

大多数无线传感器网络中节点并不移动，造成网络拓扑变化的主要原因是节点的失效和存在不可靠、非对称链路。为了节能和延长网络寿命，需要对网络进行休眠调度，这会在一定程度上增加网络拓扑的动态性。在某些无线传感器网络中，为了弥补节点失效导致的性能损失，进行再布设，也会使得网络拓扑发生变化。

5. 能力受限、结构简单的节点

无线传感器节点大都由电池供电，电池体积小、能力有限且难以替换，很多应用场合下，要求无线传感器网络连续工作数年甚至更长。能量紧缺是无线传感器网络中最突出的问题之一，节能贯穿于整个无线传感器网络的设计之中。

无线传感器节点结构简单，其存储、处理、通信能力低，单个节点的可靠性差，难以支持一些需要复杂交互和计算的机制，这要求路由协议设计尽可能简单，同时协议还应该具有一定的容错性，个别节点失效不会对整体性能有太大影响。

6. 密集布设的大规模网络

无线传感器网络中通常密集布设大量节点。节点数量达到数千甚至上万，远远高于经典的无线自组织网络；同时节点密度也很高，有的情况下达到每米 20 个。这使得协议的可扩展性变得十分重要。

6.2.2 路由攻击的防范

通过使用简单的链路层加密和使用全局共享密钥的身份认证，可以阻止大部分的外部入侵。由于入侵者无法进入网络，像选择性转发攻击和污水池攻击是不可行的。但是，当网络遭受来自内部的攻击时，例如利用已被攻击的节点，上述方法就没有作用，因此需要更复杂的解决方法。

女巫攻击可以通过传感器节点的身份认证来解决。例如，每一个传感器节点可以与可信的基站共享一个唯一的密钥，这种方法可以用来认证彼此的身份。基站也可以限制一个节点允许的邻居个数，当一个节点被攻击了，它只能和它的已经认证身份的邻节点通信。

由于污水池攻击是建立在消息难以被验证的路由协议上，例如，可靠性与能源消耗的度量，因此很难防御。基于最小跳数的路径很容易认证，但是跳数在通信虫洞的时候可能会被篡改。地理位置路由协议可以防御这种攻击，因为使用基于位置的路由技术可以根据局部交流和局部信息需求建立一种按需的拓扑，从而不必从基站发起路径查询。由于通信量是自然流向基站的物理地址，因此想要改变通信流方向以创建污水池是困难的。

在快速攻击中，攻击节点的目标是在按需路由协议中让自己尽可能地在多条路径中出现。但是，为了阻止这些攻击，需要联合使用几种保护措施。例如，一些攻击者会使用超出正常值的射频功率发送路由请求，从而抑制后续的来自路由发现的请求信息。可以用安全的邻节点探测方法来使路由请求的发送者和接收者都能够确认对方在正常的传输范围内。例如，可以使用一种具有紧密的延迟时序的三轮相互认证协议。第一轮，一个节点发送一个邻居查询请求包(通过广播或像一个具体的节点单播)；第二轮，收到请求的节点反馈一个邻居应答报文；第三轮，本次握手通信的发起者发送一个邻节点认证消息，包含对时间戳的广播认证和从源节点到目标节点的链路。

6.2.3 安全路由协议

首先，根据协议获取拓扑信息方式的不同，把协议分成利用地理信息的路由，这是一种明确的分类方法。

对于不依靠地理位置信息的路由协议，其中最重要的一类是支持多对一和一对多通信模式的路由，这类协议的特色在于建立了以 sink 节点为根的树形(或类似树)路由结构。除此之外，还有少量协议支持任意两点之间的通信，建立的路由没有明显结构。根据建立路由是否具有明显结构，可以分成支持点对点通信的简单的无结构路由和支持一点对多点或多点对一点通信的具有树形(或类似树)结构的路由。

对于基于地理位置信息的路由，从其解决问题的角度，又可以分成支持单播的路由、支持地域多播的路由和分群路由。

6.2.3.1 简单的无结构路由

这类协议支持网络中任意两个节点之间的通信，与无线传感器网络的业务特点没有明确的联系。直观地想，为了实现任何两个节点之间的通信，大多数无线自组织网络的路由协议都可以胜任。而之所以设计(或选择)简单的无结构路由，有其特殊的设计背景：在无线传感器网络发展的早期，节点的处理、存储和无线通信能力很弱，难以支持复杂的协议，协议的简单稳定是设计中主要考虑的问题。在这一类协议中并不像大多数路由协议那样显式地建立源到目的的多跳路由，而是仅仅规定了一跳范围内的转发规则，实现相距多条的节点之间的通信。有的学者也从协议完成功能的角度把它称为数据分发协议。

6.2.3.2 树或类树路由

这类协议是无线传感器网络路由协议的主流，它的突出特点是利用了无线传感器网络中业务的方向性特点，通过路由协议的运行，把网络中的节点组织成以 sink 为根的树。而由于有的协议建立了多路径，不同路径上存在交叉节点，因此，实际形成的路由结构并不是严格的树。根据建立树的方式不同，又可以分成两类：请求—应答方式、支持数据聚合的分群方式。

一类典型的设计思路是在平面的网络环境下以请求—应答方式建立树结构，它可以类比于无线自组织网络中的反应式路由协议。请求消息是 sink 发送，收到的节点根据一定规则选择父节点并转发。图 6.1 是对典型的反应式协议 AODV 和典型的树形路由协议的比较。在经典的按需路由协议中往往是由源节点发送请求信息，而在无线传感器网络中，由于需要建立多个源节点(传感器节点)到一个目的节点的路由，从节省控制开销的角度，由目的节点启动路由建立是很自然的。由于在无线传感器网络的很多应用场合中，sink 需要向网络内发布查询命令(QRY)，而 QRY 发送过程本身就完成了探测拓扑的作用，因此可以用

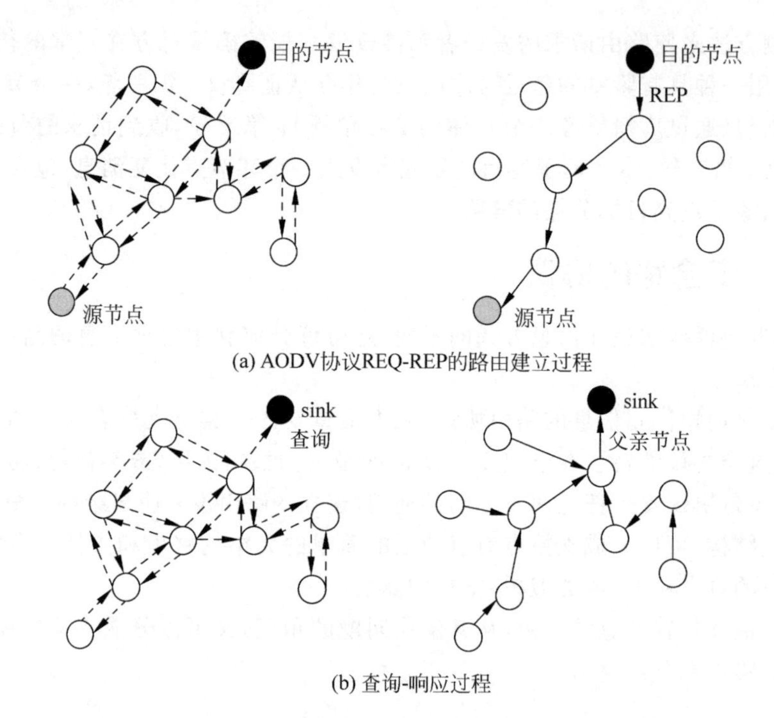

图 6.1 REQ-REP 的路由建立过程和查询-响应过程的比较

QRY 取代 REQ。

在分层的网络环境下，一类典型的设计思路是构造普通节点——群首——sink 所谓深度为 2 的树。分层是提高协议可扩展性的一个重要方法，分层协议中以“群”作为网络的基本单元，一般要求“群”具有良好的稳定性、协议控制开销低、支持群内和群间的通信等。在无线传感器网络中，群还完成数据聚合功能。如前所述，无线传感器网络中，节点布设密集，邻近节点采集信息具有很强的相关性，在分层结构下，一般的数据转发路径是从群内普通节点到群首再到 sink，群首在向 sink 转发数据之前，对群内的原始数据进行聚合处理，能够降低实际需要传输到 sink 的数据量。此外，很多协议还针对群首能耗高于普通节点的情况，设计了主动的群首轮替机制。

6.2.3.3 地理位置路由

地理位置路由以其在能量有效性、分布式控制、可扩展性等方面所具有的突出优势在无线传感器网络中受到重视。许多研究者将其看做能量和处理资源严重受限的无线传感器网络最有前途的解决方法之一。

地理位置信息在无线自组织网络和无线传感器网络路由过程中的应用主要有以下 3 个形式。

1. 基于局部地理拓扑信息实现单播路由决策

对于发往网络中某一节点的单播型业务，在节点地理位置信息的支持下，利用节点地理位置所体现的空间方向性及距离信息，基于局部范围的网络拓扑信息进行单播路由决策，以降低路由控制开销以及提高路由协议的可扩展性。

2. 利用地理位置信息改善地域多播的实现方式

地域多播是无线传感器网络中非常重要的一种业务形式，其目的是将源节点的数据发送给某一特定地理区域内的所有节点，地域多播是指向给定地理区域的节点发送数据。一种做法是利用地理位置信息限制分组传播范围，如 LBM 及 VD-GREEDY、CH-MFR；另一种做法是沿用单播的思想，在目标区域外采用单播，在目标区域内采用洪泛，如 CEAR 等。

3. 利用地理位置信息实现分层网络结构及分层路由协议

利用地理位置信息将网络划分成一重或多重地理栅格，网内节点按照栅格从属关系组织成一定的群组结构，并在此基础上区分节点的职能，从而实现分层网络结构以及分层路由协议，以改善网络的性能。

6.3 密钥管理

密钥管理是无线传感器网络安全机制的一个眼界热点，无线传感器网络存在着和传感网络一样的安全目标，其安全特性如下：

1. 可用性

可用性是指网络服务对用户而言必须是可用的，即使是受到攻击，节点仍然能在必要的时候提供有效的服务。可用性保证网络正常服务操作并能容忍故障，即使存在相关的攻击威胁。在网络层，攻击者可以删除会话层安全信道中的加密；在应用层，密钥管理服务也可能受到威胁。拒绝服务可以在各个层进行，使节点无法获得所需的正常服务。同时，可用性还涉及能源问题，一旦没有能源节点将完全瘫痪。为了节省能量，通常会考虑让节点在空闲的时候处于睡眠状态，在必要时将其唤醒。但是，攻击者可以设法通过某种合法的方式与节点交互，使其始终处于通信状态，目的是消耗节点的有限能量。这种攻击称为剥夺睡眠攻击，与其他攻击相比，这种攻击可能更为致命。因此需要强认证机制来确保通信端的合法性。

2. 机密性

机密性是指保证特定的信息不会泄露给未授权的用户。军事情报或用户账号等安全敏感信息在网络传输是必须是可靠的、机密性的，否则这些信息易被敌方或恶意用户捕获，尤其是路由信息也需要保密，因为这些信息可能被敌方用来识别和确定目标在战场上的位置。该问题的解决需要借助于认证和密钥管理。

3. 完整性

完整性是指保证信息在发送过程中不会中断，且保证节点接收的信息与发送的信息完全一样。如果没有完整性保护，网络中的恶意攻击或无线信道的干扰都可能使信息遭到破坏而变得无效。

4. 认证

一个移动节点需要通过认证来确认它与通信的节点身份，即是否为己方节点。如果没有认证，恶意攻击者就可以假冒网络中的节点来和其他节点进行通信。那么，他就可以获得那些未被授权的资源和敏感信息，并以此威胁整个网络的安全。

5. 不可否认性

不可否认性即抗依赖性，它用来确保一个节点不能否认它已发出的信息。它对检查和孤立被攻击的节点具有特别的意义。当节点 m 接收来自被俘获的节点 n 的错误信息后，不可否认性保证节点 m 能够利用该信息告知其他节点 n 已被俘获。此外，不可否认性对于无线传感器网络军事应用中保证用户否认利害程度是至关重要的。

6. 敏感性

无线通信方式的使用使得无线传感器网络对于链路攻击从侦听到攻击都特别敏感。侦听使恶意攻击者可以访问秘密信息，违背了机密性。攻击使得恶意攻击者可以删除、插入、修改信息，从而违背了可用性、完整性和可验证性。

7. 薄弱性

由于无线传感器网络物理保护相对薄弱，因此不应只考虑网络外部的恶意攻击，还应考虑来自内部的有意或无意的损坏与攻击。

8. 可扩展性

无线传感器网络是动态的网络，网络中的节点会因为能量的因素而不断的脱离网络，或者因为需要而加入网络，网络拓扑结构的动态性是网络不断饱和化。因此，安全机制必须是可扩充性的。

6.3.1 数据加密和认证

数据加密又称密码学。它是一门历史悠久的技术，指通过加密算法和加密密钥将明文转变为密文，而解密则是通过解密算法和解密密钥将密文恢复为明文。数据加密目前仍是计算机系统对信息进行保护的一种最可靠的办法。它利用密码技术对信息进行加密，实现信息隐蔽，从而起到保护信息的安全的作用。

传感器网络安全协议包括抵御攻击的两方面贡献：安全网络加密协议和一个同步的、高效的、流动的、容忍损失的数据认证协议的微型版本。协议的主要目的是提供机密性，双方数据认证和数据更新，而微型协议提供面向数据广播的认证，假定每个节点都与基站有一个共享的密钥。

1. 安全网络加密协议

安全网络加密协议将一般传感器节点资源首先考虑在内，依靠简单的加密算法、数据认证和随机数字生成技术。安全网络加密协议的主要特点包括安全对称性、对重放攻击的防御和较低的通信开销。在对称安全中，对同一消息的解密每次都各不相同。为了实现双方认证和完整性的功能，安全加密协议使用 MAC，MAC 长度越大，入侵者猜测正确的消息编码就越困难。但另一方面，过长的编码也会使分组更庞大。

两个通信节点 A 和 B 共享一个私有的主密钥，可以利用这个密钥用伪随机函数生成四个相互独立的密钥，其中两个密钥用于在两个方向（K_{AB} 和 K_{BA}）上对消息进行加密，另外两个用于两个方向的消息完整性编码（K'_{AB} 和 K'_{BA}）。一个完整的加密后的消息具有如下格式：

$$A \rightarrow B: \{D\}_{(K_{AB,C_A})}, \quad \mathrm{MAC}(K'_{AB}C_A \parallel \{D\}_{(K_{AB,C_A})}) \tag{6.1}$$

式中，D 是用密钥 K 加密的数据，C 是计数器。MAC 使用公式 $M=\mathrm{MAC}(K', C \parallel E)$ 计算。安全网络加密协议提供数据认证（使用 MAC）、重放保护（使用 MAC 中的计数器值）、新鲜度（计数器的值强制消息排序）、语义安全（因计数计量与个消息一起加密，故同样的消息每次加密结果不同）、低的通信开销（假定计数器的状态在每个结束点都会保存，且未放入消息里发送)这些功能。在安全网络加密协议里,数据新鲜度显得比较脆弱,因为安全网络加密协议强制生成了B节点的消息发送顺序,但是不能向A保证某消息是由B产生并且是为了响应A中的某个事件。为了实现强新鲜度,可在协议中引入一个临时数(例如一个足够长的随机数,确保对所有可能性的穷举是不可能的)。A节点随机产生一个临时数N_A,将它同一个请求消息一起发送给B。然后B节点通数据认证协议的应答消息一起返回这个临时数,其过程如下:

$$A \rightarrow B: N_A, R_A \tag{6.2}$$

$$B \rightarrow A: \{R_B\}_{(K_{BA},C_B)}, \quad MAC(K'_{BA}, N_A \parallel C_B \parallel \{R_B\}_{(K_{BA},C_B)}) \tag{6.3}$$

如果MAC验证正确,A就会知道B在A的请求之后产生应答。

2. 局部认证加密协议

局部加密认证协议对传感器网络来说是一个重要的管理类协议,它的设计目的是支持国内处理。设计这个协议的关键动机是由于无线传感器网络中不同类型的消息(例如控制分组和数据分组)有着不同的安全需求,因此单一的加密机制可能无法满足这些不同的需求。例如,可能所有类型的分组都需要认证机制,而只有某些类型的消息(例如聚合的传感器信息)需要机密性。

局部认证加密协议提供了四种加密机制:单密钥、组密钥、群密钥和成对共享密钥。在单密钥机制中,每个节点有着各自与基站共享的唯一密钥。如果节点想让基站验证自己的敏感信息,这种密钥就用于机密性通信或者计算消息认证码。组密钥是一个被基站使用的全局共享的密钥,基站用它把加密的消息发送到整个传感器网络。例如,汇聚节点通过兴趣消息(Interest message)发出查询任务,采用泛洪方式传播兴趣到整个区域或部分区域内的所有传感器节点。群密钥是被传感器节点和它的邻节点所共享的密钥,用于保证局部广播消息的安全(例如路由控制消息)。最后,成对共享密钥被传感器节点和它的一个一跳邻节点共享。局部加密认证协议使用这种密钥来保证每对节点之间的通信安全。例如,使一个节点能够安全地向它的邻节点发布它的群密钥,或者安全地把它的传感器消息发送到一个汇聚节点。

局部密钥加密机制还提供用于认证局部广播消息的方法。所以,每个节点产生一个特定长度的单向的密钥链,并且将链里的第一个密钥发送给每个邻居,这个密钥是经过成对共享密钥加密的。每个节点发送消息的时候,它会从链上取得下一个密钥(每个密钥称为AUTH密钥),再将密钥附在消息里。这些密钥以与其产生次序相反的顺序公开,接收者能够基于接收到的第一个密钥或者最新公开的AUTH密钥来验证消息。

6.3.2 密钥管理方案

依据网络体系结构的不同,密钥管理可以分为两大类:分布式密钥管理和分簇式密钥管理。针对分布式网络结构,目前已经提出的模型有预置全局密钥、预置所有对密钥、随机预分配密钥、多路密钥增强模型、随机密钥对模型、对密钥预分配模型等。针对分簇式网络结构,目前已经提出的模型有基于KDC的对密钥管理模型、低能耗密钥管理模型、轻量级密钥管理模型等。依据共享密钥的节点个数,无线传感器网络密钥管理方法可以分为对密钥管理方案和组密钥管理方案;依据密钥产生的方式,可分为预共享密钥模型和随机密钥预配置模型。此外,还有基于位置的密钥预分配模型、基于密钥分发中心的密钥分配模型等。

1. 预共享密钥分配模型

预共享密钥主要有两种方式：节点之间共享和每个节点与 sink 节点之间共享。预共享的密钥分配方法实现非常简单，适用于规模不大的应用网络。预共享密钥模型中，使用每对节点之间共享一个主密钥，显然可以在任何一个节点之间建立安全通信，但其扩展性、抗俘获能力都很低，而且网络的规模不宜过大。在每个节点和 sink 节点之间共享一个主密钥，使得每个节点的存储空间需求大大降低，但整个网络过分依赖 sink 节点，计算和通信的负载都集中在 sink 节点上容易形成整个网络的瓶颈。典型的使用预共享密钥的方式来建立安全连接的算法是 SPINS。

2. 预置所有对密钥的密钥管理模型

该模型是由 Sanchez 等人提出的，其主要思想是在网络部署前首先由离线密钥服务器生成 $N(N-1)/2$ 个密钥，其次，将任意 2 个节点 i,j 对于的不同的密钥组成密钥对 K_{ij}，最后将密钥分别存入每个节点，每个节点所存储的密钥数为 $N-1$ 个。该模型的优点是由于网络中的通信依赖于基站，所以网络的灵活性比极强。而且网络通信负载较少，计算复杂度低。模型缺点是支持网络的规模小，网络的扩展性不好。预置密钥流程如图 6.2 所示。

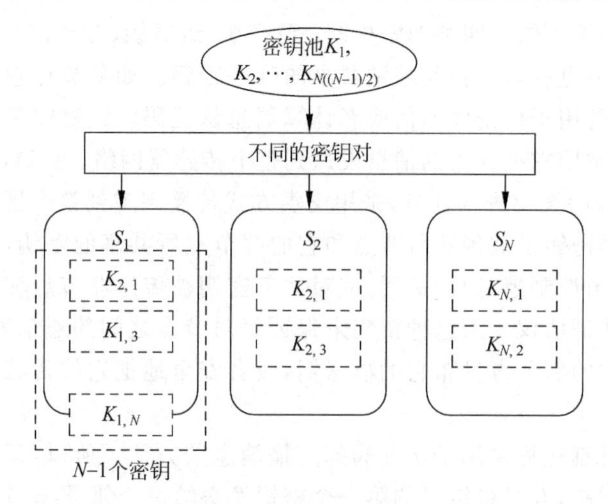

图 6.2 预置密钥流程

3. 基于位置的密钥预分配模型

基于位置的密钥预分配方案是对随机密钥预分布模型的一个改进。这类方案在随机密钥对模型的基础上引入了传感器节点的位置信息，每个节点都存放一个地理位置参数，基于位置的密钥预分配方案借助于位置信息，在相同网络规模、相同存储容量的条件下，可以提高两个邻节点具有相同密钥对的概率，也能够提高网络节点抗击被俘获的能力。

基于对等中间节点的密钥预分配方案是一种能够基于位置的密钥预配置分配方案。它的基本思想是把部署的网络节点划分为一个网格，每个节点分别与它同行和同列的节点共享密钥对。对于任意两个节点 mm 和 nm 都能够找到一个节点 km，km 分别和 mm、nm 共享秘密的会话密钥，这样通过 km、mm 和 nm 就能够建立一个安全通信信道。此方案大大减小了节点在建立共享密钥时的计算量及对存储空间的需求。

4. 对密钥预分配模型

Wenliang Du 等提出来对密钥预分配模型，该模型是建立在 Blom 的密钥预分配方案的基础上并联合了随机密钥与分配模型的方法。Blom 的方案没有考虑无线传感器网络这样的应用，虽然可以达到让网络拓扑实现安全连接，但对节点的资源开销占用极大。其主要思想是让网络中的任意节点可以找到共享密钥对，且只要俘获节点的数目未达到门限值网络就是安全的。其具体实施分为密钥预分配阶段和密钥协商两个阶段。

5. 低能耗密钥管理模型

低能耗密钥管理模型是基于 IBSK 协议扩展而来，继承了 IBSK 支持增加节点、删除节点以及密钥更新的节点，同时为了减少能量的消耗，取消了节点与节点之间的通信。由于目前一些技术的限制，所以该协议是在一些假设的基础上进行的。首先假设基站有入侵检测机制，可以检测出节点正常与否，并由此决定是否触发删除节点的操作。该模型对传感器节点不作任何新的假设，簇头之间可以通过广播或单播与节点通信。该模型包括 3 个阶段：预分配阶段、初始化阶段和增加新节点阶段。

6. 其他密钥管理方案

其他密钥管理模型，如 Multipath Key Reinforcement Scheme 和 Using Deployment Knowledge 等，应根据具体的应用来选取合适的密钥管理方案。目前，大多数的预配置密钥管理机制可扩展性不强，而且不支持网络的合并，网络的应用受到局限；而且在资源受限的网络环境，让传感器节点随机性地和其他节点预配置密钥也不是一个高能效的选择。因此与应用相关的定向动态的密钥预配置方案将获得更多的关注。

6.4 入侵检测

入侵检测是发现、分析和汇报未授权或者毁坏网络活动的过程。传感器网络通常被部署在恶劣的环境下，甚至是敌人区域，因此容易受到敌人的捕获和侵害。传感器网络入侵检测技术主要集中在监测节点的异常以及恶意节点辨别上。由于资源受限以及传感器网络容易受到更多的侵害，传统的入侵检测技术不能应用于传感器网络。

在无线传感器网络中，入侵预防技术已经得到了广泛的认可，如加密、认证、标签等。但单独使用加密、认证等入侵预防技术往往是不够的，并且安全机制的引入会使得系统变得更加复杂，暴露的弱点也更多，系统的稳定性和可靠性也会随之降低，从而将导致更多的安全问题出现。同时在无线传感器网络中，由于其几乎不依赖任何固定基础设施，使得防火墙方案完全不能适用。如何保护网络的安全，提高网络的安全防御性能，成为无线传感器网络一个亟待解决的问题。入侵检测可以用作网络防御的第二道防线，一旦检测到入侵企图或已经发生的入侵活动，即引发相应的响应以阻止或减少系统的危害。

借鉴传统的入侵检测系统，考虑无线传感器网络的网络特性，无线传感器网络入侵检测技术大致应包括 13 个方面的内容。

(1) 检测的数据源。

(2) 使用基于误用和异常的混合模型的检测技术。

(3) 检测的方法。采用集中检测还是分布式检测。

(4) 检测频率。采用间断还是连续的方式。

(5) 反应机制。

(6) 不能引入新的系统安全漏洞。

(7) 不能消耗和占用太多的资源,如能源、CPU、内存、带宽等。

(8) 攻击监测需要采用合适的间断机制。

(9) IDS 能够基于"部分的"和"本地的"信息进行检测。

(10) 可靠性要高。

(11) 具有良好的扩展能力。

(12) 本地局域检测与全局监测相结合。

(13) 路由负载增加适度,能保证或不影响正常的网络性能。

6.4.1 入侵检测模型

众所周知,不管在网络中采取多么先进的安全措施,攻击者总有可能找到网络系统的弱点,实施攻击。单独使用加密、身份验证等预防技术很难达到预期的安全指标。这些技术可以降低网络被攻击的可能性,但是无法杜绝攻击。因此,安全的防御手段也是不可或缺的。针对网络安全防御措施的不足,入侵检测系统应运而生,它可以为网络安全提供实时的入侵检测,并及时有效地采取相应的保护。

1. 入侵检测技术原理

入侵检测技术作为一种主动的入侵防御技术,已经发展成安全网络体系中的一个关键性组件。其积极、主动地防御思想,完全区别于加密、认证、防火墙等传统的被动防御方案,入侵检测技术正在引领网络安全从被动走向主动。

入侵行为被定义为任何破坏目标的机密性、完整性和可访问性的动作,入侵一般可分为外部入侵和内部入侵。外部入侵借助一定的攻击技术对攻击目标进行监测、查漏,然后采取破坏活动;内部入侵通常利用社会工程学盗用非授权账户进行非法活动,有统计表明,入侵行为有 80%来自内部。

目前,入侵检测已经发展成为一种动态的监控、预防或抵御系统入侵行为的安全机制。入侵检测技术是通过从网络或系统中的若干关键点收集信息并对其进行分析,从中发现网络或系统中是否有违反安全策略的行为和遭到入侵的迹象的一种安全技术。它在不影响网络性能的情况下能对网络进行监测,从而提高对付内部攻击、外部攻击和误操作的实时保护,提高了信息安全基础结构的完整性。入侵检测的软件与硬件的组合便是入侵检测系统。入侵检测可以分为实时入侵检测和事后入侵检测两种,两种攻击检测的原理如图 6.3 所示。

实时入侵检测在网络连接过程中进行,系统根据用户的历史为模型、存储在计算机中的专家知识、神经网络等模型对用户当前的操作进行判断,一旦发现入侵迹象立即断开入侵者与主机的联系。在无线传感器网络中完成这一功能的节点主要是 sink 节点,当然传感器节点也参与进行检测,只是依据自身的资源限制,运行简单而有效的专家知识。

事后入侵检测由网络管理机构进行,通过系统而全面的知识,根据历史审计记录判断入侵检测行为是否存在。这种方法分为定期和不定期,不具有实时性。

2. 一种通用的入侵检测模型

研究一种技术或系统的基本方法是分类,入侵检测按其实现中的各种不同要素可进行分类。目前,较为通用的入侵检测是将异常检测和误用检测相结合的模型。

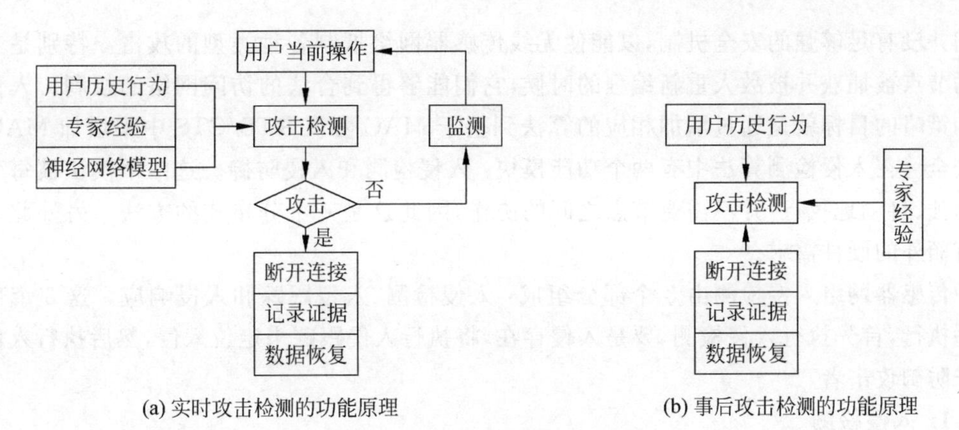

图 6.3　攻击检测原理

1）异常入侵检测

该方法总结正常操作应具有的特征，并得到正常操作的模型，在后续的操作检测过程中，一旦发现偏离正常统计学意义上的操作模式，即进行报警。基于异常的入侵检测多采用统计、专家系统、数据挖掘、神经网络和计算机免疫等技术。

2）误用入侵检测

该方法的特点是收集正常操作，即入侵行为的特征，建立相关特征库，在后续的检测过程中，将收集到的数据与特征库中的特征码进行比较，得出是否是入侵的结论。基于误用的入侵检测主要采用专家系统、模型推理、状态迁移分析、模式匹配等技术。

基于异常入侵检测系统的优点是能发现一些未知的攻击，对具体系统的依赖性相对较小，但误报率很高、配置和实现也相对困难；基于误用的入侵检测能比较准确地检测到已经标识的入侵行为，但是对具体的系统依赖性太强、移植性不太好，而且不能检测到新的攻击类型。因此，最佳的解决途径就是将两者有机结合起来，以得到更为高效的入侵检测伸展性能，模型如图 6.4 所示。

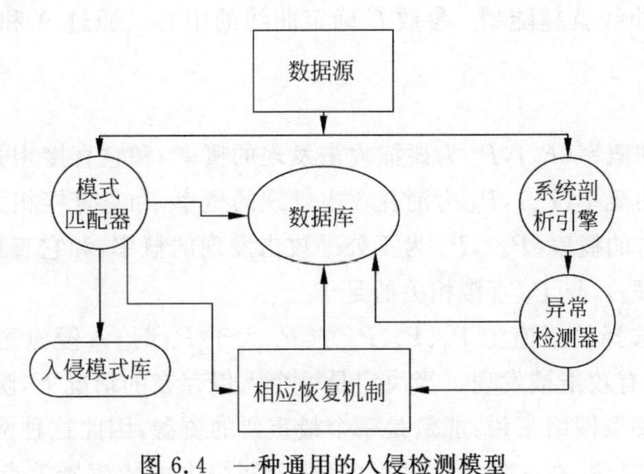

图 6.4　一种通用的入侵检测模型

6.4.2　入侵检测算法

传统的安全机制，如：认证协议、数字签名和加密，依然在无线网络的机密性、完整性、认证和通信的不可抵御方面起到非常重要的作用，但是这些机制仅仅充当着第一线的防御，它们并没有足够强的安全机制，以能使无线传感器网络抵制各种类型的攻击。特别是当正常的节点被捕获并被敌人重新编程的时候，它们能够得到合法的访问网络的权利。入侵检测和策略的目标就是通过增加相应的算法到基于 MAC 协议 RTS/CTS 中来增加 MAC 层的安全。在入侵检测算法中有两个功能模块：入侵检测和入侵防御。这两个模块被每个节点单独、自动地执行，并不需要节点之间的协作，因此这是一个分布式的方法。另外此方法没有额外的硬件需求。

传感器网络入侵检测由 3 个部分组成：入侵检测、入侵跟踪和入侵响应。这 3 个部分顺序执行，首先执行入侵检测，要是入侵存在，将执行入侵跟踪来定位入侵，然后执行入侵响应来防御攻击者。

1. 入侵检测

一旦攻击者获得访问网络的权利，他们就能够攻击网络。通过仿真，在一些非正常交换的情况下，观察攻击结果对网络性能的影响。例如：包的碰撞率变得非常高，数据传输的成功率将会急剧下降等。在传感器网络入侵检测算法中，敏感数据元素的非正常改变被选择来触发入侵检测。选择下面的统计作为入侵指示器。

(1) 碰撞率(R_c)：R_c 每秒钟被节点监测到的碰撞次数。

(2) 数据成功传输的概率(P_{st})：定义成功传输为正确的发送和接收数据包的过程。P_{st}为成功传输数据包的数量和传输的数据包的总数量之间的比率。

(3) 数据包的等待时间(T_w)：T_w 为 MAC 层缓冲的数据包等待传输的时间。

(4) RTS 包到达率(P_{RTS})：P_{RTS}为每秒钟被节点成功接收的 RTS 数据包的数量。

周期性地收集所有指示器的值，并且估计它们中的每个值的入侵概率。根据这些概率能够推断是否存在一个入侵。这是一个软件决定过程。使用软件决定的优点为可以有效地减少做出错误决定的机会，这些错误决定是由任何指示器值的小的波动所造成，其决定函数为：$y(x)=\frac{1}{1+\exp[-A\times(X-C)]}y(x)=\frac{1}{1+\exp[-A\times(X-C)]}$。其中，参数 A 确定曲线的斜度，值越大，曲线就越陡峭；参数 C 确定曲线的中心。通过 A 和 C 来适当地校正曲线的形状。

入侵概率获得：

(1) 碰撞攻击的概率(P_c)，P_c 为碰撞攻击发现的概率，和它直接相关的是 R_c；

(2) 消耗攻击的概率(P_e)，P_e 为消耗攻击发现的概率，和它直接相关的是 P_{RTS}；

(3) 不公平攻击的概率(P_u)，P_u 为不公平攻击发现的概率，和它直接相关的是 T_w；

(4) 总的概率(P_t)，与 P_t 直接相关的是 P_{st}。

为这 4 个概率选择的阈值为 P_c、P_e、P_u 的 P_t 大于 P_{th}时，入侵检测模型宣称一个攻击被发现，否则的话没有攻击被发现。当决定是一个入侵存在的情况下，防御部分做出相应的对策。对于无线传感器网络来说，能量是一个最重要的资源，因此这种网络的通信类型几乎就像脉冲一样，也就是说，在入侵检测过程中，整个网络中的传感器节点大部分时间都是处于睡眠状态和空闲状态。由于这个原因，入侵检测是一个时间变量。在睡眠和空闲模式中，R_c、T_w、P_{RTS}与传输和接收相比是非常低的。这种情况决定函数应该是能够适应的。要是这个函数是适合的，有以下的两种情况可能发生：

- 成功检测的概率(P_d)太高，并且错误检测的概率(P_{fd})也太高；

• P_d 太低，P_{fd} 并且太低。

在检测攻击者时，一个成功的检测是一个被执行的入侵警告。P_d 为成功检测时间和真个攻击时间的比率。一个错误的检测是在没有入侵期间执行的入侵警告。P_{fd} 为在没有攻击的情况下，错误检测时间和总时间的比率。

代价函数：$J(x)=(y_d-y)^2$；

这里 y_d 为入侵概率期望值，y 为实际的值。

$$C(k+1)=C(k)+\alpha\times\frac{\partial J}{\partial C} \tag{6.4}$$

$$A(k+1)=A(k)+\alpha\times\frac{\partial J}{\partial A} \tag{6.5}$$

其中：

$$\frac{\partial J}{\partial C}=2(y_d-y)\frac{-A(k)\exp\{-A(k)\times[x-C(k)]\}}{\{1+\exp\{-A(k)\times[x-C(k)]\}\}^2} \tag{6.6}$$

$$\frac{\partial J}{\partial A}=2(y_d-y)\frac{A(k)}{\{1+\exp\{-A(k)\times[x-C(k)]\}\}^2} \tag{6.7}$$

$$k=1,2,3,\cdots$$

注意：

(1) 算法周期性地计算入侵概率；

(2) α 是一个训练因子，它的值位于 0～1 之间；

(3) 在此算法中，假设每个节点都使用一些特定方法来得到 y_d，例如，可以从本地簇的基站中得到。

2. 入侵防御

当入侵被发现的时候，预防部分开始工作，用相应的对策来减少网络入侵的影响。通过上面的分析发现，在入侵检测期间节点试图来传输信息是浪费能量和不安全的。原因为：传输几乎是不会成功的，并且在敌人攻击网络的时候，传输的信息可以被敌人侦察到。此外，这里没有节点之间的协作，并且在这个网络中没有中心控制站的存在。这样，在这个时间段内，停止传输和接收数据是避免攻击的非常容易和有价值的方法。无线传感器网络入侵检测算法就是在发现入侵的时候，使节点进入睡眠状态。

6.4.3 入侵检测的常用方法

在无线传感器网络入侵检测的研究中，已有的理论成果相对较少。目前，已经提出了一些较好的入侵行为检测算法，如博弈论框架、马尔科夫判定过程 MDP、依据流量的直觉判定、分布式贝叶斯算法、针对无线传感器网络的入侵检测模型等，然而这些研究大部分仅出于模型设计、理论分析和仿真试验的阶段。

1. 博弈论框架

基于博弈论的无线传感器网络框架，把攻击-防御问题视为在攻击者和传感器网络之间两个博弈者的非零和、非协作博弈问题，由此所产生的博弈机制为网络的防御策略，其结果是趋于纳什均衡的。博弈论框架可大大提高传感器网络防御入侵的成功率，是较为高效的一种入侵检测防御机制。

对于一个固定的簇 k，攻击者有 3 种可能的策略：AS1 攻击群 k、AS2 不攻击群 k、AS3

攻击其他群 k。IDS 也有两种策略：SS1 保护簇 k 或者 SS2 保护其他簇。

因此，存在两个矩阵：IDS 付出矩阵 **A** 和攻击者付出矩阵 **B**。这两个博弈者的支付关系用一个 2×3 的矩阵表示，矩阵 **A** 和 **B** 中的 a_{ij} 和 b_{ij} 分别表示 IDS 和攻击者支付。

IDS 付出矩阵 $\boldsymbol{A}=(a_{ij})_{2\times3}$ 定义为

$$\boldsymbol{A}_{ij}=\begin{bmatrix}a_{11} & a_{12} & a_{13}\\ a_{21} & a_{22} & a_{23}\end{bmatrix} \tag{6.8}$$

攻击者付出矩阵 $\boldsymbol{B}=(b_{ij})_{2\times3}$ 定义为

$$\boldsymbol{B}_{ij}=\begin{bmatrix}\mathrm{PI}(t)-\mathrm{CI} & \mathrm{CW} & \mathrm{PI}(t)-\mathrm{CI}\\ \mathrm{PI}(t)-\mathrm{CI} & \mathrm{CW} & \mathrm{PI}(t)-\mathrm{CI}\end{bmatrix} \tag{6.9}$$

式中：CW 为等待并决定攻击的所需成本；CI 为攻击者入侵的成本；PI(t)为每次攻击的平均收益。

b_{11} 和 b_{21} 表示对簇 k 的攻击，b_{13} 和 b_{23} 表示对非簇 k 的攻击，它们均为 PI(t)－CI，表示从攻击一个簇所获得的平均收益中减去攻击的平均成本。同样，b_{12} 和 b_{22} 表示非攻击模式，若入侵者在这两种模式下准备发起攻击，那么 CW 就代表了因为等待攻击所付出的代价。

该方法也有弱点，即入侵检测成功率的波动性比较大，稳定性不够高，比较容易受其他因素的干扰。

2. 马尔科夫判定过程

用马尔科夫判定过程来预测最弱节点。马尔科夫链就是假设在有限制范围内，存在随机过程$\{X_n, n=0,1,1,\cdots\}$，如果 $X_n=i$，那么就说这个随机过程在时刻 n 的状态为 i。假定随机过程处于状态 a，那么随机过程在下一个时刻从状态 i 转移到状态 j 的概率为 p_{ij}。

基于过去状态和当前状态的马尔科夫链的条件分布与过去状态无关，而仅取决于当前状态。对 IDS 来说，可以给出一个奖励概念，只要正确选出予以保护的簇，它将为此得到奖励。MDP 为解决连续随即判定问题提供一个模型，它是一个关于(S，A，R，tr)的四元组。

3. 依据流量的直觉判定

依据流量的直觉判定以直观判断的节点流量作为度量尺度，保护具有最高流量值的节点。在一个时间片 IDS 必须选择一个簇进行保护，这个簇或者是前一个时间片内被保护的簇，或者重新选择一个更易受攻击的簇。提供定义“通信负荷”来表征每个簇的流量，IDS 根据“通信负荷”的参数大小选择需要保护的簇。所以在一个时间片内 IDS 应该保护具有最大流量的簇，这也是最易受攻击的簇。

4. 分布式贝叶斯算法

分布式贝叶斯算法从可能的入侵进行统计，利用贝叶斯模型计算发生的概率，预测估计入侵发生的位置区域，给出了无线传感器网络入侵检测系统较好实时的设计思想，但没有解决攻击行为量化的问题。

针对分簇型无线传感器网络，Su 等提出了一种能量节省的入侵检测方案。该方案针对簇头和普通的成员节点分别采用两种不同的检测方法：簇头负责监视簇内成员节点；成员节点监视其所在簇的簇头。并考虑因为担负着主要的通信任务，簇头的安全性相对更重要的实际情况，在选取监视它的成员节点时，综合考虑能量和安全性两个因素，只让符合选拔条件的成员节点参与对簇头的监视。

在设计整套方案时重点考虑能耗问题，例如，它在解决对簇头的监视时，采用普通成员节点分组轮流工作的方法,但这样做同时也引入了更为复杂的组划分机制,增加了系统的复杂性和实施难度,对检测的准确率也会有一定的影响。

Edith Ngai 提出了一种针对无线传感器网络的入侵检测模型,整个检测模型由邻居监测、数据融合、拓扑发现、路由追踪和历史记录几部分构成。并提出在邻居监测中使用Watch-dog 方法,检测数据包的传输情况,认证错误节点;数据融合采用邻居节点间的本地融合和整个网络的全局融合相结合的方法。该入侵检测模型如图 6.5 所示。

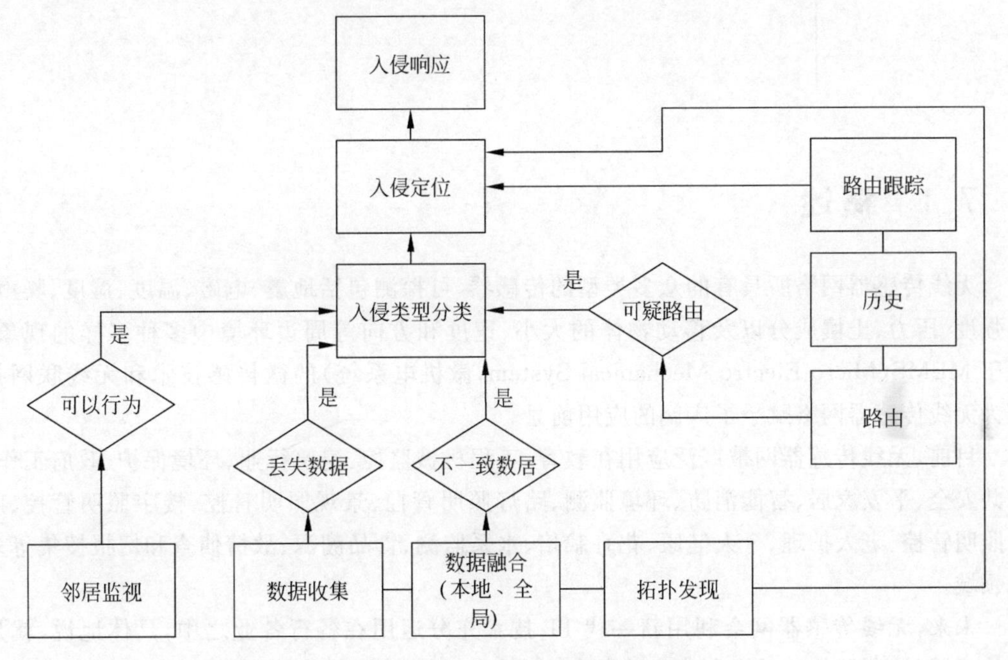

图 6.5　无线传感网络攻击检测模型

Edith Ngai 提出的这种无线传感器网络的攻击检测模型,是将入侵类型的鉴别、入侵定位和响应机制相结合在一起的一个完整的攻击检测响应模型,但对于如何具体的实现这种机制,以及许多技术问题没有做详细的考虑。

第7章 综合应用

CHAPTER 7

7.1 概述

无线传感器网络所具有的众多类型的传感器,可探测包括地震、电磁、温度、湿度、噪声、光强度、压力、土壤成分以及移动物体的大小、速度和方向等周边环境中多种多样的现象。基于 MEMS(Micro-Electro-Mechanical System,微机电系统)的微传感技术和无线联网技术为无线传感器网络赋予了广阔的应用前景。

目前,无线传感器网被广泛应用在教育、工程机械监控、建筑行业、环境保护、政府工作、公共安全、平安家居、智能消防、环境监测、路灯照明管控、景观照明管控、楼宇照明管控、广场照明管控、老人护理、个人健康、花卉栽培、水系监测、食品溯源、敌情侦查和情报搜集等多个领域。

未来,无线传感器网会利用新一代 IT 技术充分运用在各行各业之中,具体地说,就是把传感器、控制器等相关设备嵌入或装备到电网、工程机械、铁路、桥梁、隧道、公路、建筑、供水系统、大坝、油气管道等各种物体中,然后将“无线传感器网”与现有的互联网整合起来,实现人类社会与物理系统的整合,在这个整合的网络当中,拥有覆盖全球的卫星,存在能力超级强大的中心计算机群,能够对整合网络内的人员、机器、设备和基础设施实施实时的管理和控制,在此基础上,人类可以以更加精细和动态的方式管理生产和生活,达到智慧化管理的状态,提高资源利用率和生产力水平,改善人与城市、山川、河流等生存环境的关系。

7.2 综合应用

无线传感器网在各领域的具体应用情况如下。

7.2.1 教育领域

无线传感器网应用于教育行业的无线传感器网首先要实现的是,在适用传统教育意义的基础之上,对已经存在的教育网络中进行整合。对教育的具体的设施,包括书籍、实验设备、学校网络、相关人员等全部整合在一起,达到一个统一的、互联的教育网络。

无线传感器网产业需要复合型人才,至少具备 4 方面的特征,包括掌握跨学科的综合性的知识与技能、掌握无线传感器网相关知识与技术、掌握特定行业领域的专门知识以及具备创新实践能力。目前国内已有 30 余所大学开设了无线传感器网专业。有超过 400 所高校建立无线传感器网实验室。图 7.1 为无线传感器网智能交通管理教学实验平台。

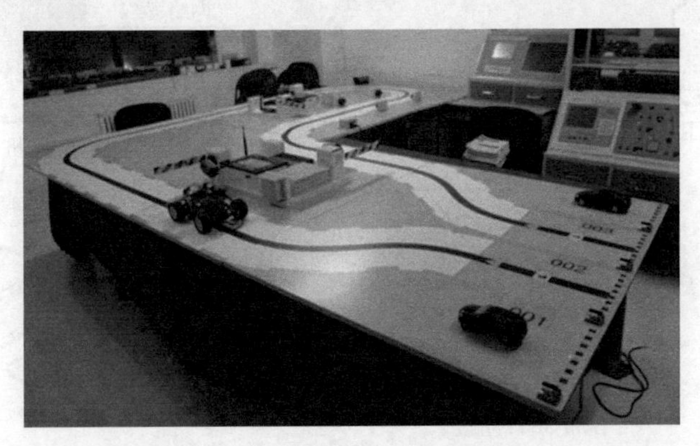

图 7.1 无线传感器网智能交通管理教学实验平台

7.2.2 工业领域

1. 工程机械管理

“工程机械无线传感器网”是借助全球定位系统(GPS)、手机通信网、互联网,实现了工程机械智能化识别、定位、跟踪、监控和管理,使工程机械、操作手、技术服务工程师、代理店、制造厂之间异地、远程、动态、全天候“物物相连、人人相连、物人相连”。

工程机械无线传感器网目前应用广泛。以 NRS 无线传感器网智能管理系统平台为例,提升原本工程机械无线传感器网服务由“信息采集服务”向“数据咨询服务转变”。由原来的现场管理升级为远程监控,由传统的制造转变为制造服务,由原来的被动服务提升为主动服务。功能涉及信息管理、行为管理、价值管理 3 个方面。

(1) 信息管理包括:区域作业密集度管理,故障预警及远程诊断,车辆运维主动式服务,金融按揭安全性服务。

(2) 行为管理包括:作业人员统计管理,作业工时效率性分析,行为与工效油耗分析,操作规范与工效分析。

(3) 价值管理:产品全寿命周期成本管理,行为与员工绩效管理,量本利敏感要素判断,多维大数据决策支持。

以福田的农机信息管理平台为例,如图 7.2 所示,可以对农业所需相关机械车辆进行全球 GPS 定位、锁车、解锁车、设备工时查询、故障报警等操作,这对促进农业生产,提高工作效率有着至关重要的作用。

2. 危险环境监测

如果将传感器网络可用于危险工作环境,那么在煤矿、石油钻井、核电厂和组装线工作的员工将可以得到随时监控。这些传感器网络可以告诉工作现场有哪些员工、他们在做什么,以及他们的安全保障等重要信息。在相关的工厂每个排放口安装相应的无线节点,完成对工厂废水、废气污染元的监测,样本的采集、分析和流量测定。无线传感器网络技术几乎在我们的各项业务中都将得到应用。我们不会仅停留在几十只或几百只的使用规模。最终,这个数字将会数以万计。

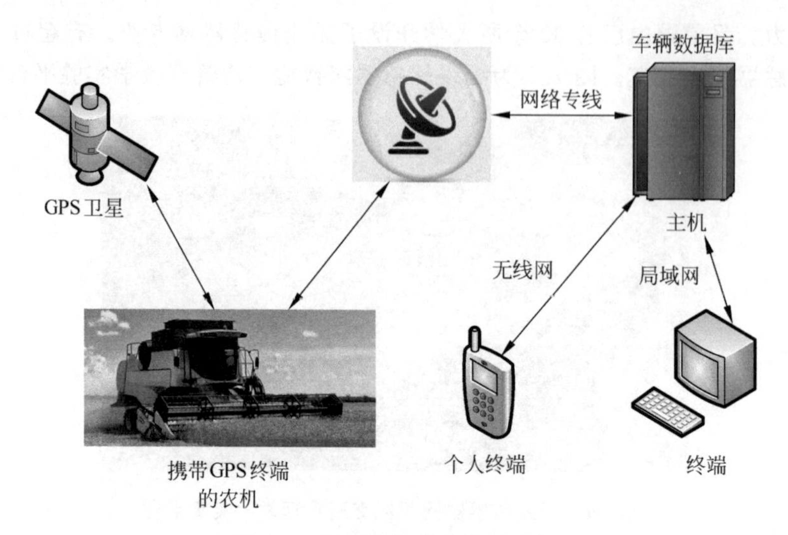

图 7.2　福田农机信息管理平台

煤矿、石化、冶金行业对工作人员安全、易燃、易爆、有毒物质的监测的成本一直居高不下，无线传感器网络把部分操作人员从高危环境中解脱出来的同时，提高险情的反应精度和速度。

我国有大型煤矿六百多家，中型煤矿两千多家，小型煤矿一万余家。煤炭行业对先进的井下安全生产保障系统的需求巨大。陕西彬长矿区的孙斌建高工认为，无线传感器网络对运动目标的跟踪功能、对周边环境的多传感器融合监测功能，使其在井下安全生产的诸多环节有着很大的发展空间。

(1) 北京邮电大学的研究人员开展了煤矿瓦斯报警和矿工定位无线传感器网络系统的研究，一个节点上包括了温湿度传感器、瓦斯传感器、粉尘传感器等。传感器网络经防爆处理和技术优化后，可用于危险工作环境，在煤矿工作的员工及其周围环境将可以得到随时监控。

随着制造业技术的发展，各类生产设备越来越复杂，也越来越精密。现在工作人员从生产流水线到复杂机器设备，都尝试安装相应的传感器节点，以便时刻掌握设备的工作健康状况，及早发现问题并及早处理，从而有效地减少损失，降低事故发生率。

(2) 电子科技大学、中国空气动力研究与发展中心以及北京航天指挥控制中心的研究人员，利用无线传感器网络进行大型风洞测控环境的监测，对旋转机构，气源系统，风洞运行系统，以及其他没有基础设施而有线传感器系统安装又不方便或不安全的应用环境进行全方位检测。

(3) 美国英特尔公司为俄勒冈的一家芯片制造厂安装了 200 台无线传感器，用来监控部分工厂设备的振动情况，并在测量结果超出规定时提供监测报告。英特尔研究中心的主管助理汉斯·穆德尔说，这项计划目前虽然只涵盖了工厂 4000 种可测部件中的少数部件，但是效果却非常显著。如今，研究人员再也不需要每隔两三个月就到每台机器处来回巡视了。

3. 油田监测

无线传感器网络在大型工程项目、防范大型灾害方面也有着良好的应用前景。以我国西气东输及输油管道的建设为例，由于这些管道在很多地方都要穿越大片无人烟的地区，这些地方的管道监控一直都是难题。如果传感器网络技术成熟，仅西气东输这样的一个工程就可能节省上亿元的资金。

石油行业无线传感器网系统主要是使用监控设备和信息系统采集运输油轮数据、码头设备和环境数据、油库数据、原油管道数据等，对这些数据进行整理和分析，将原油运输各个环节的数据进行关联和分析，合理安排船期、实现计算机排罐，提高整个原油运输的效率，同时通过对相关设备和环境的监测，及时掌握设备运行情况，保证整个运输过程的安全可靠。

石油行业无线传感器网系统的总体解决方案包括油库监测系统、原油管道监测系统、原油管道无人机巡线系统等。

7.2.3 农业领域

农业无线传感器网，应用比较广泛的是对农作物的使用环境进行检测和调整。例如：大棚（温室）自动控制系统实现了对影响农作物生长的环境传感数据实时监测，同时根据环境参数门限值设置实现自动化控制现场电气设备，如风扇、加湿器、除湿器、空调、照明设备、灌溉设备等，亦支持远程控制。常用环境监测传感器包括空气温度、空气湿度、环境光照、土壤湿度、土壤温度、土壤水分含量等传感器。亦可支持无缝扩展无线传感器节点，如大气压力、加速度、水位监测、CO、CO_2、可燃气体、烟雾、红外人体感应等传感器。

我国是农业大国，农作物的优质高产对国家的经济发展意义重大。在这些方面，无线传感器网络有着卓越的技术优势。它可用于监视农作物灌溉情况、土壤空气变更、牲畜和家禽的环境状况以及大面积的地表检测。某农业无线传感器网管理平台界面如图 7.3 所示。

(1) 一般一个典型的系统通常由环境监测节点、基站、通信系统、互联网以及监控软硬件系统构成。根据需要，人们可以在待测区域安放不同功能的传感器并组成网络，长期大面积地监测微小的气候变化，包括温度、湿度、风力、大气、降雨量，收集有关土地的湿度、氮浓缩量和土壤 pH 值等，从而进行科学预测，帮助农民抗灾、减灾，科学种植，获得较高的农作物产量。在“九五”计划中，“工厂高效农业工程”已经把智能传感器和传感器网络化的研制列为国家重点项目。以下介绍几种国内外在这个领域所作的一些尝试。

(2) 2002 年，英特尔公司率先在美国俄勒冈建立了世界上第一个无线葡萄园。传感器节点被分布在葡萄园的每个角落，每隔一分钟检测一次土壤温度、湿度或该区域有害物的数量，以确保葡萄可以健康生长。研究人员发现，葡萄园气候的细微变化可极大地影响葡萄酒的质量。通过长年的数据记录以及相关分析，便能精确掌握葡萄酒的质地与葡萄生长过程中的日照、温度、湿度的确切关系。

(3) 北京市科委计划项目“蔬菜生产智能网络传感器体系研究与应用”正式把农用无线传感器网络示范应用于温室蔬菜生产中，如图 7.4 所示。在温室环境里单个温室即可成为无线传感器网络的一个测量控制区，采用不同的传感器节点构成无线网络来测量土壤湿度、土壤成分、pH 值、降水量、温度、空气湿度和气压、光照强度、CO_2 浓度等，来获得农作物生长的最佳条件，为温室精准调控提供科学依据。最终使温室中传感器、执行机构标准化、数字化、网络化，从而达到增加作物产量、提高经济效益的目的。

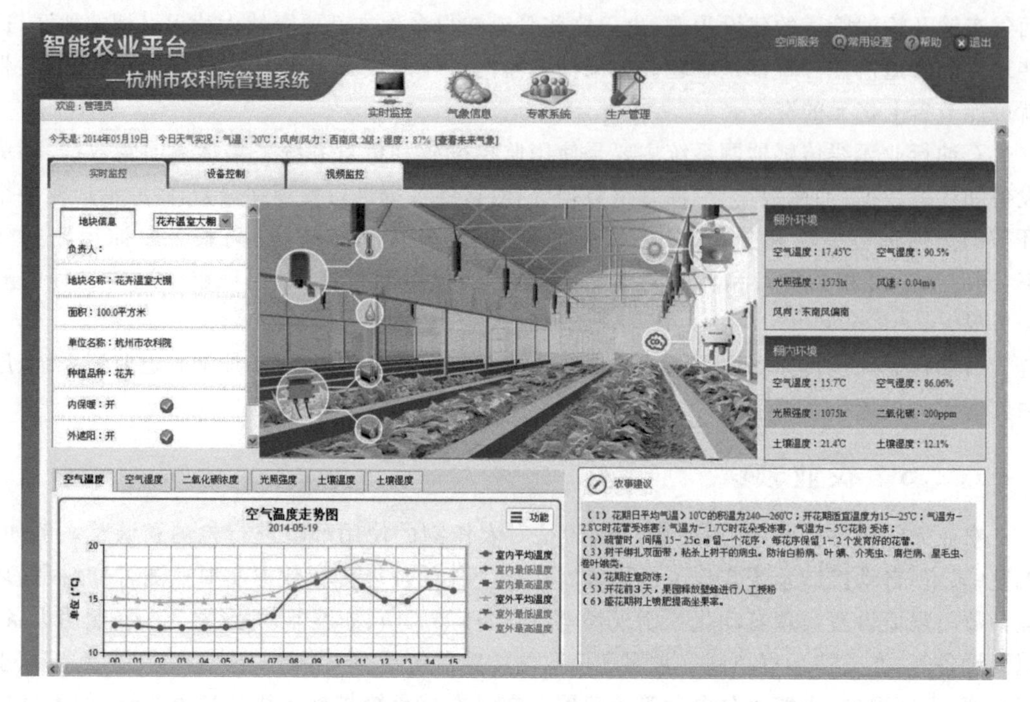

图 7.3　某农业无线传感器网管理平台界面

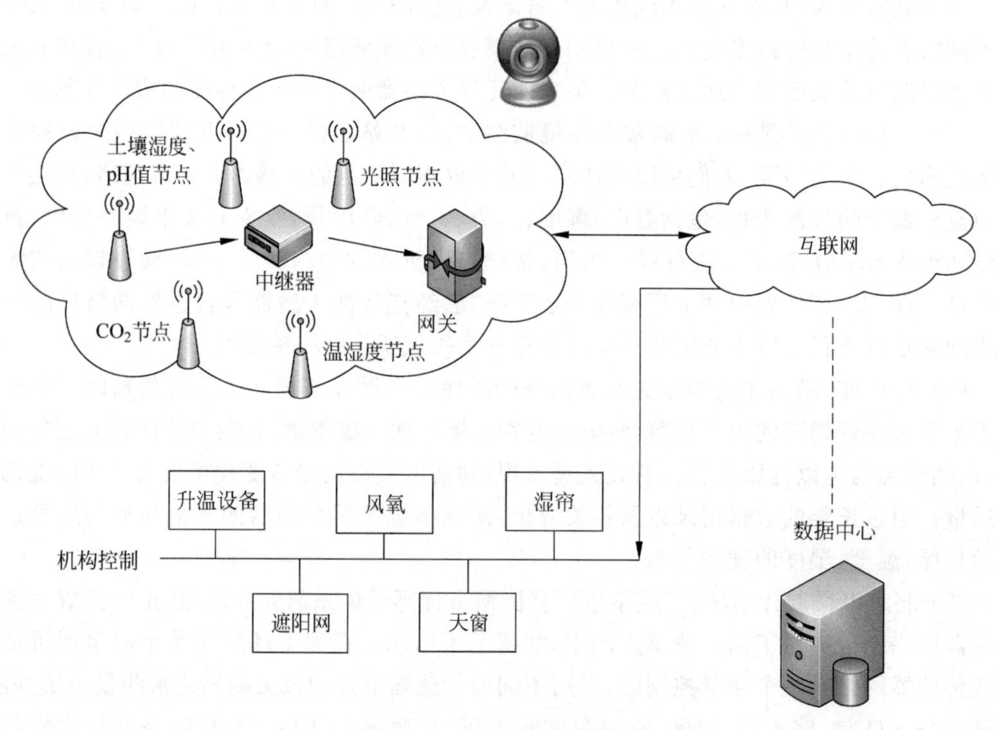

图 7.4　蔬菜生产智能网络传感器示意图

7.2.4 建筑领域

我国正处在基础设施建设的高峰期，各类大型工程的安全施工及监控是建筑设计单位长期关注的问题。采用无线传感器网络，可以让大楼、桥梁和其他建筑物能够自身感觉并意识到它们的状况，使得安装了传感器网络的智能建筑自动告诉管理部门它们的状态信息，从而可以让管理部门按照优先级进行定期的维修工作。

1. 塔机智能化监控管理系统

塔机智能化的监控管理系统，主要针对检测状态、危险距离预警、故障诊断、信息回传、工程调度等方面工作。例如实时显示额定载重量、当前风速、回转角度、当前载重等。塔机智能化监控管理系统管理界面如图 7.5 所示。

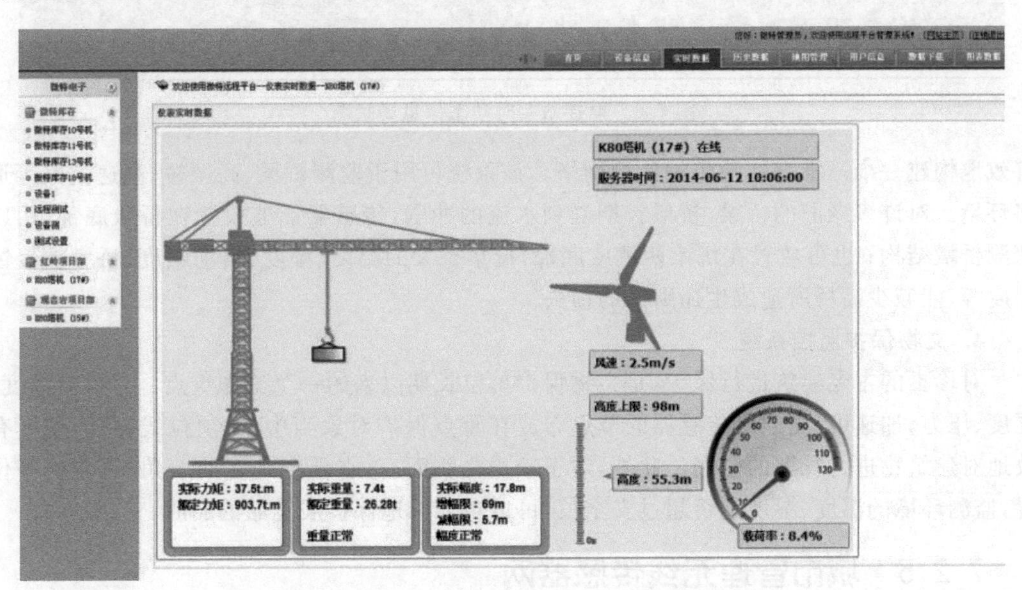

图 7.5 塔机智能化监控管理系统管理界面

2. 商用混凝土搅拌站远程监控

对生产设备的远程诊断和远程维护已经成为当前自动化技术中的一部分。尤其对于那些容易诊断和容易排除的错误，派一个服务工程师到现场解决，既增加工程师的工作负荷，又花费时间，而且费用也相应增加。为了缩短故障的诊断与恢复时间，提高有经验的高级工程师的工作效率，那么远程诊断和编程就是必备的部分。例如："商用混凝土搅拌站产品远程售后服务系统"可以在远程实现对 PLC 站进行编程和调试。可实现混凝土搅拌站的远程控制和数据监控。

值得一提的是，三维虚拟仿真技术在无线传感器网的应用，给商用混凝土搅拌站的无线传感器网应用开创了新的时代。系统实现搅拌站与车辆实时运行状态模拟功能。以动画形式呈现搅拌站实时动态信息，其中可包括工程名称、施工配比、搅拌站配料情况及其他原材料配料情况，搅拌站场景如图 7.6 所示。

3. 桥梁结构监测系统

利用适当的传感器，例如压电传感器、加速度传感器、超声传感器、湿度传感器等，可以

图 7.6　搅拌站实时动态信息场景图

有效地构建一个三维立体的防护检测网络。该系统可用于监测桥梁、高架桥、高速公路等道路环境。对许多老旧的桥梁，桥墩长期受到水流的冲刷，传感器能够放置在桥墩底部、用以感测桥墩结构；也可放置在桥梁两侧或底部，搜集桥梁的温度、湿度、震动幅度、桥墩被侵蚀程度等，能减少断桥所造成生命财产的损失。

4. 文物保护监控系统

对珍贵的古老建筑进行保护，是文物保护单位长期以来的一个工作重点。将具有温度、湿度、压力、加速度、光照等传感器的节点布放在重点保护对象当中，无须拉线钻孔，便可有效地对建筑物进行长期的监测。此外，对于珍贵文物而言，在保存地点的墙角、天花板等位置，监测环境的温度、湿度是否超过安全值，可以更妥善地保护展览品的品质。

7.2.5　城市管理无线传感器网

城市无线传感器网利用互联网的信息管理平台、二维码扫描、GPS 定位等技术，是更贴近人们生活的一种应用，现在变得更加直观。比如儿童和老人的行踪掌控、公路巡检、贵重货物跟踪，追踪与勤务派遣、个人财务跟踪、宠物跟踪、各类车辆的防盗等 GPS 定位、解锁车、报警提示应用。

针对环卫车辆可以对车辆进行实时的 GPS 定位、状态监控、车辆信息查询、运行状态等工作，例如：需要知道目前城市的某区有多少环卫车辆，处于哪个街道，操作员，工作情况，计划任务等，同时又可以根据实际情况进行工作调度，对故障做提前的预警，对突发情况应急处理，对重要的问题着重处理等。

7.2.6　医疗卫生领域

无线传感器网络在检测人体生理数据、老年人健康状况、医院药品管理以及远程医疗等方面可以发挥出色的作用。在病人身上安置体温采集、呼吸、血压等测量传感器，医生可以远程了解病人的情况，如图 7.7 所示。利用传感器网络长时间地收集人的生理数据，这些数据在研制新药品的过程中非常有用。

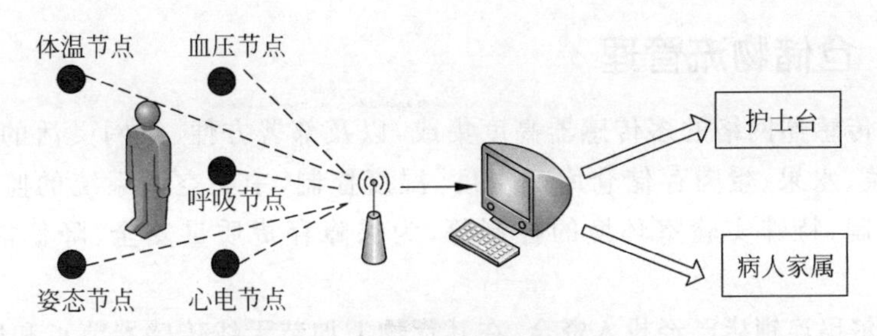

图 7.7 病人生理数据监测系统

7.2.7 环境监测

我国幅员辽阔，物种众多，环境和生态问题严峻。无线传感器网络可以广泛地应用于生态环境监测、生物种群研究、气象和地理研究、洪水或火灾检测。以下列出一些常见的应用领域：

- 可通过跟踪珍稀鸟类、动物和昆虫的栖息、觅食习惯等进行濒临种群的研究等；
- 可在河流沿线分区域布设传感器节点，随时监测水位及相关水资源被污染的信息；
- 在山区中的泥石流、滑坡等自然灾害容易发生的地方布设节点，可提前发出预警，以便做好准备，采取相应措施，防止进一步的恶性事故的发生；
- 可在重点保护林区铺设大量节点随时监控内部火险情况，一旦有危险，可立刻发出警报，并给出具体方位及当前火势大小；
- 布放在地震、水灾、强热带风暴灾害地区、边远或偏僻野外地区，用于紧急和临时场合应急通信。

(1) 2002 年，由英特尔的研究小组和加州大学伯克利分校以及巴港大西洋大学的科学家把无线传感器网络技术应用于监视大鸭岛海鸟的栖息情况。位于美国缅因州海岸大鸭岛上的海燕由于环境恶劣，海燕又十分机警，研究人员无法采用通常方法进行跟踪观察。为此他们使用了包括光、湿度、气压、红外、图像传感器在内的近 10 种类型传感器的数百个节点，通过自组织无线网络，将数据传输到 300ft 外的基站计算机内，再由此经卫星传输至加州的服务器。全球的研究人员都可以通过互联网察看该地区各个节点的数据，掌握第一手的环境资料，为生态环境研究者提供了一个极为有效便利的平台。

(2) 2005 年，澳大利亚的科学家利用无线传感器网络来探测北澳大利亚蟾蜍的分布情况。由于蟾蜍的叫声响亮而独特，因此利用声音作为检测特征非常有效。科研人员将采集到的信号在节点上就地处理，然后将处理后的少量结果数据发回给控制中心。通过处理，就可以大致了解蟾蜍的分布、栖息情况。

(3) 上海交通大学自动化系基于气体污染源浓度衰减模型，开展了气体源预估定位系统。同样，该项技术也可推广到放射性元素、化学元素等的跟踪定位中。

研究人员认为，我国有许多优秀的自然风景区，由于地形复杂，面积庞大，对整个景区的管理或进行搜救工作带来极大困难。如果将传感器网络节点广泛铺设于景区，而且进入景区的每个游人配备一个有源节点，这样既方便管理，也可以在游客出现问题时尽快发现位置并及时解决。为提高服务质量，保障人员安全带来双赢的效果。

7.2.8 仓储物流管理

利用无线传感器网络的多传感器高度集成，以及部署方便、组网灵活的特点，可用来进行粮食、蔬菜、水果、蛋肉存储仓库的温度、湿度控制，中央空调系统的监测与控制，以及厂房环境控制，特殊实验室环境的控制等，为保障存货质量安全、降低能耗提供解决方案。

著名的沃尔玛连锁店已经投入资金，在其货物上加装无线传感器节点和射频识别条型码芯片(RFID)，以保证其各类货物处在最佳的储藏环境，同时，使该公司和供应商能够跟踪从生产到收款台的商品流向。

7.2.9 智能家居

智能家居方面的应用直接贴近人们的生活，它关系到人们的生活起居，更与人们的财物安全息息相关。我们可以通过智能家居的无线传感器网络，进行室内到室外的电控、声控、感应控制、健康预警、危险预警等，比如声控电灯、窗帘按时间自动挂起、感应器感应到煤气泄漏、空气污染指数过高、非法入侵检测、室外摄像检测等多方面的功能应用。无线传感器网络在智能家居系统应用示意图见图 7.8。

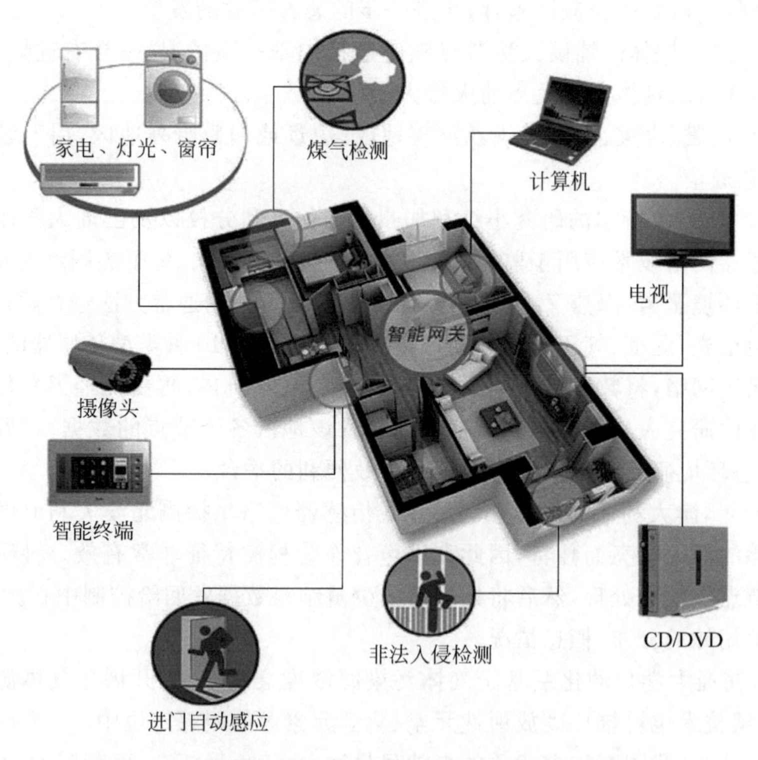

图 7.8 无线传感器网络在智能家居系统应用示意图

智能家居系统的设计目标是将住宅内的各种家居设备联系起来，使它们能够自动运行，相互协作，为居住者提供尽可能多的便利和舒适。

7.2.10 军事领域

在军事领域应用方面，该项技术的远景目标是：利用飞机或火炮等发射装置，将大量廉价传感器节点按照一定的密度布放在待测区域内，对周边的各种参数，如温度、湿度、声音、磁场、红外线等各种信息进行采集，然后由传感器自身构建的网络，通过网关、互联网、卫星等信道传回信息中心。

该技术可用于敌我军情监控。在友军人员、装备及军火上加装传感器节点以供识别，随时掌控己方情况。通过在敌方阵地部署各种传感器，做到知己知彼，先发制人。另外，该项技术可用于智慧型武器的引导器，与雷达、卫星等相互配合，利用自身接近环境的特点，可避免盲区，使武器的使用效果大幅度提升。

(1) 2005 年，美国军方成功测试了由美国 Crossbow 产品组建的枪声定位系统。如图 7.9 所示，节点被安置在建筑物周围，能够有效地按照一定的程序组建成网络进行突发事件(如枪声、爆炸源等)的检测，为救护、反恐提供有力手段。图 7.9 中圆点标注为狙击手的位置。

图 7.9　狙击手定位系统图

(2) 美国科学应用国际公司采用无线传感器网络，构筑了一个电子周边防御系统，如图 7.10 所示，为美国军方提供军事防御和情报信息。在这个系统中，采用多枚微型磁力计传感器节点来探测某人是否携带枪支，以及是否有车辆驶来；同时，利用声传感器，该系统还可以监视车辆或者移动人群。

无线传感器网络具有可快速部署、可自组织、隐蔽性强和高容错性的特点，因此非常适合在军事上应用。利用无线传感器网络能够实现对敌军兵力和装备的监控、战场的实时监视、目标的定位、战场评估、核攻击和生物化学攻击的监测和搜索等功能。目前国际许多机构的课题都是以战场需求为背景展开的。例如，美军开展的如 C4KISR 计划、灵巧传感器网络通信、无人值守地面传感器群、传感器组网系统、网状传感器系统 CEC 等。

图 7.10 检测区域俯瞰图

第 2 篇

ARTICLE 2

实践部分

第8章 软件平台的搭建

CHAPTER 8

8.1 IAR EW8051 集成开发环境及其使用

IAR Embedded Workbench(简称 EW)的 C/C++交叉编译器和调试器是目前世界上较完整的和较为容易使用的专业嵌入式应用开发工具。EW 对不同的微处理器提供一样直观的用户界面。EW 现已支持 35 种以上的 8 位/16 位 32 位 ARM 的微处理器结构。

EW 包括嵌入式 C/C++优化编译器、汇编器、连接定位器、库管理员、编辑器、项目管理器和 C-SPY 调试器。使用 IAR 的编译器最优化、最紧凑的代码,节省硬件资源,最大限度地降低产品成本,提高产品竞争力。

WARM 是 IAR 目前发展很快的产品,EWARM 已经支持 ARM7/9/10/11XSCALE,并且在同类产品中具有明显价格优势。其编译器可以对一些 SOC 芯片进行专门的优化,如 Atmel、TI、ST、Philips。除了 EWARM 标准版外,IAR 公司还提供 EWARM BL(256K)的版本,方便了不同层次客户的需求。

IAR Embedded Workbench 集成的编译器主要产品特征如下:

- 高效 PROMable 代码;
- 完全标准 C 兼容;
- 内建对应芯片的程序速度和大小优化器;
- 目标特性扩充;
- 版本控制和扩展工具支持良好;
- 便捷的中断处理和模拟;
- 瓶颈性能分析;
- 高效浮点支持;
- 内存模式选择;
- 工程中相对路径支持。

8.1.1 IAR 安装

IAR 如同 Windows 操作系统一样进行安装,单击 setup. exe 进行安装,将会看到如图 8.1 所示的界面。

单击 Next 按钮至下一步,将分别需要填写名字、公司以及认证序列号,如图 8.2 所示。

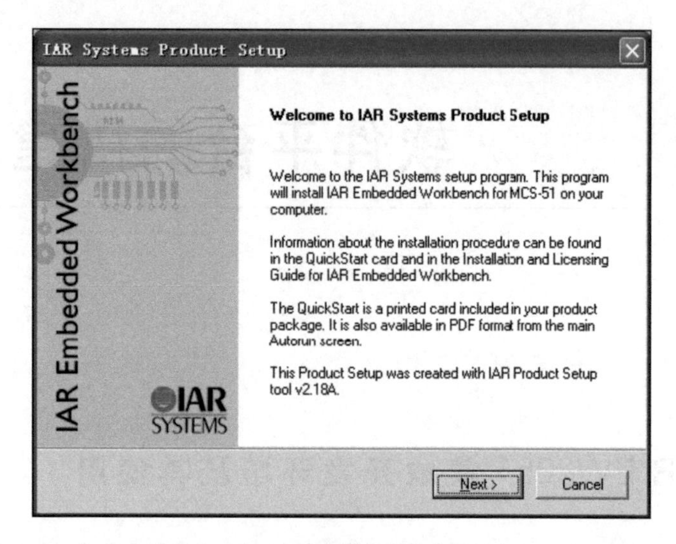

图 8.1　IAR 安装向导

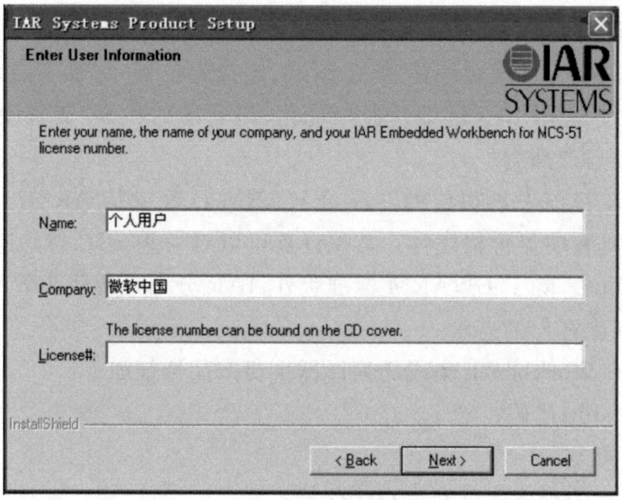

图 8.2　序列号输入

打开 keygen.exe，Product 选择 Embedded Workbench For MCS-51 v7.50A，然后单击 Get ID 按钮，单击 Generate 按钮产生 License number 和 License key，如图 8.3 所示。

复制 License number 填入 License#，单击 Next 按钮至下一步，复制产生的 License key(包括最后的#)，一并填入 License key，不选择 Read License Key From File，如图 8.4 所示。

输入序列号码正确后，单击 Next 按钮到下一步。如图 8.5 所示，选择完全安装或典型安装，在这里选择完全安装。

单击 Next 按钮到下一步，在这里将查证已输入的信息是否正确，如图 8.6 所示。如果需要修改，单击 Back 返回即可修改。

单击 Next 按钮正式开始安装，如图 8.7 所示。在这里将看到安装进度，这将需要几分钟时间的等待，现在需要耐心等待。

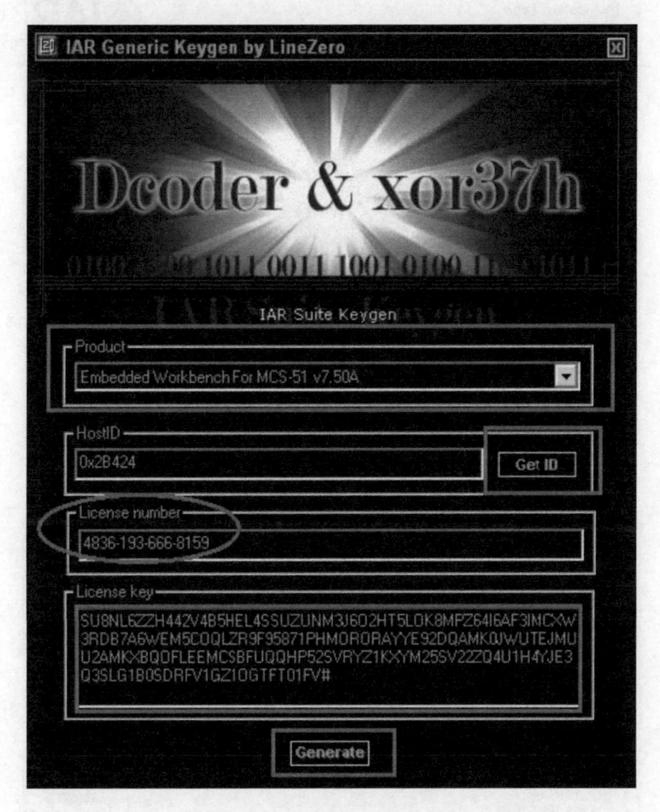

图 8.3　软件序列号生成

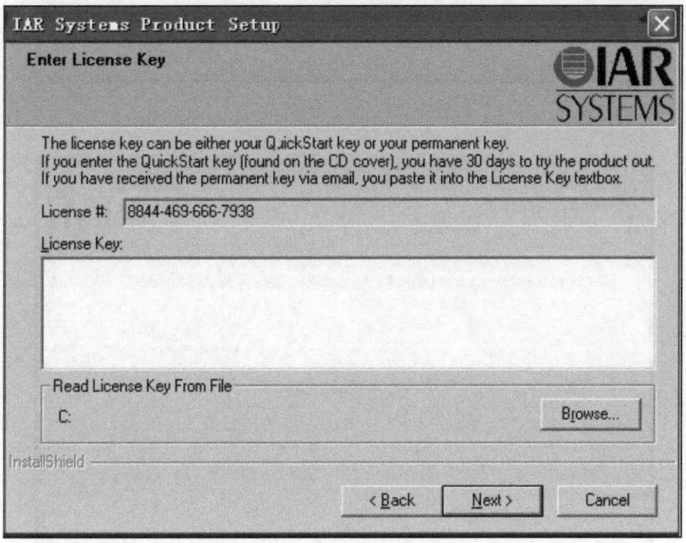

IAR Systems Product Setup

Enter License Key

IAR SYSTEMS

The license key can be either your QuickStart key or your permanent key.
If you enter the QuickStart key (found on the CD cover), you have 30 days to try the product out.
If you have received the permanent key via email, you paste it into the License Key textbox.

License #: 8844-469-666-7938

License Key:

Read License Key From File

C:

Browse...

InstallShield

< Back　Next >　Cancel

图 8.4　序列号码输入

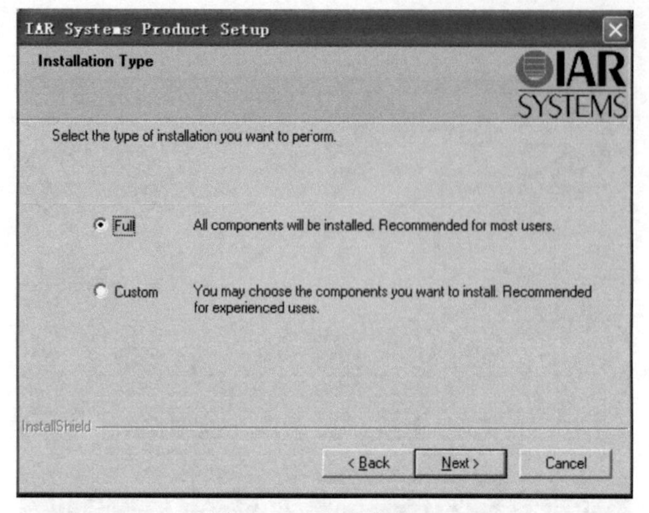

图 8.5　选择安装类型

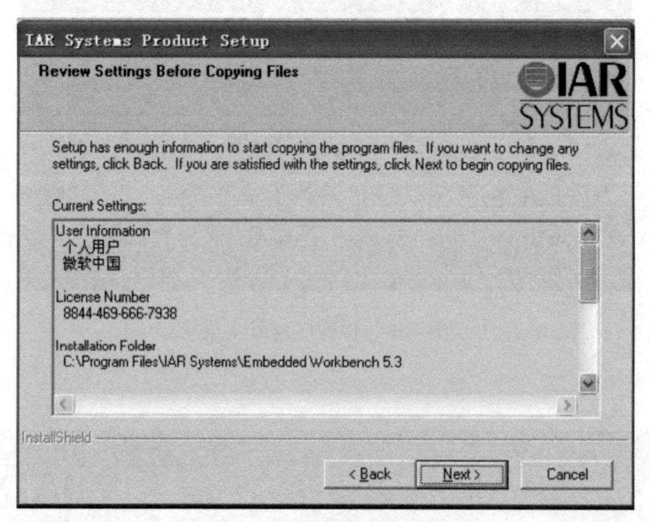

图 8.6　查证输入信息

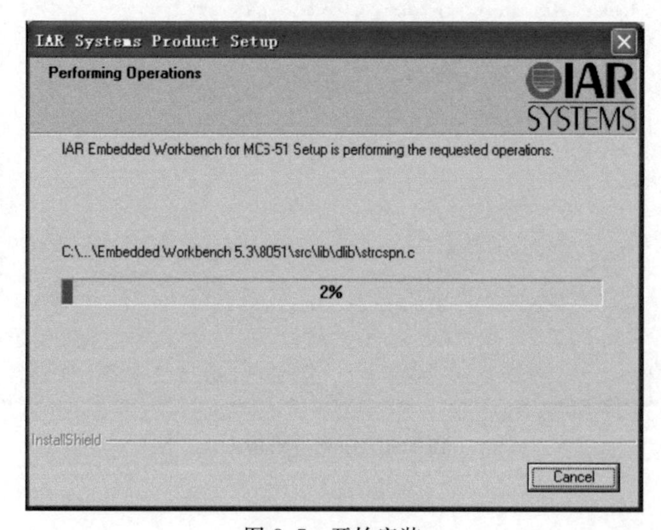

图 8.7　开始安装

当进度到100%时，它将跳到下一个界面，如图8.8所示。在此可选择查看IAR的介绍以及是否立即运行IAR开发集成环境，单击Finish按钮完成安装。

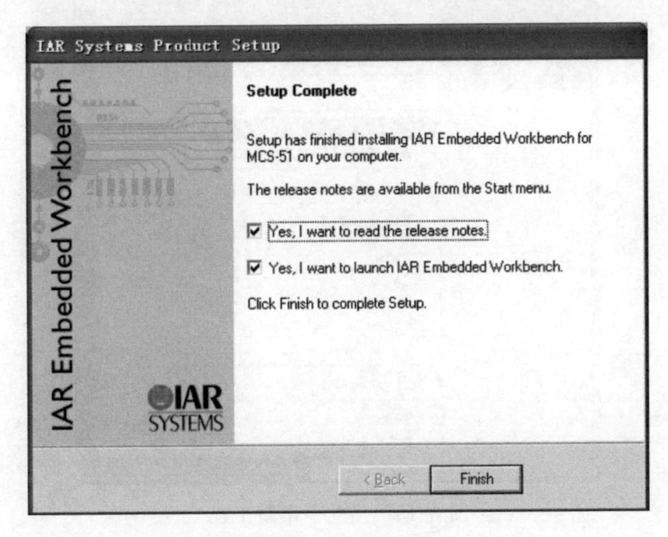

图8.8 完成安装

安装完成后，可以从“开始”菜单找到刚安装的IAR软件，如图8.9所示。

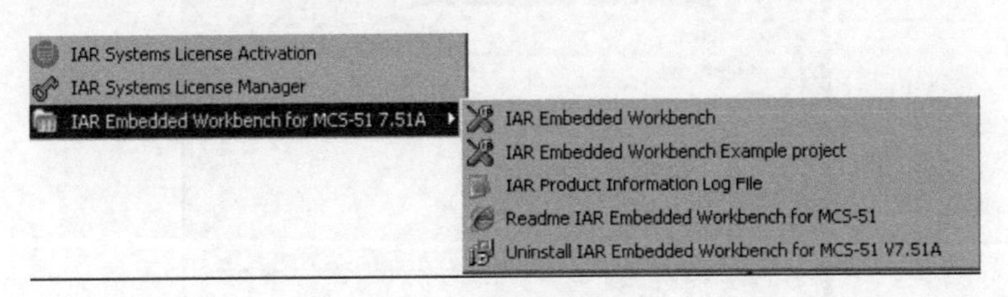

图8.9 IAR软件

8.1.2 IAR软件的使用

1. 创建一个工作区窗口

在计划使用IAR开发环境时，首先应建立一个新的工作区。在一个工作区中可创建一个或多个工程。用户打开IAR Embedded Workbench时，已经建好一个工作区，可选择打开最近使用的工作区或向当前工作区添加新的工程。

选择File→New→Workspace，现在用户已经建好一个工作区，可创建新的工程并把它放入工作区。

2. 建立一个新工程

单击Project菜单，选择Greate New Project，如图8.10所示。

弹出图8.11所示的建立新工程对话框，确认Tool chain栏已经选择8051，在Project templates：栏选择Empty project，单击OK按钮。

根据需要选择工程保存的位置，更改工程名，如ledtest，单击“保存”按钮，如图8.12所示，这样便建立了一个空的工程。

这样工程就出现在工作区窗口中了，如图8.13所示。

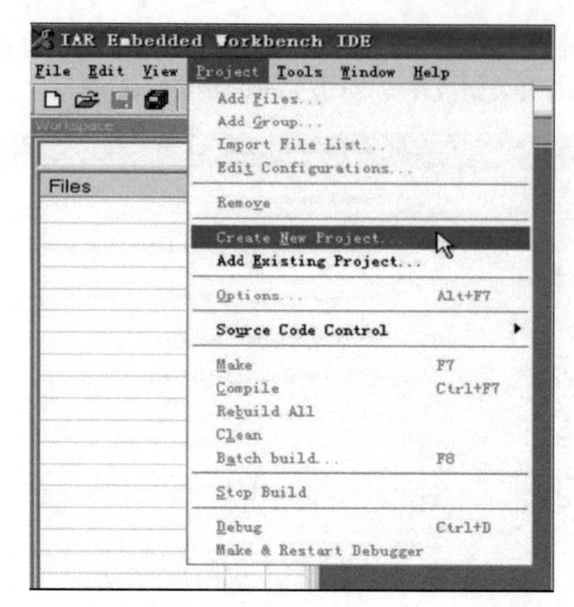

图 8.10 建立一个新工程

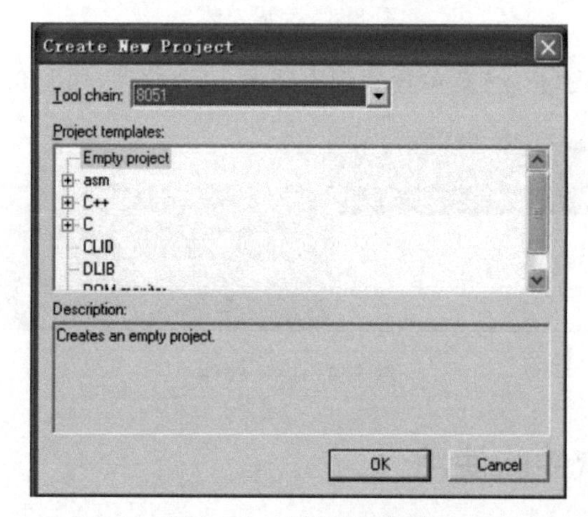

图 8.11 选择工程类型

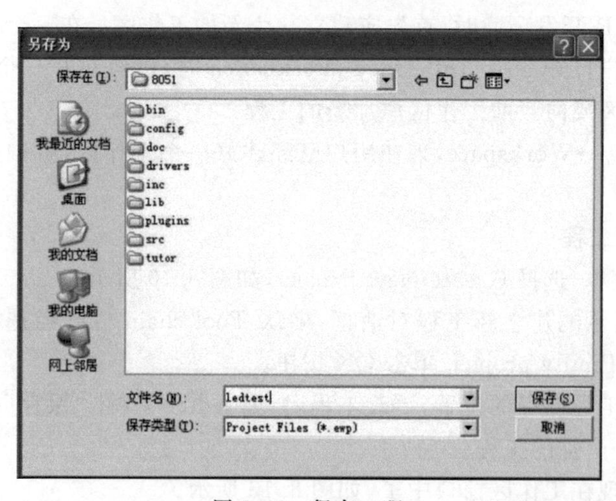

图 8.12 保存工程

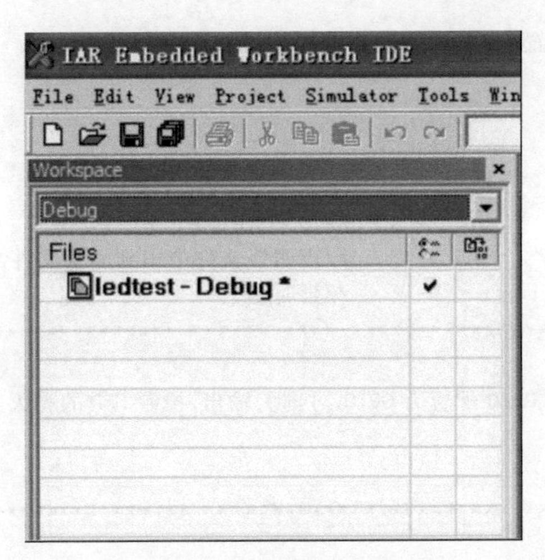

图 8.13　工作区窗口中的工程

系统产生两个创建配置：调试和发布。在这里我们只使用 Debug 即调试。项目名称后的星号(＊)表示修改还没有保存。选择菜单 File→Save Workspace，保存工作区文件，并指明存放路径，这里把它放到新建的工程目录下，单击“保存”按钮来保存工作区，如图 8.14 所示。

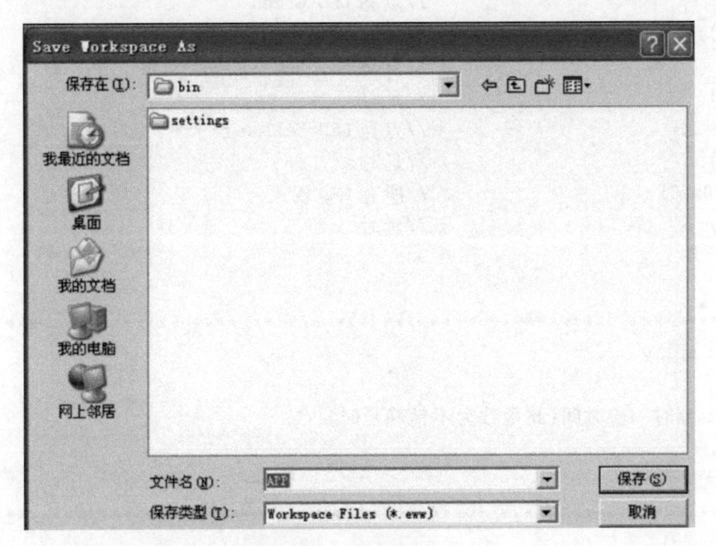

图 8.14　保存工作区

3. 添加文件或新建程序文件

选择菜单 Project\Add File 或在工作区窗口中，在工程名上单击右键，在弹出的快捷菜单中选择 Add File，弹出文件打开对话框，选择需要的文件单击“打开”按钮后退出。

如果没有建好的程序文件，也可单击工具栏上的文件夹图标或选择菜单 File→New→File 新建一个空文本文件，向文件里添加程序清单 1 代码。

程序清单 1 如下：

```
/*************************************************************************
* 文件名: GPIO.c
* 功 能: GPIO 输出实验
```

```
* 将 CC2530 的 P1.0 配置为 GPIO,方向为输出,控制 LED 的亮灭
* 注 意:
* LED_Green = P1.0
* LED_red = P1.1
* LED_Yellow = P1.4
/
#include "ioCC2530.h"                  //声明该文件中用到的头文件
void delay(void);                      //延时函数
/****************************************************************************
* 函数名称: main
* 功能描述: CC2530 的 P1.0 配置为 GPIO,方向为输出,控制 LED 的亮灭
* 参 数: 无
* 返回值: 无
**************************************************************************/
 void main( void )
{
     P1SEL &= 0xEC;                    //将 P1.0,P1.1,P1.4 引脚设置为 GPIO 模式
     P1DIR |= 0x13;                    //设置 P1.0,P1.1,P1.4 为输出方式
  while(1)
  {
    P1_0 = 1;                          //点亮 LED_Green
    delay();                           //延时
    P1_1 = 1;                          //点亮 LED_Red
    delay();                           //延时
    P1_4 = 1;                          //点亮 LED_Yellow
    delay();                           //延时
    P1 &= 0xEC;                        //所有 LED 权灭
    delay();                           //延时
    }
}
/****************************************************************************
* 函数名称: delay
*
* 功能描述: 延时一段时间(此函数为不精确延时)
* 参 数: 无
* 返回值: 无
***************************************************************************/
void delay(void)
{
 unsigned int i;
 unsigned char j;
for(i = 0;i < 1000;i++)
{
 for(j = 0;j < 200;j++)
    {
       asm("NOP");
       asm("NOP");
       asm("NOP");
    }
   }
}
```

选择菜单 File→Save 弹出“保存为”对话框，如图 8.15 所示。

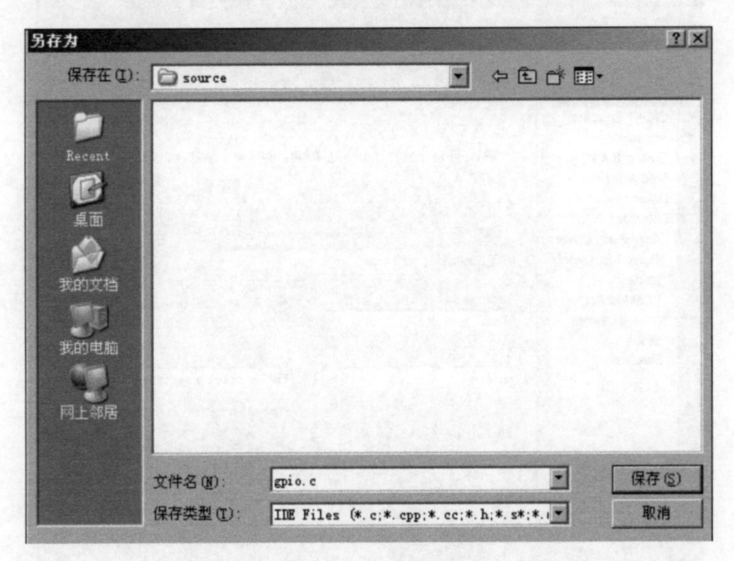

图 8.15 保存程序文件

新建一个 source 文件夹，将文件名改为 gpio.c 后保存到 source 文件夹下。按照前面添加文件的方法将 gpio.c 添加到当前工程中，完成的结果如图 8.16 所示。

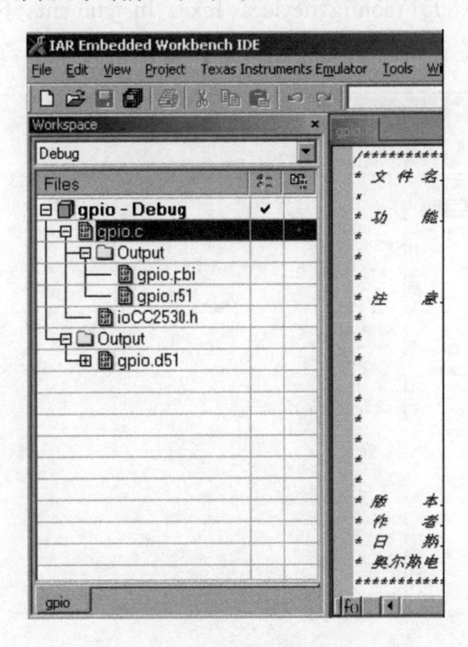

图 8.16 添加程序文件后的工程

4. 设置工程选项参数

选中左侧 Files 选项卡下的工程名，单击 Project 菜单下的 Options，配置与 CC2530 相关的选项。

(1) Target 标签：按图 8.17 所示配置 Target，选择 Code model 和 Data model，以及其他参数。

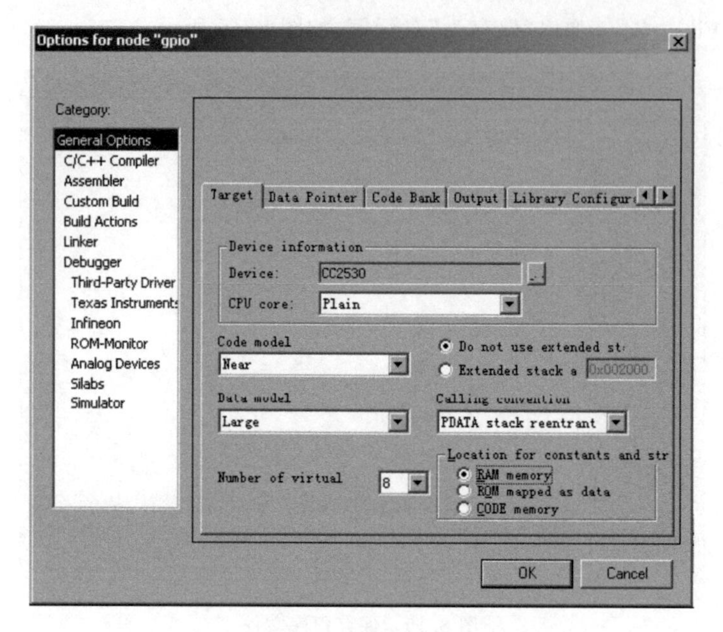

图 8.17　配置 Target

单击 Derivative information 栏后边的按钮，选择程序安装位置，例如 IAR Systems\Embedded Workbench 5.3\8051\config\devices\Texas Instruments 下的文件\CC2530.i51。

(2) Data Pointer 标签：如图 8.18 所示，选择数据指针 1 个，16 位。

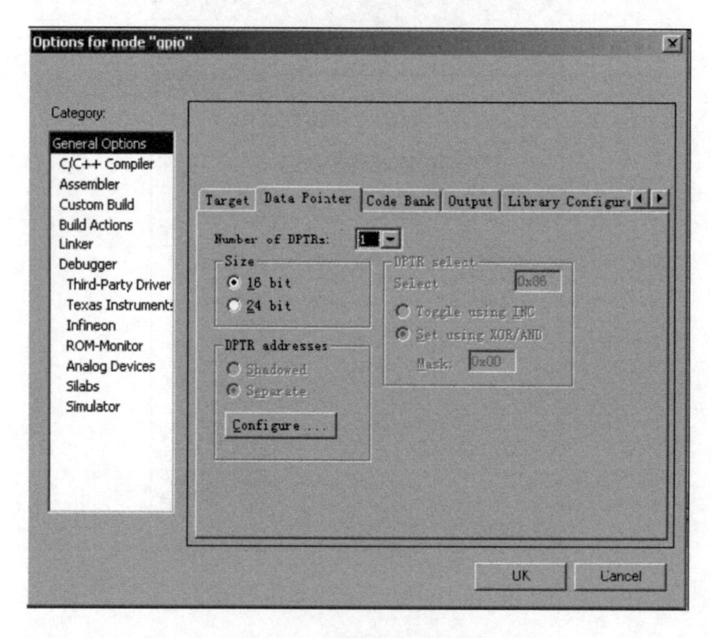

图 8.18　数据指针选择

(3) Stack/Heap 标签：如图 8.19 所示，将 XDATA 栈大小修改为 0x1FF。

(4) Output 标签：单击 Options 对话框左侧 Category 下拉列表中的 Linker 选项，配置相关的选项。在 Output 标签中选中 Override default，可以在下面的文本框中更改输出文

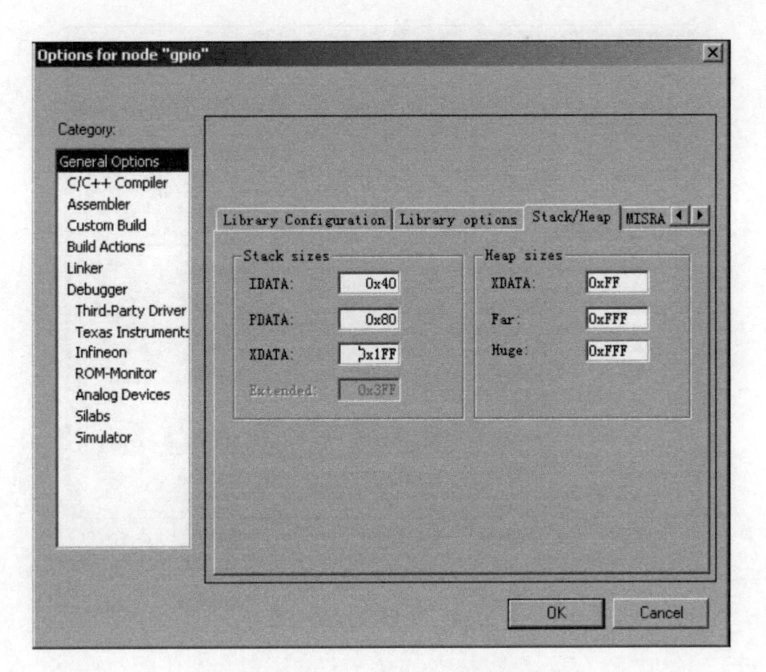

图 8.19　Stack/Heap 设置

件名。如果要用 C-SPY 进行调试，选中 format 下面的 Debug information for C-SPY，如图 8.20 所示。

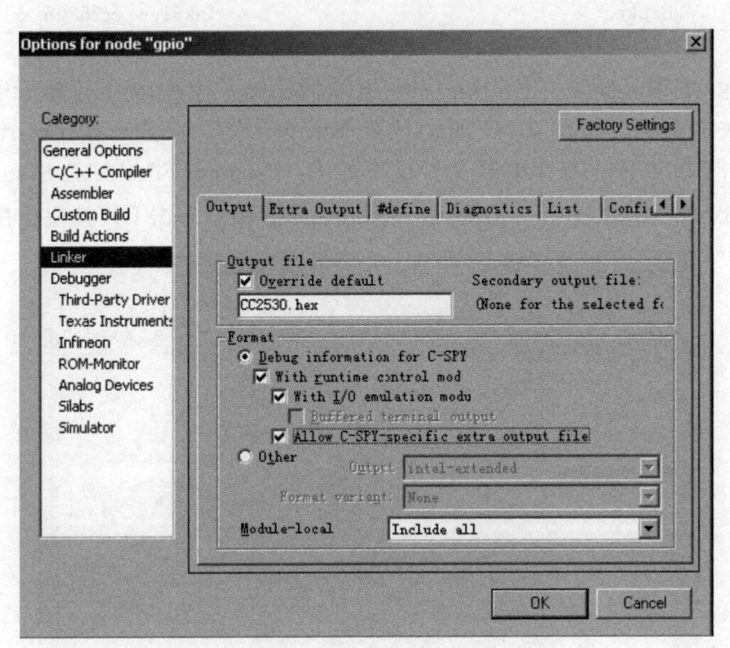

图 8.20　输出文件设置

(5) Config 标签：如图 8.21 所示，单击 Linker command file 栏文本框右边的按钮，选择正确的连接命令文件，如表 8.1 所示。

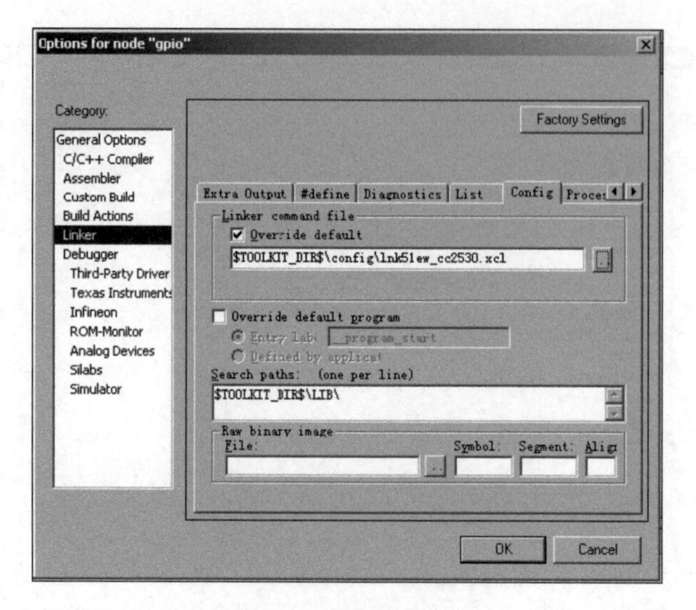

图 8.21 选择连接命令文件

表 8.1 Code Model 关系表

Code Model	File
Near	Ink51ew_cc2530. xcl
Banked	Ink51ew_cc2530b. xcl

(6) Debugger 相关标签：单击 Options 对话框左侧 Category 下拉列表中的 Debugger 选项，配置相关的选项。按图 8.22 所示设置 Setup 标签。在 Device Description file 选择 CC2530. ddf 文件，其位置在程序安装文件夹下如 C:\Program Files\IAR Systems\Embedded Workbench 5. 3\8051\config\devices\Texas Instruments。最后单击 OK 按钮保存设置。

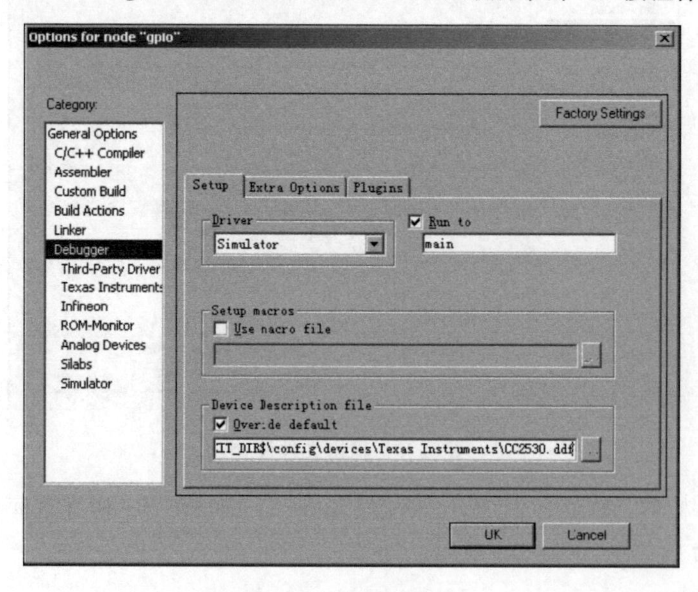

图 8.22 配置调试器

5. 编译、连接、下载

选择 Project→Make 或按 F7 键编译并连接工程，如图 8.23 所示。

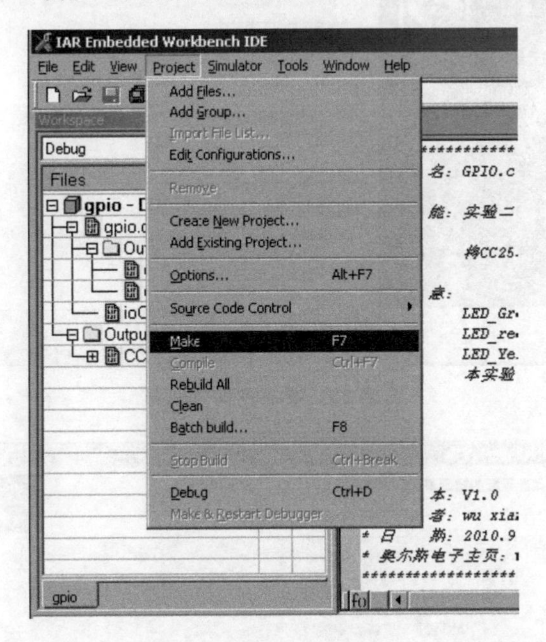

图 8.23 编译和连接工程

成功编译工程，并且没有错误信息提示后，按照图 8.24 所示连接硬件系统。

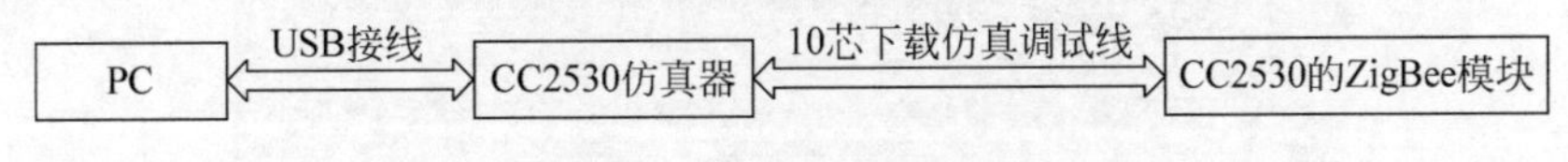

图 8.24 硬件连接结构图

选择 IAR 集成开发环境中菜单 Project→Debug 或按快捷键 Ctrl＋D 进入调试状态，也可单击工具栏上按钮进入程序下载，程序下载完成后，IAR 将自动跳转至仿真状态。

6. 安装仿真器驱动

安装仿真器驱动前确认 IAR Embedded Workbench 已经安装，手动安装适用于系统以前没有安装过仿真器驱动的情况。将 CC2530 多功能仿真器通过实验箱附带的 USB 线(A 型转 B 型)连接到 PC，在 Windows XP 系统下，系统找到新硬件后提示如下对话框，选择“从列表或指定位置安装”，单击“下一步”按钮，如图 8.25 所示。

如图 8.26 所示设置好驱动安装选项，单击“浏览”按钮选择驱动所在路径。驱动文件在 IAR 程序安装目录下，默认为 C:\Program Files\IAR Systems\Embedded Workbench 5.3\8051\drivers\Texas Instruments。

系统安装完驱动后提示完成对话框，单击“完成”按钮退出安装。

7. 仿真调试

完成 CC2530 多功能仿真器驱动后，通过 USB 线把 ZigBee 硬件平台与计算机连接后，进入 IAR 开发环境进行仿真调试。选择菜单 Project→Debug 或按快捷键 Ctrl＋D 进入调试状态，也可按工具栏上按钮进入调试，如图 8.27 所示。

进入调试后，整体窗口如图 8.28 所示。

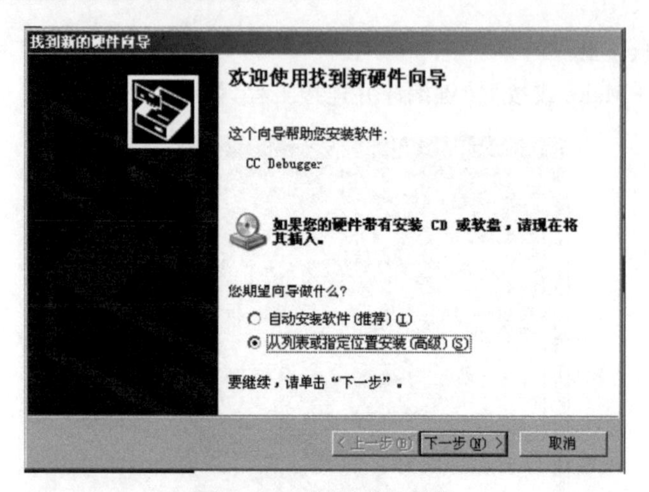

图 8.25　系统找到仿真器

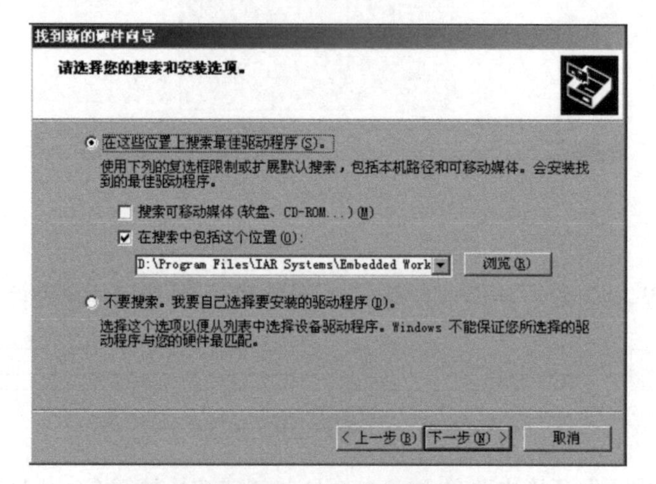

图 8.26　安装驱动文件

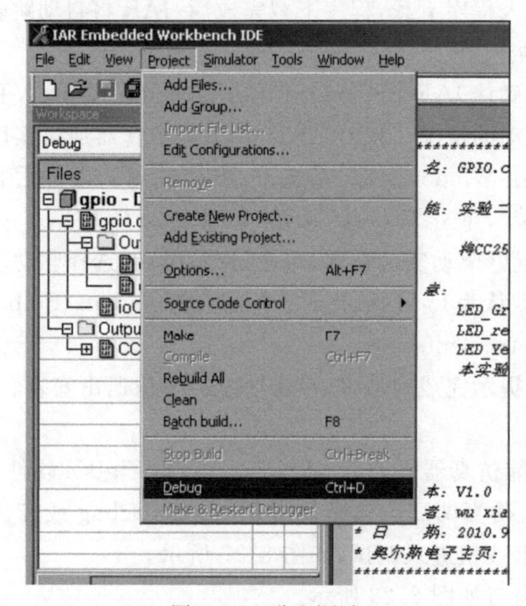

图 8.27　进入调试

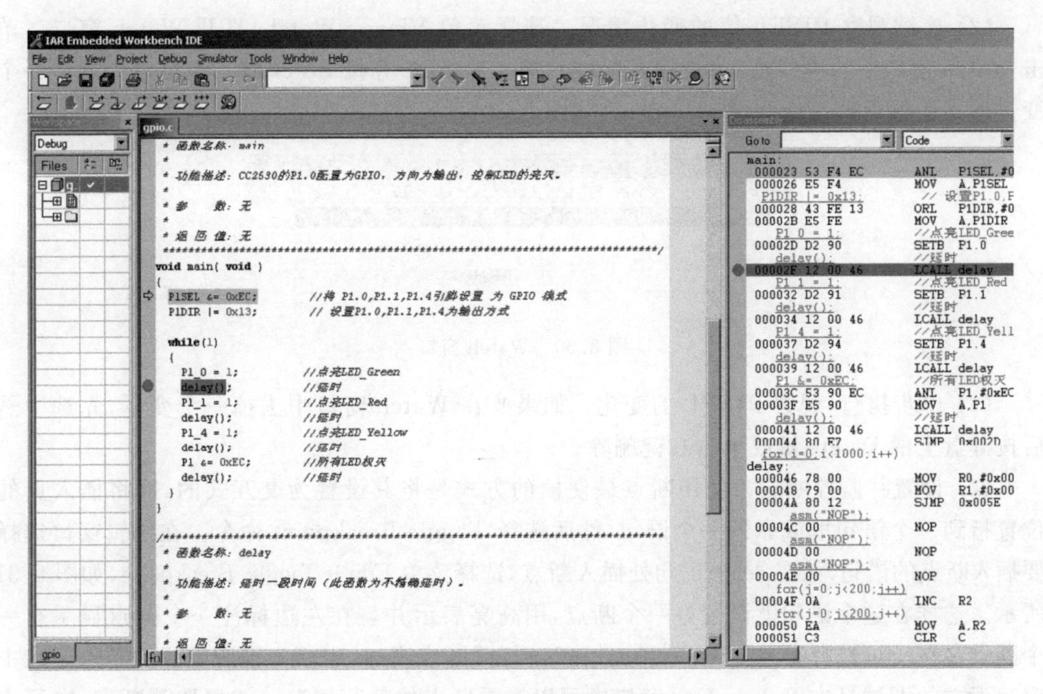

图 8.28　程序调试界面

调试窗口管理过程如下：

在 IAR Embedded Workbench 中用户可以在特定的位置停靠窗口，并利用标签组管理它们。也可以使某个窗口处于悬浮状态，即让它始终停靠在窗口的上层。状态栏位于主窗口底部，包含了如何管理窗口的帮助信息。更详细信息参见帮助文件中的 EW8051_UserGuide。

查看源文件语句如下：

(1) Step Into：执行内部函数或子进程的调用。

(2) Step Over：每步执行一个函数调用。

(3) Next statement：每次执行一个语句。

这些命令在工具栏上都有对应的快捷键。

调试管理过程如下。

(1) C-SPY 允许用户在源代码中查看变量或表达式，可在程序运行时跟踪其值的变化。选择菜单 View→Auto 开启窗口，如图 8.29 所示。自动窗口会显示当前被修改过的表达式。

Auto

Expression	Value	Location	Type
P1SEL	'' (0x00)	SFR:0xF4	unsigned char

图 8.29　自动窗口

(2) 连续观察 P1SEL 值的变化情况。选择菜单 View→Watch，打开 Watch 窗口。单击 Watch 窗口中的虚线框，出现输入区域时输入 P1SEL 并按 Enter 键。也可以先选中一个变量将其从编辑窗口拖到 Watch 窗口，如图 8.30 所示。

Expression	Value	Location	Type
P1SEL	''(0x00)	SFR:0xF4	unsigned char

图 8.30 Watch 窗口

(3) 单步执行，观察 P1SEL 的变化。如果要在 Watch 窗口中去掉一个变量，先选中然后按键盘上的 Delete 键或单击右键删除。

(4) 设置并监控断点。使用断点最便捷的方式是将其设置为交互式的，即将插入点的位置指到一个语句里或靠近一个语句，然后选择 Toggle Breakpoint 命令。在编辑窗口选择要插入断点的语句，如在 delay 语句处插入断点，选择菜单 Edit→Toggle Breakpoint，如图 8.31 所示。这样在这个语句就设置好一个断点，用高亮表示并且在左边标注一个圆点显示有一个断点存在。可选择菜单 View→Bradkpoint 打开断点窗口，观察工程所设置的断点。在主窗口下方的调试日志 Debug Log 窗口中可以查看断点的执行情况。如要取消断点，在原来断点的设置处再执行一次 Toggle Breakpoint 命令即可。

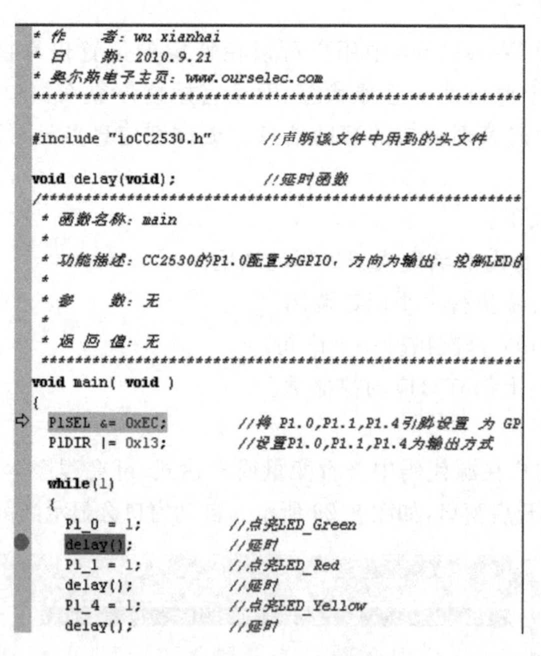

图 8.31 设置一个新断点

(5) 在反汇编模式中调试。在反汇编模式下，每一步都对应一条汇编指令，用户可对底层进行完全控制。选择菜单 View→Disassembly，打开反汇编调试窗口，用户可看到当前 C 语言语句对应的汇编语言指令，如图 8.32 所示。

(6) 监控寄存器。寄存器窗口允许用户监控并修改寄存器的内容。选择菜单 View→

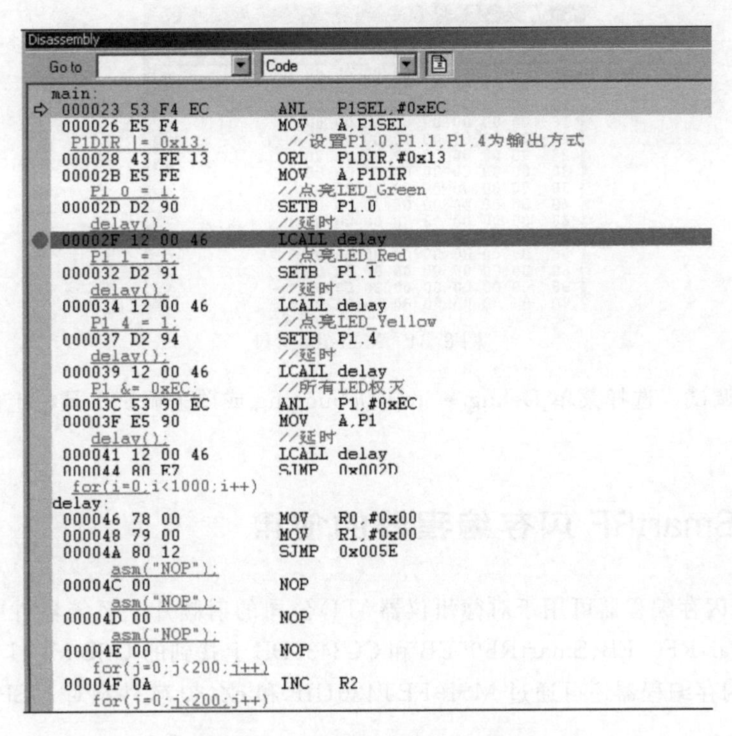

图 8.32　汇编模式下调试程序

Regisster，打开寄存器窗口，如图 8.33 所示。选择窗口上部的下拉列表，选择不同的寄存器分组。单步运行程序观察寄存器值的变化情况。

Register

Basic Registers

寄存器	值	寄存器	值
⊞A	= 0x00	CYCLECOUNTER	= 17
⊞B	= 0x00	CCTIMER1	= 17
⊞PSW	= 0x00	CCTIMER2	= 17
R0	= 0x00	CCSTEP	= 17
R1	= 0x01		
R2	= 0x00		
R3	= 0x00		
R4	= 0x00		
R5	= 0x00		
R6	= 0x00		
R7	= 0x00		
SP	= 0xC1		
SPP	= ------		
SPX	= ------		
DPTR	= 0x0000		
PC	= 0x0023		

图 8.33　寄存器窗口

(7) 监控存储器。存储器窗口允许用户监控存储器的指定区域。选择菜单 View→Memory，打开存储器窗口，如图 8.34 所示。单步执行程序，观察存储器中值的变化。用户可以在存储器窗口中对数据进行编辑、修改，在想进行编辑的存储器数值处放置插入点，输入期望值即可。

(8) 完整运行程序。选择菜单 Debug→Go 或单击调试工具栏上按钮，如果没有断点，程序将一直运行下去，可以看到在 ZigBee 开发平台中相关的硬件反应。如果要停止，选择菜单 Debug→Break 或单击调试工具栏上按钮，停止程序运行。

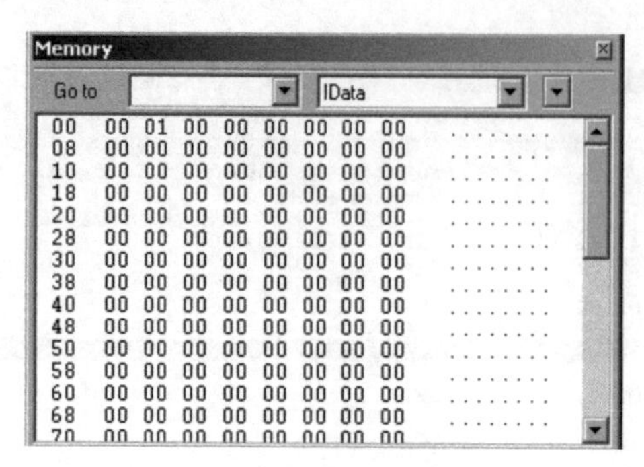

图 8.34　Memory 窗口

(9) 退出调试。选择菜单 Debug→Stop Debugging 或单击调试工具栏上的按钮退出调试模式。

8.2　SmartRF 闪存编程器的使用

SmartRF 闪存编程器可用于对德州仪器(TI)公司的射频片上系统器件中的闪存进行编程,并对 SmartRF04EB、SmartRF05EB 和 CC2430DB 上找到的 USB MCU 中的固件进行升级。此外,闪存编程器还可通过 MSP-FET430UIF 和 eZ430 软件狗对 MSP430 器件的闪存进行编程。

双击 Setup_SmartRFProgr_1.7.1.exe 进行安装,将会看如图 8.35 所示的界面。

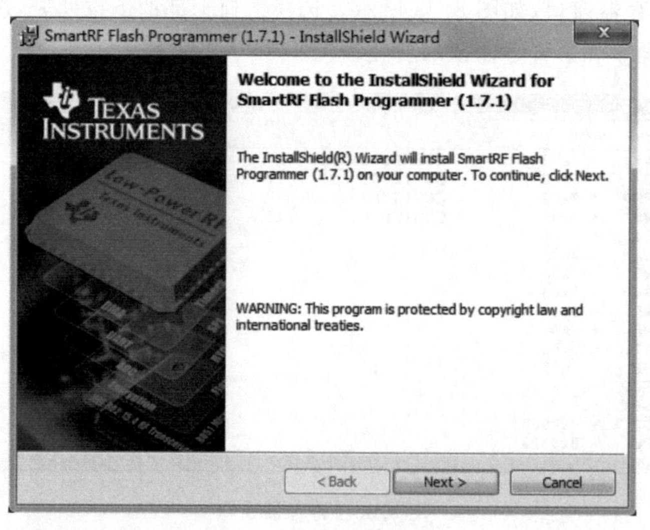

图 8.35　SmartRF 安装界面

单击 Next 按钮至下一步,则出现如图 8.36 所示界面。

选择安装路径,单击 Next 按钮到下一步。如图 8.37 所示,选择完全安装或是自定义安装,在这里选择 Complete 也就是完全安装。

单击 Next 按钮到下一步,如图 8.38 所示。

单击 Install 按钮开始安装,如图 8.39 所示,显示安装进度。当进度到 100%时,它将跳到下一个界面,如图 8.40 所示,选择是否创建桌面快捷方式,安装完成。

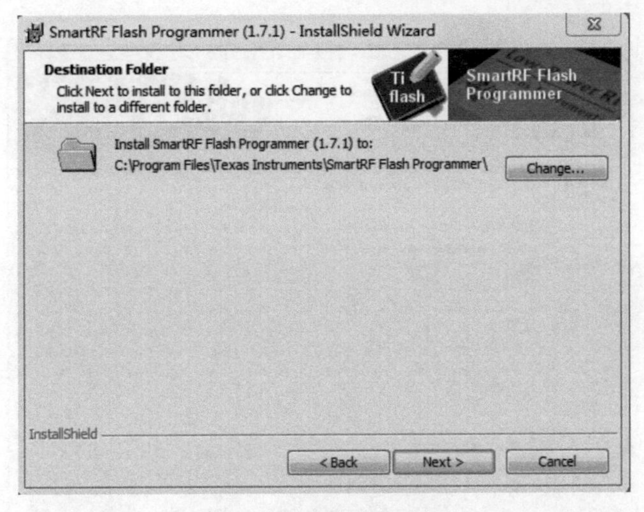

图 8.36　安装路径选择

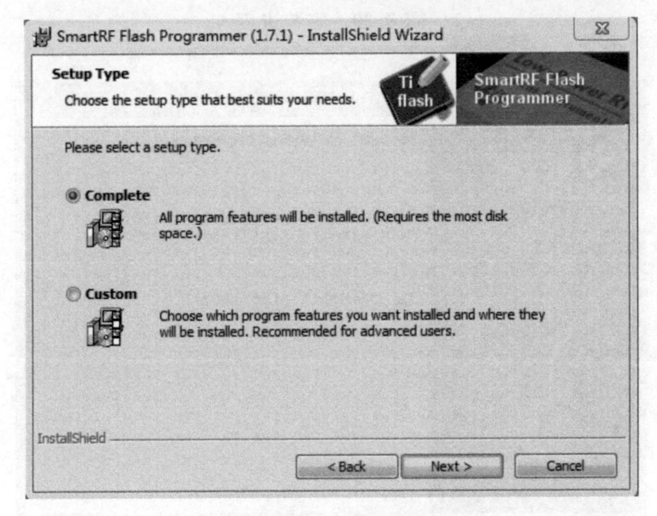

图 8.37　选择安装

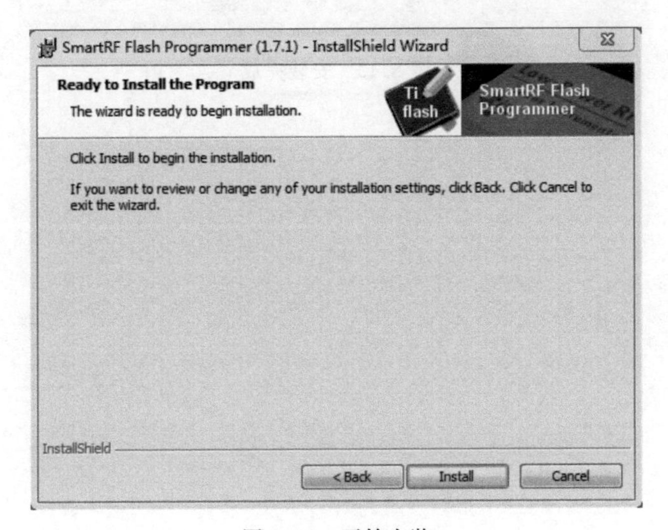

图 8.38　开始安装

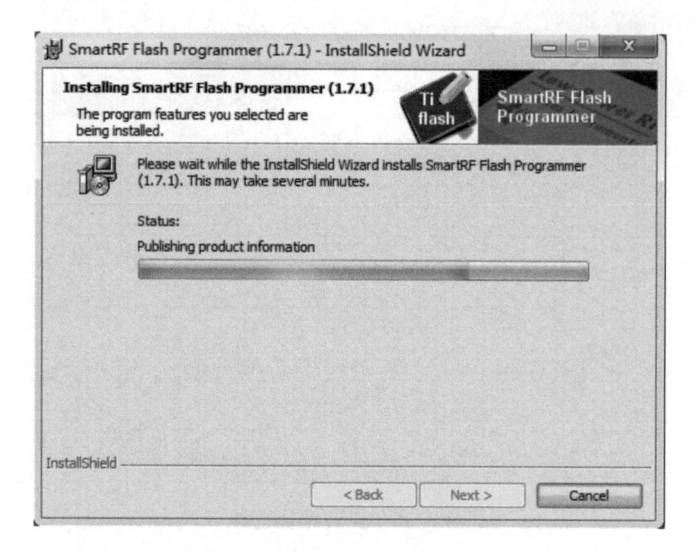

图 8.39　安装进度

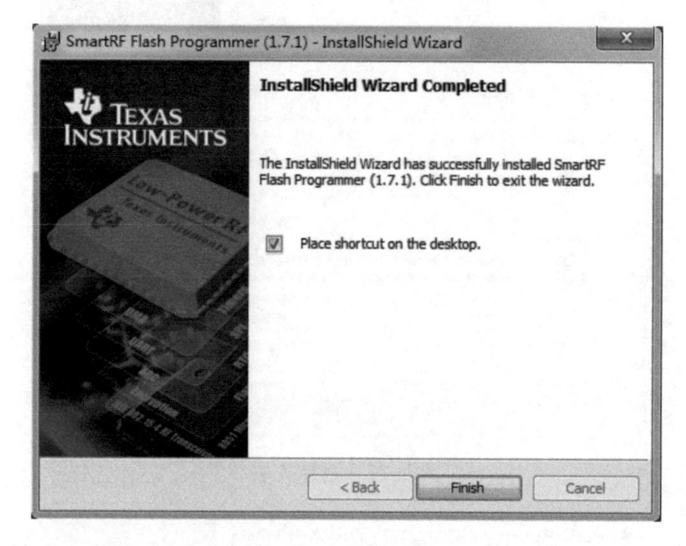

图 8.40　安装完成

第9章 控制器实验

CHAPTER 9

9.1 实验一 GPIO 控制接口实验

1. 实验目的

熟悉 I^2C 工作原理和 GPIO 控制接口。

2. 实验内容

通过对 I^2C 的控制实现六个灯轮流闪烁。

3. 实验设备

(1) 装有 IAR 的计算机一台；

(2) CC2530 仿真器,USB 线(A 型转 B 型)；

(3) 无线节点模块,电源板或智能主板。

4. 实验类型

本实验为验证性实验。

5. 实验原理及说明

该实验采用 CC2530 的 I/O 口(P1.0 和 P1.1)模拟 I^2C 总线的 SCL 和 SDA,然后通过 I^2C 总线形式控制 GPIO 扩展芯片 PCA9554,最后通过扩展的 IO 来控制 LED 的亮灭。

具体定义函数清单如下：

```
#define SCL      P1_0      //I²C 时钟线
#define SDA      P1_1      //I²C 数据线
#define ON       0x01      //LED 状态
#define OFF      0x00
```

1) I^2C 总线特点

I^2C 总线最主要的优点是其简单性和有效性。由于接口直接在组件之上,因此 I^2C 总线占用的空间非常小,减少了电路板的空间和芯片引脚的数量,降低了互联成本。总线的长度可高达 25ft(1ft=0.3048m),并且能够以 10Kbps 的最大传输速率支持 40 个组件。I^2C 总线的另一个优点是,支持多主控(multimastering),其中任何能够进行发送和接收的设备都可以成为主总线。一个主控能够控制信号的传输和时钟频率。当然,在任何时间点上只能有一个主控。

2) I^2C 总线工作原理

I^2C 总线是由数据线 SDA 和时钟 SCL 构成的串行总线，可发送和接收数据。在 CPU 与被控 IC 之间、IC 与 IC 之间进行双向传送，最高传送速率 100Kbps。各种被控制电路均并联在这条总线上，但就像电话机一样只有拨通各自的号码才能工作，所以每个电路和模块都有唯一的地址，在信息的传输过程中，I^2C 总线上并接的每一模块电路既是主控器(或被控器)，又是发送器(或接收器)，这取决于它所要完成的功能。CPU 发出的控制信号分为地址码和控制量两部分，地址码用来选址，即接通需要控制的电路，确定控制的种类；控制量决定该调整的类别(如对比度、亮度等)及需要调整的量。这样，各控制电路虽然挂在同一条总线上，却彼此独立，互不相关。

I^2C 总线在传送数据过程中共有三种类型信号：开始信号、结束信号和应答信号。

开始信号：SCL 为高电平时，SDA 由高电平向低电平跳变，开始传送数据。

结束信号：SCL 为低电平时，SDA 由低电平向高电平跳变，结束传送数据。

应答信号：接收数据的 IC 在接收到 8 位数据后，向发送数据的 IC 发出特定的低电平脉冲，表示已收到数据。CPU 向受控单元发出一个信号后，等待受控单元发出一个应答信号，CPU 接收到应答信号后，根据实际情况作出是否继续传递信号的判断。若未收到应答信号，则判断为受控单元出现故障。

3) 总线基本操作

I^2C 规程运用主/从双向通信。器件发送数据到总线上，则定义为发送器，器件接收数据则定义为接收器。主器件和从器件都可以工作于接收和发送状态。总线必须由主器件(通常为微控制器)控制，主器件产生串行时钟(SCL)控制总线的传输方向，并产生起始和停止条件。SDA 线上的数据状态仅在 SCL 为低电平的期间才能改变，SCL 为高电平的期间，SDA 状态的改变被用来表示起始和停止条件。

4) 带中断的 8 位 I^2C 和 SMBus I/O 口芯片

PCA9554 寄存器是 16 脚的 CMOS 器件，它们提供了 I^2C/SMBus 的应用中的 8 位通用并行输入/输出口 GPIO 的扩展。

(1) 命令字节：在写数据发送过程中，命令字节是紧跟地址字节，之后的第一个字节作为一个指针，指向要进行写或读操作的寄存器(见表 9.1)。

表 9.1 命令字节

命　令	协　议	寄 存 器
0	读字节	输入端口
1	读/写字节	输出端口
2	读/写字节	极性反转端口
3	读/写字节	配置端口

(2)寄存器 0——输入端口寄存器：该寄存器是一个只读端口，无论寄存器 3 将端口定义成输入或输出，它都只反映引脚的输入逻辑电平。对此寄存器的写操作无效(见表 9.2)。

表 9.2 输入端口寄存器

位	I7	I6	I5	I4	I3	I2	I1	I0
默认	1	1	1	1	1	1	1	1

(3) 寄存器 1——输出端口寄存器：该寄存器是一个只可输出口，它反映了由寄存器 3 定义的引脚的输出逻辑电平。当引脚定义为输入时，该寄存器中的位值无效。从该寄存器读出的值表示的是触发器控制的输出选择，而非真正的引脚电平(见表 9.3)。

表 9.3 输出端口寄存器

位	07	06	05	04	03	02	01	00
默认	1	1	1	1	1	1	1	1

(4) 寄存器 2——极性反转寄存器：用户可利用此寄存器对输入端口寄存器的内容取反，若该寄存器某一位被置位写入 1，相应输入端口数据的极性取反。若寄存器的某一位被清零写入 0，则相应输入端口数据保持不变(见表 9.4)。

表 9.4 极性反转寄存器

位	N7	N6	N5	N4	N3	N2	N1	N0
默认	0	0	0	0	0	0	0	0

(5) 寄存器 3——配置寄存器：该寄存器用于设置 I/O 管脚的方向。若该寄存器中某一位被置位写入 1，则相应的端口配置成带高阻输出驱动器的输入口。若寄存器的某一位被清零写入 0，则相应的端口配置成输出口。复位时，I/O 口配置为带弱上拉的输入口(见表 9.5)。

表 9.5 配置寄存器

位	C7	C6	C5	C4	C3	C2	C1	C0
默认	0	0	0	0	0	0	0	0

(6) 中断输出：当端口某个引脚的状态发生变化且此引脚配置为输入时，开漏中断激活。当输入返回到前一个状态或读取输入端口寄存器时，中断不被激活。

需要注意的是，将一个 I/O 口的状态从输出变为输入，如果引脚的状态与输入端口寄存器的内容不匹配，将可能产生一个错误的中断。

通过扩展的 IO 口控制 LED 亮灭。

6. 实验步骤

(1) 给电源板或智能主板供电(USB 外接电源或 2 节干电池)。

(2) 将一个无线节点模块插入到电源板或智能主板的相应位置。

(3) 将 CC2530 仿真器的一端通过 USB 线(A 型转 B 型)连接到计算机，另一端通过 10Pin 下载线连接到电源板或智能主板的 CC2530 JTAG 口(J203)。

(4) 将电源板或智能主板上电源开关拨至开位置，按下仿真器上的按钮，仿真器上的指示灯为绿色时，表示连接成功。

(5) 打开 IAR7.51 输入相应程序代码，下载运行程序。可以看到电源板或智能主板上的 6 个 LED 间歇的亮灭。

7. 程序流程图及核心代码

(1) 主程序流程图如图 9.1 所示。

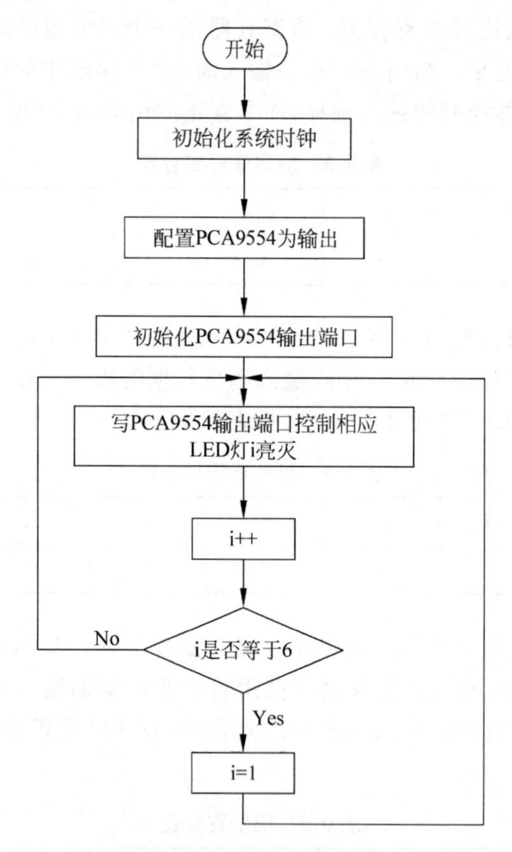

图 9.1 主程序流程图

(2) 代码清单：

```
#include  "hal.h"
#define   ON        0x01          //LED 状态
#define   OFF       0x00
extern  void  ctrPCA9554LED(UINT8 led,UINT8 operation);
extern  void  PCA9554ledInit();
/**************************************************************************
   *函数名称：Wait
   *
   *功能描述：ms 的延时
   *
   *参    数：ms - 延时时间
   *
   *返回值：无
**************************************************************************/
void  Wait(unsigned   int  ms)
{
   unsigned  char  g,k;
   while(ms)
   {
   for(g = 0;g <= 167;g++)
    {
```

```
        for(k = 0;k <= 48;k++);
      }
      ms--;
    }
}
/*********************************************************************
  * 函数名称: main
  * 功能描述: 反复选择不同的振荡器作为系统时钟源,并调用 led 控制程序,闪烁 LED 灯
  *************************************************************/
void   main()
{
    uint8  i;
     HAL_BOARD_INIT();                 //时钟设置
    PCA9554ledInit();
     while(1)                          //流水灯
     {
       for  (i = 0;i < 6;i++)
       {
       ctrPCA9554LED(i,ON);
       Wait(100);
       ctrPCA9554LED(i,OFF);
       Wait(100);
       }
     }
}
```

9.2 实验二 LCD 控制实验

1. 实验目的

简易 GUI 的各相关函数的使用。

2. 实验内容

通过各相关函数的使用,实现 GUI 界面的相关显示。

3. 实验设备

(1) 装有 IAR 的计算机一台;

(2) CC2530 仿真器,USB 线(A 型转 B 型);

(3) 无线节点模块,带 LCD 的智能主板。

4. 实验类型

本实验为验证性实验。

5. 实验原理及说明

在 SO12864FPD-14ASBE(3S)点阵图形液晶模块(ST7565P)驱动程序的基础上,学习一个简易的图形用户接口(GUI),如画点、线、矩形、矩形填充、显示一幅 126×64 的图画以及汉字显示等。

其中 IO 分配为:

```
SCL              P1.5
```

```
SID         P1.6
A0          P1.7
CSn         P1.4
RESETn      P2.0
```

1) 12864 点阵型 LCD 简介

12864 是一种图形点阵液晶显示器，它主要由行驱动器/列驱动器及 128×64 全点阵液晶显示器组成。可完成图形显示，也可以显示 8×4 个(16×16 点阵)汉字。12864LCD 的引脚说明见表 9.6 所示。

表 9.6 12864LCD 的引脚说明

引脚号	引脚名称	LEVER	引脚功能描述
1	VSS	0	电源地
2	VDD	+5.0V	电源电压
3	V0	—	液晶显示器驱动电压
4	D/I(RS)	H/L	D/I="H",表示 DB7～DB0 为显示数 据 D/I="L",表示 DB7～DB0 为显示指令数据
5	R/W	H/L	R/W="H",E="H"表示数据被读到 DB7～DB0 R/W="L",E="H→L"表示数据被写到 IR 或 DR
6	E	H/L	R/W="L",表示 E 信号下降沿锁存 DB7～DB0 R/W="H",E="H"表示 DDRAM 数据读到 DB7～DB0
7	DB0	H/L	数据线
8	DB1	H/L	数据线
9	DB2	H/L	数据线
10	DB3	H/L	数据线
11	DB4	H/L	数据线
12	DB5	H/L	数据线
13	DB6	H/L	数据线
14	DB7	H/L	数据线
15	CS1	H/L	H：选择芯片(右半屏)信号
16	CS2	H/L	H：选择芯片(左半屏)信号
17	RET	H/L	复位信号，低电平复位
18	VOUT	−10V	LCD 驱动负电压
19	LED+	—	LED 背光板电源
20	LED−	—	LED 背光板电源

(1) 指令寄存器(IR)是用于寄存指令码，与数据寄存器数据相对应。当 D/I=0 时，在 E 信号下降沿的作用下，指令码写入 IR。

(2) 数据寄存器(DR)是用于寄存数据的，与指令寄存器寄存指令相对应。当 D/I=1 时，在下降沿作用下，图形显示数据写入 DR，或在 E 信号高电平作用下由 DR 读到 DB7～DB0 数据总线。DR 和 DDRAM 之间的数据传输是模块内部自动执行的。

(3) 忙标志(BF)提供内部工作情况。BF=1 表示模块在内部操作，此时模块不接受外部指令和数据。BF=0 时，模块为准备状态，随时可接受外部指令和数据。利用 STATUS READ 指令，可以将 BF 读到 DB7 总线，从而检验模块之工作状态。

(4) 显示控制触发器 DFF 是用于模块屏幕显示开和关的控制。DFF=1 为开显示(DISPLAY OFF),DDRAM 的内容就显示在屏幕上,DFF=0 为关显示(DISPLAY OFF)。DDF 的状态是指令 DISPLAY ON/OFF 和 RST 信号控制的。

(5) XY 地址计数器是一个 9 位计数器。高 3 位是 X 地址计数器,低 6 位为 Y 地址计数器,XY 地址计数器实际上是作为 DDRAM 的地址指针,X 地址计数器为 DDRAM 的页指针,Y 地址计数器为 DDRAM 的 Y 地址指针。X 地址计数器是没有记数功能的,只能用指令设置。Y 地址计数器具有循环记数功能,各显示数据写入后,Y 地址自动加 1,Y 地址指针从 0 到 63。

(6) 显示数据 RAM(DDRAM)是存储图形显示数据的。数据为 1 表示显示选择,数据为 0 表示显示非选择。DDRAM 与地址和显示位置的关系见 DDRAM 地址表。

(7) Z 地址计数器是一个 6 位计数器,此计数器具备循环记数功能,它用于显示行扫描同步。当一行扫描完成,此地址计数器自动加 1,指向下一行扫描数据,RST 复位后 Z 地址计数器为 0。Z 地址计数器可以用指令 DISPLAY START LINE 预置。因此,显示屏幕的起始行就由此指令控制,即 DDRAM 的数据从哪一行开始显示在屏幕的第一行。此模块的 DDRAM 共 64 行,屏幕可以循环滚动显示 64 行。

2) 12864LCD 的指令系统及时序

该类液晶显示模块(即 KS0108B 及其兼容控制驱动器)的指令系统比较简单,总共只有七种。其指令表如表 9.7 所示。

表 9.7 12864LCD 指令表

指令名称	控制信号						控制代码			
	R/W	RS	DB7	DB6	DB5 DB4		DB3	DB2	DB1	DB0
显示开关	0	0	0	0	1	1	1	1	1	1/0
显示起始行设置	0	0	1	1	X	X	X	X	X	X
页设置	0	0	1	0	1	1	1	X	X	X
列地址设置	0	0	0	1	X	X	X	X	X	X
读状态	1	0	BUSY	0	ON/OFF	RST	0	0	0	0
写数据	0	1	写数据							
读数据	1	1	读数据							

(1) 显示开/关指令:当 DB0=1 时,LCD 显示 RAM 中的内容;DB0=0 时,关闭显示。

R/WRS	DB7 DB6 DB5 DB4 DB3DB2DB1 DB0
00	00111111/0

(2) 显示起始行(ROW)设置指令:该指令设置了对应液晶屏最上一行的显示 RAM 的行号,有规律地改变显示起始行,可以使 LCD 实现显示滚屏的效果。

R/WRS	DB7 DB6 DB5 DB4 DB3DB2DB1 DB0
00	11 显示起始行(0～63)

(3) 页(PAGE)设置指令显示 RAM 共 64 行，分 8 页，每页 8 行。

R/WRS	DB7 DB6 DB5 DB4 DB3DB2DB1 DB0
00	10111 页号(0～7)

(4) 列地址(Y Address)设置指令设置了页地址和列地址，就唯一确定了显示 RAM 中的一个单元，这样 MPU 就可以用读、写指令读出该单元中的内容或向该单元写进一个字节数据。

R/WRS	DB7 DB6 DB5 DB4 DB3DB2DB1 DB0
00	01 显示列地址(0～63)

(5) 读状态指令用来查询液晶显示模块内部控制器的状态，各参量含义如下。

R/WRS	DB7 DB6 DB5 DB4 DB3DB2DB1 DB0
10	BUSY0ON/OFFREST0000

BUSY：1—内部在工作；0—正常状态。

ON/OFF：1—显示关闭；0—显示打开。

RESET：1—复位状态；0—正常状态。

在 BUSY 和 RESET 状态时，除读状态指令外，其他指令均不对液晶显示模块产生作用。在对液晶显示模块操作之前要查询 BUSY 状态，以确定是否可以对液晶显示模块进行操作。

(6) 写数据指令。

R/WRS	DB7 DB6 DB5 DB4 DB3DB2DB1 DB0
01	写数据

(7) 读数据指令：读、写数据指令每执行完一次读、写操作，列地址自动加 1。必须注意的是，进行读操作之前，必须有一次空读操作，紧接着再读才会读出所要读的单元中的数据。

R/WRS	DB7 DB6 DB5 DB4 DB3DB2DB1 DB0
11	读显示数据

6. 实验步骤

(1) 给智能主板供电(USB 外接电源或 2 节干电池)。

(2) 将一个无线节点模块插入到带 LCD 智能主板的相应位置。

(3) 将 CC2530 仿真器的一端通过 USB 线(A 型转 B 型)连接到计算机，另一端通过 10Pin 下载线连接到智能主板的 CC2530 JTAG 口(J203)。

(4) 将智能主板上电源开关拨至开位置，按下仿真器上的按钮，仿真器上的指示灯为绿色时，表示连接成功。

(5) 使用 IAR7.51 打开...\OURS_CC2530LIB\lib3(lcd)\ IAR_files 下的 GUIDemo.eww 文件或者输入下列程序代码进行调试后下载运行，观测 LCD 的显示变化。

7. 程序流程图及核心代码

(1) 程序流程图如图 9.2 所示。

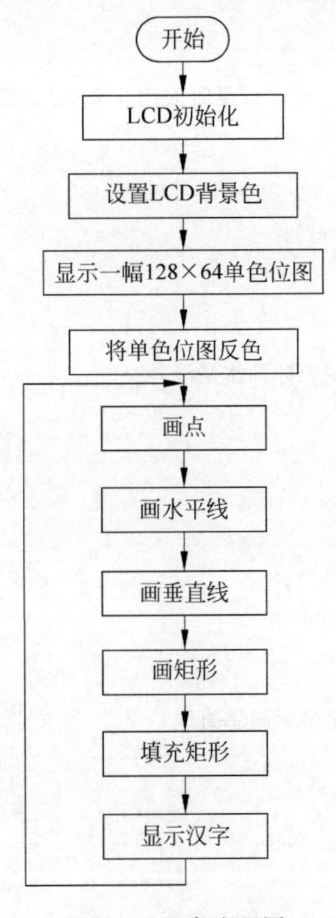

图 9.2 程序流程图

(2) 程序代码清单：

```
void main(void)
{
    UINT8 i;
    GUI_Init();                              //GUI 初始化
   GUI_SetColor(1,0);                        //显示色为亮点,背景色为暗点
   GUI_LoadBitmap(0, 0, (UINT8 *)Logo, 128, 64);
                                             //向显示缓冲区加载一幅 128×64 点阵的单色位图
       LCM_Refresh();                        //将显示缓冲区中的数据刷
                                                 SO12864FPD - 13ASBE(3S)上显示
  change();                                  //延时大约 2s 后清屏
  GUI_LoadBitmapN(0, 0, (UINT8 *)Logo, 128, 64);   //向显示缓冲区加载
                                     一幅 128×64 点阵的单色位图(反色)
  LCM_Refresh();
  change();
  while(1)
{
  GUI_PutString5_7(0, 2, "Point");                 //显示字符串
  LCM_Refresh();
```

```
 for(i=0;i<128;i+=8)
{
                    /* 在指定坐标画点 */
  GUI_Point(i,30,1);
  LCM_Refresh();
     halWait(200);              //延时大约 0.2s,该函数在\OURS-CC2430EB 开发板演示程序
                                              \Library\HAL\source\wait.c 中定义
  }
  change();
  GUI_PutString5_7(0, 2, "HLine");
  LCM_Refresh();
  for(i=30;i<64;i+=2)
  {
                    /* 按指定坐标画水平线 */
    GUI_HLine(0,i,127,1);
    LCM_Refresh();
    halWait(200);
  }
  change();
  GUI_PutString5_7(0, 2, "RLine");
  LCM_Refresh();
  for(i=64;i<128;i+=2)
{
                    /* 按指定坐标画垂直线 */
  GUI_RLine(i,0,63,1);
  LCM_Refresh();
  halWait(200);
}
change();
                    /* 按指定坐标画矩形 */
  GUI_PutString5_7(0, 2, "Rectangle");
  GUI_Rectangle(34,22,94,42,1);
   LCM_Refresh();
  change();
                    /* 按指定坐标画填充矩形 */
  GUI_PutString5_7(0, 2, "RectangleFill");
  GUI_RectangleFill(34,22,94,42,1);
  LCM_Refresh();
  change();
                    /* 在指定坐标显示汉字 */
  GUI_PutHZ(16, 24, (UINT8 *)AO, 16, 16);
  LCM_Refresh();
  halWait(200);
  GUI_PutHZ(40, 24, (UINT8 *)ER, 16, 16);
  LCM_Refresh();
  halWait(200);
  GUI_PutHZ(64, 24, (UINT8 *)SI, 16, 16);
  LCM_Refresh();
  halWait(200);
  GUI_PutHZ(88, 24, (UINT8 *)ZAO, 16, 16);
  LCM_Refresh();
```

```
        change();
    }
}
```

9.3 实验三 CC2530外部中断实验

1. 实验目的

学习如何处理中断。

2. 实验内容

编写和获取中断的程序。

3. 实验设备

(1) 装有IAR的计算机一台;

(2) CC2530仿真器,USB线(A型转B型);

(3) 无线节点模块、电源板或智能主板。

4. 实验类型

本实验为验证性实验。

5. 实验原理及说明

通过PCA9554的扩展IO的按键输入变化,对应的PCA9554将输出一个低电平中断,该中断接入CC2530的P0.7端口,进而产生P0中断。对P0.7中断初始化设置代码如下。

```
voidInit_IO(void)
{
    P0SEL |= 0x80;              //将 P0.7 设置为外设功能
    P0DIR &= ~0x80;             //将 P0.7 设置为输入
    P0INP &= ~0x80;             //端口输入模式设置(P0.7 有上拉、下拉)
    P0IEN |= 0x80;              //P0.7 中断使能
    PICTL |= 0x01;              //P0.7 为下降沿触发中断
    EA = 1;                     //使能全局中断
    IEN1 |= 0x20;               //P0 口中断使能
    P0IFG &= ~0x80;             //P0.7 中断标志清 0
};
```

在中断服务程序中读取相应的按键值,再通过I^2C控制另一个PCA9554,即LED的亮灭。

CC2530具有18个中断源,P0口输入中断(POINT)是其中的一个。该中断的具体说明如下:

中断编号:13。

描述:P0口输入。

中断名称:P0INT。

中断向量:6BH。

中断使能位:IEN1.P0IE。

中断标志位:IRCON.P0IF。

P0口输入中断可由P0口所有引脚(P0.0~P0.7)上的上升沿或下降沿信号产生,通过

PICTL 寄存器的 P0ICON 位来设置。

P0 口包含 8 个引脚，但不能为这 8 个引脚单独使能/禁止中断。这 8 个引脚被分为 2 组，即低 4 位（P0.0～P0.3）为 1 组，高 4 位（P0.4～P0.7）为 1 组。中断的使能/禁止是以组为单位的，例如，若想由 P0.2 引脚产生中断，应该使能低 4 位组的中断，若想由 P0.5 引脚产生中断，应该使能高 4 位组的中断。PICTL 的 P0IENL 位用来设置低 4 位组的中断使能/禁止；PICTL 的 P0IENH 位用来设置高 4 位组的中断使能/禁止。

P0 口所有引脚的中断状态标志可从 P0IFG 寄存器读出。当产生中断时，相应位将置 1，用户可以以此判断中断是由 P0 口的哪个引脚上的信号产生。用户可以软件清零该寄存器的各位。

为了使能 CC2530 的任何中断，建议采取以下步骤。

(1) 清除中断标志。

(2) 如果有的话，设置在外设特殊功能寄存器（SFR）中单独的中断使能位。

(3) 设置在 IEN0，IEN1 或 IEN2 寄存器中相应的、独立的中断使能位为 1。

(4) 通过设置 IEN0 寄存器中的 EA 位为 1 来使能全局中断。

(5) 在相应的中断向量地址开始中断服务程序。

通过按键外部中断，控制灯的亮灭。

6. 实验步骤

(1) 给电源板或智能主板供电（USB 外接电源或 2 节干电池）。

(2) 将一个无线节点模块插入到电源板或智能主板的相应位置。

(3) 将 CC2530 仿真器的一端通过 USB 线（A 型转 B 型）连接到计算机，另一端通过 10Pin 下载线连接到电源板或智能主板的 CC2530 JTAG 口（J203）。

(4) 将电源板或智能主板上电源开关拨至开位置，按下仿真器上的按钮，仿真器上的指示灯为绿色时，表示连接成功。

(5) 打开 IAR7.51 输入相应程序代码，下载运行程序。

(6) 对电源板或智能主板按键操作将出现以下现象：

SW1 对应 LED1 的亮灭。

SW2 对应 LED2 的亮灭。

SW3 对应 LED3 的亮灭。

SW4 对应 LED4 的亮灭。

SW5 对应 LED5 的亮灭。

SW6 对应 LED6 的亮灭。

7. 程序流程图及核心代码

(1) 程序流程图如图 9.3 所示。

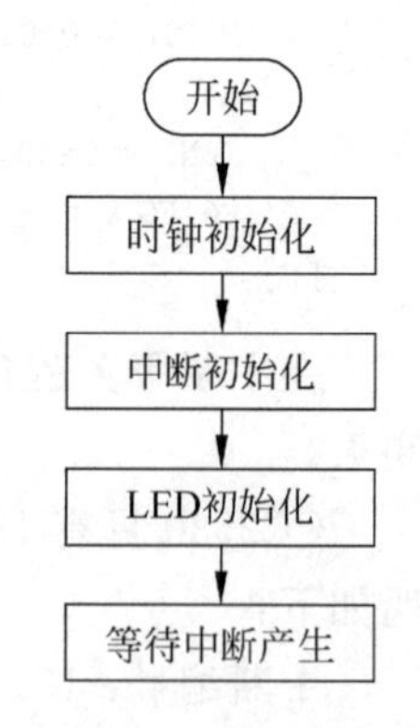

图 9.3 程序流程图

(2) 程序代码清单：

```
#include "ioCC2530.h"
#include "hal_mcu.h"
#define OSC_32KHZ  0x00                         //使用外部 32kHz 晶体振荡器
                                                //时钟设置函数
#define HAL_BOARD_INIT()
{
```

```
uint16i;
  SLEEPCMD &= ~OSC_PD;                          /*开启 16MHz RC 和 32MHz XOSC */
while (!(SLEEPSTA & XOSC_STB));                 /*等待 32MHz XOSC 稳定 */
asm("NOP");
  for (i=0; i<504; i++) asm("NOP");             /*延时 63μs*/
  CLKCONCMD = (CLKCONCMD_32MHZ | OSC_32kHz);
              /*设置 32MHz XOSC 和 32kHz 时钟 */
while (CLKCONSTA != (CLKCONCMD_32MHZ | O SC_32kHZ)); /*等待时钟生效*/
  SLEEPCMD |= OSC_PD;                           /*关闭 16MHz RC */
}
extern void ctrPCA9554LED(uint8 led,uint8 operation);
extern void PCA9554ledInit();
 extern void ctrPCA9554FLASHLED(uint8 led);
extern uint8 GetKeyInput();
/************************************************************ 函数名称: Init_IO
 *功能描述: P0.7 中断初始化设置
 *参    数: 无
 *返 回 值: 无
************************************************************/
voidInit_IO(void)
{
    P0SEL |= 0x80;                              //将 P0.7 设置为外设功能
    P0DIR &= ~0x80;                             //将 P0.7 设置为输入
    P0INP &= ~0x80;                             //端口输入模式设置(P0.7 有上拉、下拉)
    P0IEN |= 0x80;                              //P0.7 中断使能
    PICTL |= 0x01;                              //P0.7 为下降沿触发中断
    EA = 1;                                     //使能全局中断
    IEN1 |= 0x20;                               //P0 口中断使能
    P0IFG &= ~0x80;                             //P0.7 中断标志清 0
};
/************************************************************
 *函数名称: P0_IRQ
 *功能描述: P0 口输入中断的中断服务程序
 *参    数: 无
 *返 回 值: 无
************************************************************/
#pragma vector = P0INT_VECTOR
__interrupt void P0_IRQ(void)
{
uint8 key = 0;
 P0IFG &= ~0 x80;                               //P 0.7 中断标志清 0
    key = GetKeyInpu t();                       //读取按键值
if(key)
    {
     ctrPCA9554FLASHLED(key);                   //控制相应的 LED 亮灭
    }
}
/************************************************************ 函数名称: main
 *功能描述: 初始化时钟和中断口.P0.7 的下降沿(按下 6 个按键中的任意一个)产生
P0 口输入中断
************************************************************/
```

```
void main(void)
{
  HAL_BOARD_INIT() ;                                    //初始化时钟
Init_IO();                                              //中断初始化
  PCA9554ledInit();                                     //LED 初始化
  while(1);                         //死循环,等待 P0 口下降沿中断(本实验由 P0.7 产生)
}
```

9.4 实验四 CC2530 定时器实验

1. 实验目的

学会编写睡眠时间程序。

2. 实验内容

在 PM2 下睡眠定时器 4s 定时到期后唤醒设备回到 PM0 激活状态。

3. 实验设备

(1) 装有 IAR 的计算机一台;

(2) CC2530 仿真器,USB 线(A 型转 B 型);

(3) 无线节点模块,带 LCD 的智能主板。

4. 实验类型

本实验为设计性实验。

5. 实验原理及说明

睡眠定时器被用来设置系统进入和退出低功耗睡眠模式之间的时间。当进入低功耗睡眠模式,睡眠定时器也可被用来在定时器 2(MAC 定时器)中维持定时。

睡眠定时器具有以下特性:

(1) 运行在 32kHz 时钟的 24 位上计数定时器。

(2) 24 位比较。

(3) 运行在 PM2 模式下的低功耗模式。

(4) 中断和 DMA 触发。

睡眠定时器是一个 24 位定时器,它运行在 32kHz 时钟(RC 或 XOSC)。该定时器在系统复位后立即启动并且连续不间断地运行。定时器的当前值可以从特殊功能寄存器 ST2:ST1:ST0 中被读出。定时器比较出现在当定时器值等于 24 位比较值的时候。比较值可通过写寄存器 ST2:ST1:ST0 来设置。

当出现定时器比较时,中断标志 STIF 被置位。

睡眠定时器中断的中断使能位是 IEN0.STIE,中断标志位是 IRCON.STIF。

睡眠定时器运行在除 PM3 模式外的所有功耗模式下。在 PM1 和 PM2,睡眠定时器比较事件被用来唤醒设备返回到 PM0 的激活模式。

系统复位后,默认的比较值为 0xFFFFFF。注意:在设置了新的比较值之后,在进入 PM2 之前,应该等待 ST0 发生改变。

睡眠定时器比较也可被用作一个 DMA 触发。

注意: 在 PM2 下,如果供电电压下降到 2V 以下,定时器间隔可能会受影响。

6. 实验步骤

(1) 给智能主板供电(USB外接电源或2节干电池)。

(2) 将一个无线节点模块插入到智能主板的相应位置。

(3) 将CC2530仿真器的一端通过USB线(A型转B型)连接到计算机,另一端通过10Pin下载线连接到智能主板的CC2530 JTAG口(J203)。

(4) 将智能主板上电源开关拨至开位置。按下仿真器上的按钮,仿真器上的指示灯为绿色时,表示连接成功。

(5) 打开IAR7.51输入相应程序代码,下载运行程序。

(6) 观察智能主板上的LCD显示信息。

7. 程序流程图及核心代码

(1) 程序流程图如图9.4所示。

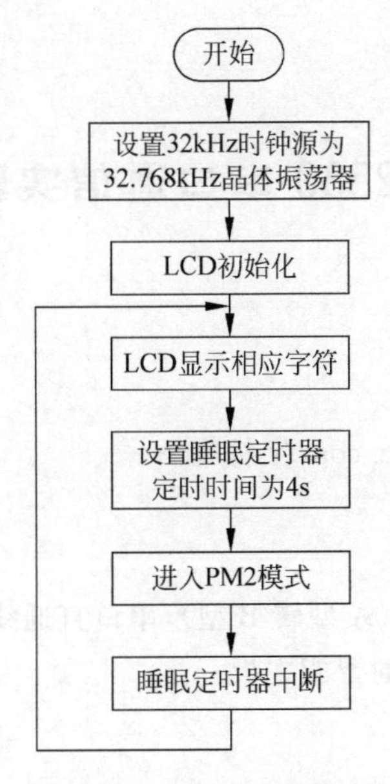

图9.4 程序流程图

(2) 程序代码清单:

```
/**************************************************************************
 *函数名称:main
 *功能描述:在 PM2 下睡眠定时器 4s 定时到期后唤醒设备回到 PM0 激活状态
 *参    数:无
 *返 回 值:无
**************************************************************************
void main(void)
{
  UINT8 i;
  SET_32KHZ_CLOCK_SOURCE(CRYSTAL); //设置 32kHz 时钟源为 32.768kHz
晶体振荡器
GUI_Init();                                           //GUI 初始化
GUI_SetColor(1,0 );                                   //显示色为亮点,背景色为暗点
```

```
  GUI_PutString5_7(24,0,"OURS - CC2530");                    //显示 OURS - CC2530EB
  GUI_PutString5_7(30,15,"SleepTimer");                      //显示 SleepTimer
LCM_Refresh(); //将缓冲区中的数据刷新到 SO12864FPD - 14ASBE(3S)上显示
while(1)
  {
    GUI_PutString5_7(5, 30, "PowerMode 0:CPU RUN");          //显示字符串
LCM_Refresh();  //将缓冲区中的数据刷新到 SO12864FPD - 14ASBE(3S)上显示
    for(i = 0;i < 20;i++) halWait(200);                      //延时大约 4s
    GUI_PutString5_7(5, 30, "PowerMode 2 ");                 //显示字符串
LCM_Refresh(); //将缓冲区中的数据刷新到 SO12864FPD - 14ASBE(3S)上显示
addToSleepTime r(4);                                         //增加睡眠定时器的定时时间为 4s
    INT_ENABLE(INUM_ ST, INT_ON);                            //使能睡眠定时器中断
    INT_GLOBAL_ENABLE(TRUE);                                 //使能全局中断
    SET_POWER_MODE(2);                                       //进入 PM2
  }
}
```

9.5 实验五 CC2530 串口通信实验

1. 实验目的

学习串口通信原理。

2. 实验内容

串口间歇发送 www. ourselec. com 字符串。

3. 实验设备

(1) 装有 IAR 的计算机一台;

(2) CC2530 仿真器,USB 线(A 型转 B 型),串口直通线 1 根;

(3) 无线节点模块,带 LCD 的智能主板。

4. 实验类型

本实验为设计性实验。

5. 实验原理及说明

UART 接口可以使用 2 线或者含有引脚 RXD、TXD、可选 RTS 和 CTS 的 4 线。

UART 操作由 USART 控制和状态寄存器 UxCSR 以及 UART 控制寄存器 UxUCR 来控制。这里的 x 是 USART 的编号,其数值为 0 或者 1。

当 UxCSR. MODE 设置为 1 时,就选择了 UART 模式。

当 USART 收/发数据缓冲器、寄存器 UxBUF 写入数据时,该字节发送到输出引脚 TXDx。

UxBUF 寄存器是双缓冲的。

当字节传输开始时,UxCSR. ACTIVE 位变为高电平,而当字节传送结束时为低。当传送结束时,UxCSR. TX_BYTE 位设置为 1。当 USART 收/发数据缓冲寄存器就绪,准备接收新的发送数据时,就产生了一个中断请求。该中断在传送开始之后立刻发生,因此,当字节正在发送时,新的字节能够装入数据缓冲器。

当 1 写入 UxCSR. RE 位时,在 UART 上数据接收就开始了。然后 UART 会在输入引

脚 TXDx 中寻找有效起始位，并且设置 UxCSR. ACTIVE 位为 1。当检测出有效起始位时，收到的字节就传入到接收寄存器，UxCSR. RX_BYTE 位设置为 1，该操作完成时，产生接收中断。同时 UxCSR. ACTIVE 变为低电平。

通过寄存器 UxBUF 提供到的数据字节。当 UxBUF 读出时，UxCSR. RX_BYTE 位由硬件清 0。

6. 实验步骤

(1) 给智能主板供电(USB 外接电源或 2 节干电池)。

(2) 将一个无线节点模块插入到智能主板的相应位置。

(3) 将 CC2530 仿真器的一端通过 USB 线(A 型转 B 型)连接到计算机，另一端通过 10Pin 下载线连接到智能主板的 CC2530 JTAG 口(J203)。

(4) 用一条串口直通线将智能主板串口和计算机的串口相连。

(5) 将智能主板上电源开关拨至开位置。按下仿真器上的按钮，仿真器上的指示灯为绿色时，表示连接成功。

(6) 打开 IAR7.51 输入相应程序代码，下载运行程序。

(7) 在计算机上打开一个串口调试助手，波特率设置为 115200，校验位为 NONE，数据位为 8，停止位为 1。

(8) 观察计算机串口调试助手收到的信息。

(9) 通过串口调试助手向 CC2530 发送数据，此时再观察串口调试助手收到的信息。

注意：本实验也可以用一个电源板加一个 RS232 模块代替智能主板。

7. 程序流程图及核心代码

(1) 程序流程图如图 9.5 所示。

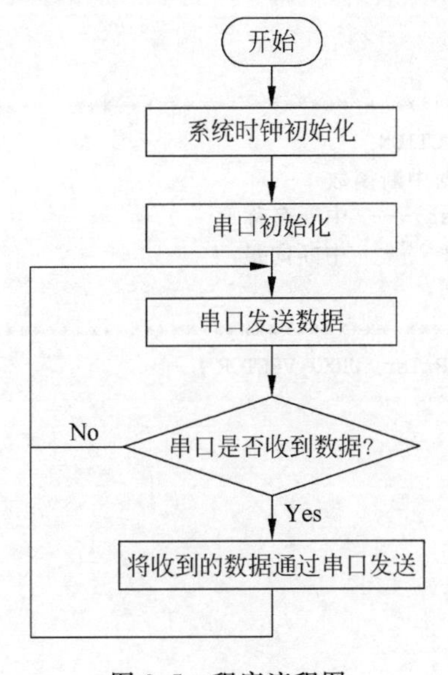

图 9.5 程序流程图

(2) 程序代码清单：

```
/****************************************************************************
 * 函数名称: initUART
```

```
 * 功能描述: CC2530 串口初始化
*****************************************************************************/
voidinitUART(void)
{
    PERCFG = 0x00;                                    //位置 1 P0 口
    P0SEL = 0x3c;                                     //P0 用作串口
    U0CSR |= 0x80;                                    //UART 方式
    U0GCR |= 11;                                      //baud_e = 11;
    U0BAUD |= 216;                                    //波特率设为 115 200
    UTX0IF = 1;
    U0CSR |= 0X40;                                    //允许接收
    IEN0 |= 0x84;                                     //uart0 接收中断
}
/*************************************************************************
  * 函数名称: UartTX_ Send_String
  * 功能描述: 串口发送数据函数
  * 参     数: * Data --- 发送数据指针
  *             len  --- 发送的数据长度
  * 返 回 值: 无
*************************************************************************/
voidUartTX_Send_String(UINT8 * Data, intlen)
{
int j;
for(j = 0;j < len;j++)
  {
    U0DBUF = * Data++;
while(UTX0IF == 0);
    UTX0IF = 0;
  }
}
/*************************************************************************
  * 函数名称: HAL_I SR_FUNCTION
  * 功能描述: 串口接收数据中断函数
  * 参     数: halUart0RxIsr --- 中断名称
  *           URX 0_VECTOR   --- 中断向量
  * 返 回 值: 无
*************************************************************************/
HAL_ISR_FUNCTION( halUart0RxIsr, URX0_VECTOR )
{
   UINT8 temp;
   URX0IF = 0;
temp = U0DBUF;
    * (str + count) = temp;
count++;
}

/*************************************************************************
 * 函数名称: main
 * 功能描述: 串口间歇发送 www.ourselec.com 字符串,当串口接收到数据后,再通过串口回发出去
*************************************************************************/
void main()
```

```
{
  UINT8 * uartch = "www.ourselec.com ";
  UINT8 temp = 0;
  SET_MAIN_CLOCK_S OURCE(CRYSTAL);                        //设置主时钟为 32MHz 晶振
initUART();                                               //初始化串口
while(1)
  {
UartTX_Send_String(uartch,17);                            //发送 www.ourselec.com
halWait(200);
halWait(200);
    if(count)                                             //判断串口是否接收到数据
    {
      temp = count;                                       //保存接收的数据长度
halWait(50 );                                             //等待数据接收完成
      if(temp ==  count)                                  //判断数据是否接收完成
      {
UartTX_Send_String(str,count);                            //回发接收到的数据
str = 0;
count = 0;
      }
    }
  }
}
```

9.6 实验六 CC2530 ADC 实验

1. 实验目的

学习数模转换原理。

2. 实验内容

采样 AIN0 和 AIN1 上的电压,转换后在 LCD 上显示。

3. 实验设备

(1) 装有 IAR 的计算机一台;

(2) CC2530 仿真器,USB 线(A 型转 B 型);

(3) 无线节点模块,带 LCD 的智能主板。

4. 实验类型

本实验为设计性实验。

5. 实验原理及说明

本实验将使用 CC2530 内部的 ADC,当调节 OURS-CC2530 开发板上的电位器时,输出电压(连接到 CC2530 的 AIN0 和 AIN01)被采样转换然后在 LCD 上显示电压值。

CC2530 内部包含一个 ADC,它支持最高达 12 位的模拟到数字的转换。该 ADC 包含一个模拟多路复用器支持最高达 8 路的独立可配置通道、参考电压产生器,转换结果通过 DMA 被写入存储器。支持多种运行模式。

ADC 的主要特性如下：

(1) 可选择的抽取率，这也将决定分辨率(7～12 位)；

(2) 8 个独立的输入通道，单端或差分；

(3) 参考电压可选择为内部、外部单端，外部差分或 AVDD_SOC；

(4) 可产生中断请求；

(5) 转换结束时 DMA 触发；

(6) 温度传感器输入；

(7) 电池测量。

1) ADC 输入

P0 端口引脚上的信号可被用来作为 ADC 输入。在以下的描述中，我们将这些引脚记为 AIN0～AIN7 引脚。输入引脚 AIN0～AIN7 被连接到 ADC。ADC 可被设置为自动执行一个转换序列，当该序列被完成时可随意地从任一通道执行一个附加的转换。

输入可被配置为单端或差分输入。当使用差分输入时，差分输入由输入组 AIN0-1、AIN2.3、AIN3.4、AIN4.5 和 AIN6.7 组成。注意：负电压不能被连接到这些引脚，大于 VDD 的电压也不能被连接到这些引脚。

除了输入引脚 AIN0～AIN7 外，一个片上温度传感器的输出可被选择作为 ADC 的一个输入用来进行温度测量。还可以选择相当于 AVDD_SOC/3 的电压作为 ADC 的一个输入。该输入可用来进行电池监测。所有这些输入引脚的配置可通过寄存器 ADCCON2.SCH 进行配置。

2) ADC 转换序列

ADC 可执行一个转换序列并将结果传送到存储器(通过 DMA)而不需要与 CPU 进行任何互操作。转换序列可被 ADCCFG 寄存器影响，因为来自于 IO 引脚的 ADC 的 8 个模拟输入不必全部被编程作为模拟输入。如果一个通道作为一个序列的一部分，但相应的模拟输入在 ADCCFG 中被禁止，那么该通道将被跳过。对于通道 8～12，输入引脚必须被使能。

ADCCON2.SCH 寄存器位被用来定义一个来自 ADC 输入的 ADC 转换序列。当 ADCCON2.SCH 设置为小于 8 的值时，一个转换序列将包含从 0 到该值的所有通道。

单端输入 AIN0 到 AIN7 由 ADCCON2.SCH 中的通道号 0～7 来表示。通道号 8～11 分别表示差分输入 AIN0-1、AIN2.3、AIN4.5 和 AIN6.7。通道号 12～15 分别表示 GND、内部参考电压、温度传感器和 AVDD_SOC/3。

当 ADCCON2.SCH 被设置为一个 8～12 之间的值时，转换序列将从通道 8 开始。对于更高的设置值，只进行单一的转换。

除了转换序列外，ADC 可被编程为一旦转换序列完成，可以从任一通道执行一次单一转换。这被称为附加转换，由 ADCCON3 寄存器控制。

3) ADC 运行模式

ADC 有 3 个控制寄存器：ADCCON1、ADCCON2 和 ADCCON3。这些寄存器被用来配置 ADC 和报告状态。

ADCCON1.EOC 位是一个状态位，当一个转换结束时该位被设置为高，当 ADCH 被读取时该位被清零。

ADCCON1.ST 位被用来开始一个转换序列。当该位被设置为高、ADCCON1.STSEL 为 11 并且当前没有转换在运行时，一个转换序列将开始。当该转换序列被完成时该位被自动清零。

ADCCON1.STSEL 位被用来选择哪一个事件将开始一个新的转换序列。可选择的事件有：外部引脚 P2_0 上的上升沿信号、前一个转换序列结束、定时器 1 通道 0 比较事件和 ADCCON1.ST 位被设置为 1。

ADCCON2 寄存器控制如何执行一个转换序列。

ADCCON2.SREF 被用来选择参考电压。参考电压只能在没有转换进行的时候被改变。

ADCCON2.SDIV 被用来选择抽取率（分辨率、完成一次转换所需时间和采样率）。抽取率只能在没有转换进行的时候被改变。

ADCCON2.SCH 被用来选择一个转换序列中的最后一个通道。

ADCCON3 寄存器用来控制附加转换的通道号、参考电压和抽取率。在 ADCCON3 寄存器被更新后，附加转换将立刻发生。

ADCCON3 寄存器的位定义与 ADCCON2 寄存器的位定义非常相似。

4) ADC 转换结果

数字转换结果由二进制补码形式表示。对于单端输入，结果将总为正。当输入振幅等于 VREF（选定的参考电压）时转换结果将达到最大值。对于差分输入，两引脚之间的差值被转换，该值可以是负的。对于 12 位分辨率，当模拟输入等于 VREF 时数字转换结果为 2047。

当模拟输入等于-VREF 时数字转换结果为－2048。

当 ADCCON1.EOC 被设置为 1 时，数字转换结果可从 ADCH 和 ADCL 中得到。

当 ADCCON2.SCH 位被读取时，读取值将指示通道号，在 ADCH 和 ADCL 中的转换结果是该通道之前的那个通道的转换结果。

例如，当从 ADCCON2.SCH 中读取的值为 0x1，这意味着转换结果是来自于 AIN0。

5) ADC 参考电压

模/数转换的正参考电压是可选择的。内部产生的 1.25V 电压、AVDD_SOC 引脚上的电压、连接到 AIN7 引脚上的外部电压或连接到 AIN6.7 输入的差分电压都可以作为正参考电压。

为了进行校准，可以选择参考电压作为 ADC 的输入进行参考电压的转换。类似的，可以选择 GND 作为 ADC 的输入。

6) ADC 转换时间

当在 32MHz 系统时钟下，该时钟被 8 分频后产生一个 4MHz 的时钟供 ADC 运行。三角积分调变器和抽取滤波器都是用 4MHz 时钟进行计算。使用其他的频率将会影响结果和转换时间。以下描述假设使用 32MHz 系统时钟。

执行一次转换所需要的时间取决于所选择的抽取率。例如，当抽取率被设置为 128 时，抽取滤波器使用 128 个 4MHz 时钟周期来计算结果。当一个转换开始后，输入多路复用器需要 16 个 4MHz 时钟周期来稳定。16 个 4MHz 时钟周期的稳定时间适用于所有抽取率。因此一般而言，转换时间由下式给定：$T_{conv}=(\text{抽取率}+16)\times 0.25\mu s$。

7) ADC 中断

当一个附加转换完成时,ADC 将产生一个中断。当来自转换序列的一个转换完成时将不会产生中断。

8) ADC DMA 触发

当来自一个转换序列的每一个转换完成时 ADC 将产生一个 DMA 触发。当一个附加转换完成时不产生 DMA 触发。首次在 ADCCON2. SCH 中定义的 8 个通道的每一个都有一个 DMA 触发。

当一个新的采样就绪时 DMA 触发被激活。另外,还有一个 DMA 触发 ADC_CHALL,当 ADC 转换序列中的任何通道有新数据就绪时该触发被激活。

6. 实验步骤

(注:将扩展模块去掉以免影响精度)

(1) 给智能主板供电(USB 外接电源或 2 节干电池)。

(2) 将一个无线节点模块插入到带 LCD 的智能主板的相应位置。

(3) 将 CC2530 仿真器的一端通过 USB 线(A 型转 B 型)连接到计算机,另一端通过 10Pin 下载线连接到智能主板的 CC2530 JTAG 口(J203)。

(4) 将智能主板上电源开关拨至开位置。按下仿真器上的按钮,仿真器上的指示灯为绿色时,表示连接成功。

(5) 打开 IAR7. 51 输入相应程序代码并进行调试,下载运行程序。

(6) 旋转智能主板上的两个电位器,观察 LCD 上电压显示的变化。

7. 程序流程图及核心代码

(1) 程序流程图如图 9.6 所示。

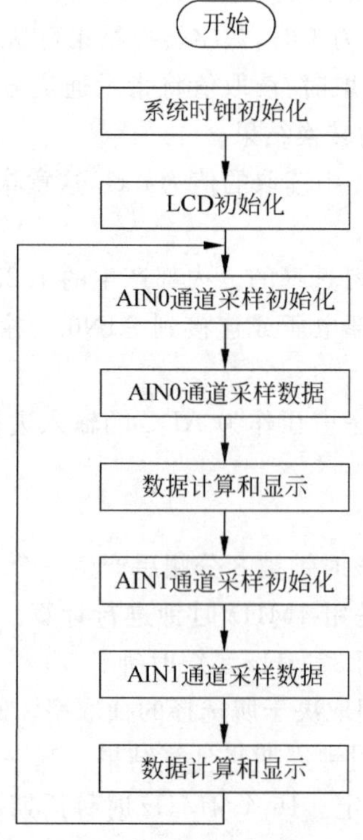

图 9.6 程序流程图

(2) 程序代码清单:

```
/*************************************************************** 函数名称: main
 * 功能描述: 采样 AIN0 和 AIN1 上的电压,转换后在 LCD 上显示
 * 参    数: 无
 * 返 回 值: 无
****************************************************************/
void main(void)
{
  INT8 adc0_value;
  UINT8 pot0Voltage = 0;
  INT8 adc1_value;
  UINT8 pot1Voltage = 0;
char  s[16];
  SET_MAIN_CLOCK_S OURCE(CRYSTAL);                  //设置系统时钟源为 32MHz 晶振
GUI_Init();                                         //GUI 初始化
GUI_SetColor(1 ,0);                                 //显示色为亮点,背景色为暗点
  GUI_PutString5_7(25,6,"OURS - CC2530");           //显示 OURS - CC2530
  GUI_PutString5_7(42,22,"ADC LIB");
  GUI_PutString5_7(10,35,"adc0_value");
  GUI_PutString5_7(10,48,"adc1_value");
LCM_Refresh();
while(1)
  {
  /* AIN0 通道采样 */
    ADC_ENABLE_CHANNEL(ADC_AIN0);                   //使能 AIN0 为 ADC 输入通道
    /* 配置 ADCCON3 寄存器以便在 ADCCON1.ST SEL = 11(复位默认值)且 ADCCON1.ST =
1 时进行单一转换 */
    /* 参考电压: AVDD_SOC 引脚上的电压 */
    /* 抽取率: 64                     */
    /* ADC 输入通道: AIN0               */
    ADC_SINGLE_CONVERSION(ADC_REF_AVDD | ADC_8_BIT | ADC_AIN0);
    ADC_SAMPLE_SIN GLE();                           //启动一个单一转换
while(!ADC_SAM PLE_READY());                        //等待转换完成
    ADC_ENABLE_CHANNEL(ADC_AIN0);                   //禁止 AIN0
    adc0_value = ADCH;                              //读取 ADC 值
    /* 根据新计算出的电压值是否与之前的电压值相等来决定是否更新显示 */
if(pot0Voltage != scaleValue(adc0_value))
    {
      pot0Voltage = scaleValue(adc0_value);
sprintf(s,  (char *)"%d.%d  V",   ((INT16)(pot0Voltage  /  10)),
((INT16)(pot0Voltage % 10)));
      GUI_PutString5_7(72,35,(char *)s);
LCM_Refresh();
halWait(100);
      }
    /* AIN1 通道采样 */
     ADC_ENABLE_CHANNEL(ADC_AIN1);                  //使能 AIN1 为 ADC 输入通道
    /* 配置 ADCCON3 寄存器以便在 ADCCON1.ST SEL = 11(复位默认值)且 ADCCON1.ST = 1 时进行
单一转换 */
    /* 参考电压: AVDD_SOC 引脚上的电压 */
```

```
    /*抽取率: 64                          */
    /*ADC 输入通道: AIN1                    */
    ADC_SINGLE_CONVERSION(ADC_REF_AVDD | ADC_8_BIT | ADC_AIN1);
    ADC_SAMPLE_SINGL E();                                  //启动一个单一转换
while(!ADC_SAMPL E_READY());                               //等待转换完成
    ADC_ENABLE_CHANNEL(ADC_AIN1);                          //禁止 AIN1
    adc1_value = ADCH;                                     //读取 ADC 值
    /*根据新计算出的电压值是否与之前的电压值相等来决定是否更新显示 */
if(pot1Voltage != scaleValue(adc1_value))
    {
      pot1Voltage = scaleValue(adc1_value);
sprintf(s,  (char*)"%d.%d  V",    ((INT16)(pot1Voltage  /  10)),
((INT16)(pot1Voltage % 10)));
      GUI_PutString5_7(72,48,(char *)s);
LCM_Refresh();
halWait(100);
     }
  }
}
```

第 10 章 无线通信基础

CHAPTER 10

10.1 实验一 简单点到点通信实验

1. 实验目的

学习配置 CC2530 射频参数，实现两个节点间的通信。

2. 实验设备

(1) 计算机一台(已安装集成开发环境)。

(2) CC2530 USB 仿真器一部。

(3) 无线节点模块两个。(选用 OURS-IOTV2.2530 物联网实验系统)

3. 实验原理

1) 实验说明

本实验主要是学习怎么配置 CC2530RF 功能。本实验主要分为 3 大部分，第一部分为初始化与 RF 相关的信息；第二部分为发送数据和接收数据；最后为选择模块功能函数。其中模块功能的选择是通过开发板上的按键来选择的，其中按键功能分配如下。

(1) SW1——开始测试(进入功能选择菜单)。

(2) SW2——设置模块为接收功能。

(3) SW3——设置模块为发送功能。

(4) SW4 ——发送模块发送命令按键。

当发送模块按下 SW4 时，将发射一个控制命令，接收模块在接收到该命令后，将控制 LDE1 的亮或者灭。其中 LED6 为工作指示灯，当工作不正常时，LED5 将为亮状态。

2) 原理图

按键控制及 LED 显示电路原理图如图 10.1 所示。图中可以看出本电路使用 PCA9554 进行 IO 口的扩展，采用 CC2530 的 P1.0 和 P1.1 模拟 I^2C 总线的 SCL 和 SDA，然后通过 I^2C 总线形式控制 PCA9554。经扩展后，CC2530 可使用 2 个引脚控制 6 个 LED 与 6 个按键。

4. 实验步骤

1) 相关操作

(1) 给智能主板供电(USB 外接电源或 2 节干电池)。

(2) 将两个无线节点模块分别插入到两个带 LCD 的智能主板的相应位置。

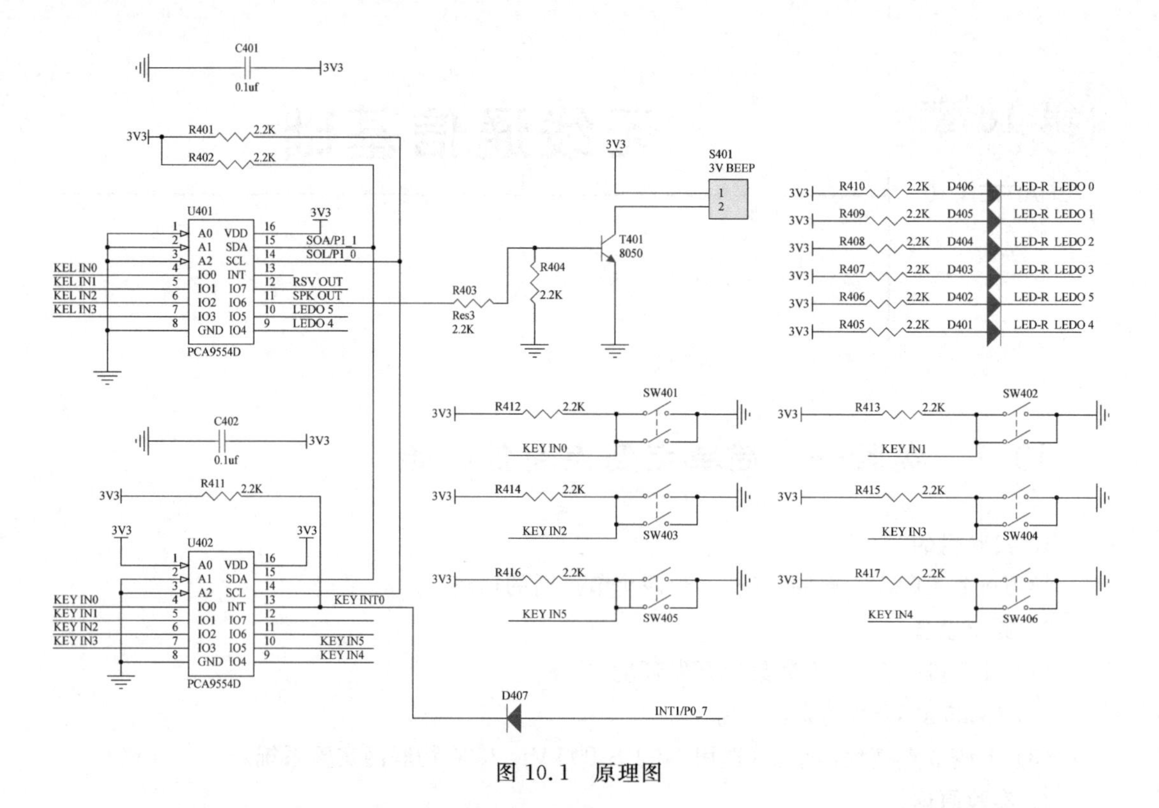

图 10.1　原理图

(3) 将 2.4GHz 的天线安装在无线节点模块上。

(4) 将 CC2530 仿真器的一端通过 USB 线(A 型转 B 型)连接到计算机,另一端通过 10Pin 下载线连接到智能主板的 CC2530 JTAG 口。

(5) 将智能主板上电源开关拨至开位置。按下仿真器上的按钮,仿真器上的指示灯为绿色时,表示连接成功。

(6) 使用 IAR7.51 打开项目文件并下载程序。

(7) 关掉智能主板上电源,拔下仿真器,按步骤(4)、(5)对另一个模块下载程序。

(8) 打开两个模块的电源,当 LED1 处于亮时,按下 SW1 进入模块功能选择。然后一个模块按下 SW2 设置为接收功能,此时 LED3 将被点亮;另一个模块按下 SW3 设置为发送功能,此时 LED4 将被点亮。

(9) 按下发送模块的 SW4 按键,接收模块的 LED6 将被点亮,再次按下 SW4 按键,LED6 将被熄灭。

2) 程序流程图

本实验程序流程图,如图 10.2 所示。

在这个实验中要掌握 CC2530 的射频初始化中需要设置的参数,在程序中需要设置所使用的信道频率,通信用的 PANID 号,发送、接收模块的地址,是否使用 ACK 等参数。在这里就不一一列举,可参考实验系统提供的源代码。

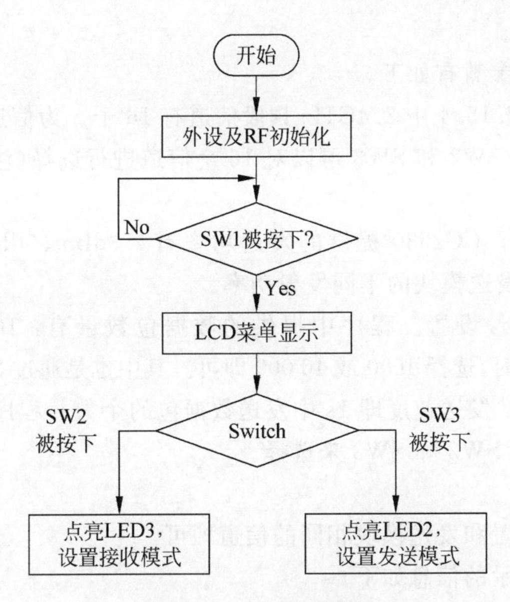

图 10.2 程序流程图

10.2 实验二 CC2530 无线通信丢包率测试实验

1. 实验目的

测试 CC2530 无线通信在不同环境或不同通信距离的误码率以及信号的强弱。

2. 实验设备

(1) 计算机一台(已安装集成开发环境)。

(2) CC2530 USB 仿真器一部。

(3) 无线节点模块两个。(选用 OURS-IOTV2-2530 物联网实验系统)

3. 实验原理

1) 实验说明

本实验主要是在学会了配置 CC2530 RF 功能基础上,一个简单无线通信的应用,该实验可以用来测试不同环境或不同通信距离的误码率以及信号的强弱。完成本实验需要两个模块,一个设置为发送模块,另一个设置为接收模块;其中发送模块主要是通过板上按键设置不同的发送参数,然后发送数据包。接收模块接收发送模块的数据包,然后计算误码率和信号的强度。

其中按键功能分配如下。

(1) SW1——开始测试(进入功能选择菜单)。

(2) SW2——设置功能加。

(3) SW3——设置功能减。

(4) SW4——确定按钮。

在每完成一个参数设置或选择,都是通过 SW4 来确定,然后进入下一个参数设置,其中发送模式下的发送开始和停止也是通过 SW4 控制的。在测试中,接收模块可以通过 SW4 来复位测试结果。

2）发送模块

发送模块需设置的参数有如下。

(1) 信道选择。802.15.4 中 2.4GHz 频段信道有 16 个。为信道 11.26，对应的频率为 2405～2480MHz。通过 SW2 和 SW3 可以对 16 个信道进行选择(注意，测试时要与接收模块选择相同的信道)。

(2) 发射功率设置。CC2530 提供的发送功率有－3dBm、0dBm 和 4dBm 3 种，通过 SW2 和 SW3 可以选择发送模块的不同发射功率。

(3) 发送数据包数量设置。程序中提供的数据包数量有：1000、10 000、100 000 和 1 000 000 4种，推荐测试时，选择 1000 或 10 000 即可。其中也是通过 SW2 和 SW3 来选择的。

(4) 发送速度设置。发送速度即 1s 中发送数据包的个数。程序中提供 5/s、10/s、20/s 和 50/s 4 种速度。通过 SW2 和 SW3 来选择。

3）接收模块

接收模块只需要设置和发送模块相同的信道即可。

接收模块测量时显示的信息如下。

(1) 数据包丢失率(显示为 x/1000)。

(2) 信号强度(RSSI)。

(3) 收到的数据包个数。

4. 实验步骤

1）相关操作

(1) 给智能主板供电(USB 外接电源或 2 节干电池)。

(2) 将两个无线节点模块分别插入到两个带 LCD 的智能主板的相应位置。

(3) 将 2.4GHz 的天线安装在无线节点模块上。

(4) 将 CC2530 仿真器的一端通过 USB 线(A 型转 B 型)连接到计算机，另一端通过 10Pin 下载线连接到智能主板的 CC2530 JTAG 口。

(5) 将智能主板上电源开关拨至开位置。按下仿真器上的按钮，仿真器上的指示灯为绿色时，表示连接成功。

(6) 使用 IAR7.51 打开项目文件并下载程序。

(7) 关掉智能主板上电源，拔下仿真器，按步骤(4)、(5)对另一个模块下载程序。

(8) 打开两个模块的电源，当 LED1 处于亮时，按下 SW1 进入下级菜单，按 SW2 和 SW3 对通信信道进行选择(两个模块必须设置相同的信道)。选定后，按 SW4 进入下一个设置。

(9) 一个模块按下 SW3 设置为接收模式，按下 SW4 确定。接收模块设置完成(此时接收模块已经处于接收待命状态)。

(10) 另一个模块按下 SW2 设置为发送模式，按下 SW4 确定进入下一个设置。

(11) 使用 SW2 和 SW3 对发送模块发射功率选择，选定后，按 SW4 进入下一个设置。

(12) 使用 SW2 和 SW3 对发送模块发射数据包数量选择，选定后，按 SW4 进入下一个设置。

(13) 使用 SW2 和 SW3 对发送模块发射速度选择，选定后，按 SW4 进入发送准备状态。

(14) 将发送和接收模块安放在不同的地方,按下发送模块的 SW4 开始发送数据(再次按下将停止发送)。观察接收模块的测试结果(此时按下接收模块的 SW4,将会清除测试结果)。

(15) 改变两个模块的位置,再次测量,观察测量结果。

2) 程序流程图

本实验程序流程图,如图 10.3 所示。

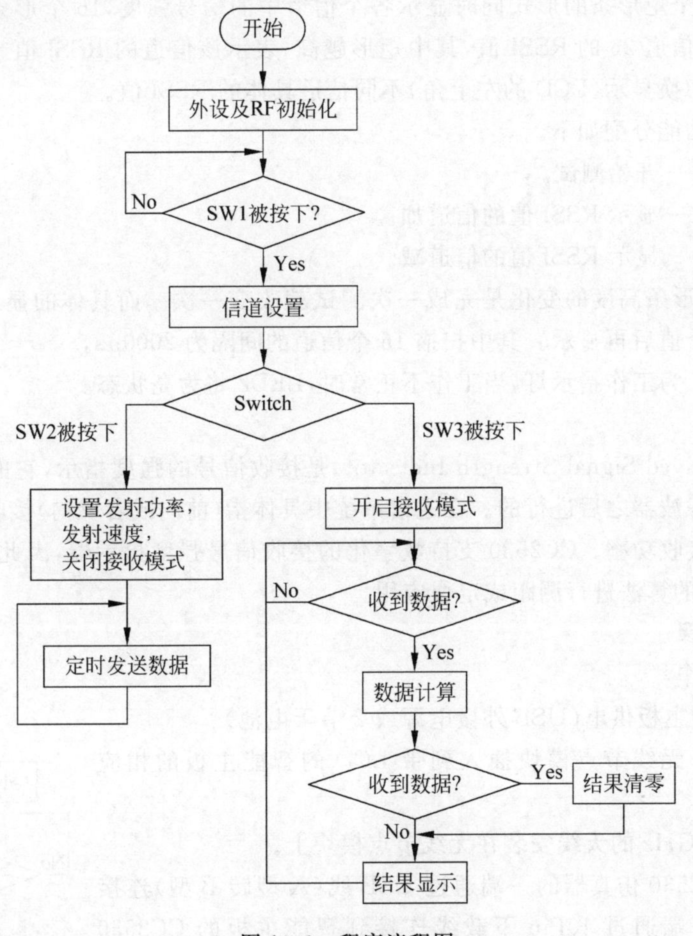

图 10.3　程序流程图

在这个实验中要掌握 CC2530 的发射与接收模式选择的方法,在程序中需要设置发送、接收模式所使用的信道,并且需要保证双方使用相同的信道。

10.3　实验三　802.15.4—2.4GHz 各信道信号强度测试实验

1. 实验目的

掌握分析 2.4GHz 频段信道 11.26 各个信道的信号强度。

2. 实验设备

(1) 计算机一台(已安装集成开发环境)。

(2) CC2530 USB 仿真器一部。

(3) 无线节点模块一个(选用 OURS-IOTV2.2530 物联网实验系统)。

3. 实验原理

1) 实验说明

本实验主要是在学会了配置 CC2530 RF 功能基础上,掌握分析 2.4GHz 频段信道 11.26 各个信道的信号强度。然后通过 LCD 显示测试结果,结果的显示分为两个部分,一部分是通过 16 个矩形条的形式同时显示各个信道中的信号强度,16 个形条从左至右依次代表信道 11 到信道 26 的 RSSI 值,其中矩形越高,表示该信道的 RSSI 值越强。另一个是通过按键可以切换显示(LCD 的左上角)不同信道具体的 RSSI 值。

其中按键功能分配如下。

(1) SW1——开始测试。

(2) SW2——显示 RSSI 值的信道加。

(3) SW3——显示 RSSI 值的信道减。

测试中,矩形条高度的变化是完成一次测试就改变一次。而具体的显示 RSSI 值是每个信道抽取 8 个值后再显示。其中扫描 16 个信道的间隔为 2000μs。

其中 LED1 为工作指示灯,当工作不正常时,LED2 将为亮状态。

2) RSSI

RSSI(Received Signal Strength Indicator)是接收信号的强度指示,它的实现是在反向通道基带接收滤波器之后进行的。在通信系统中具体指(前向或者反向)接收机接收到信道带宽上的宽带接收功率。CC2530 支持数字化的接收信号强度指示器,因此可以借助 RSSI 的值,编写相应的算法进行测距或定位应用。

4. 实验步骤

1) 相关操作

(1) 给智能主板供电(USB 外接电源或 2 节干电池)。

(2) 将 1 个无线节点模块插入到带 LCD 的智能主板的相应位置。

(3) 将 2.4GHz 的天线安装在无线节点模块上。

(4) 将 CC2530 仿真器的一端通过 USB 线(A 型转 B 型)连接到计算机,另一端通过 10Pin 下载线连接到智能主板的 CC2530 JTAG 口(J203)。

(5) 将智能主板上电源开关拨至开位置。按下仿真器上的按钮,仿真器上的指示灯为绿色时,表示连接成功。

(6) 使用 IAR7.51 打开项目文件,下载程序。

(7) 运行程序,然后按 SW1 进入测试。

(8) 观察 LCD 的显示结果。

(9) 按 SW2(加)和 SW3(减)分别查看其他信道的 RSSI 值。

2) 程序流程图

本实验程序流程图如图 10.4 所示。

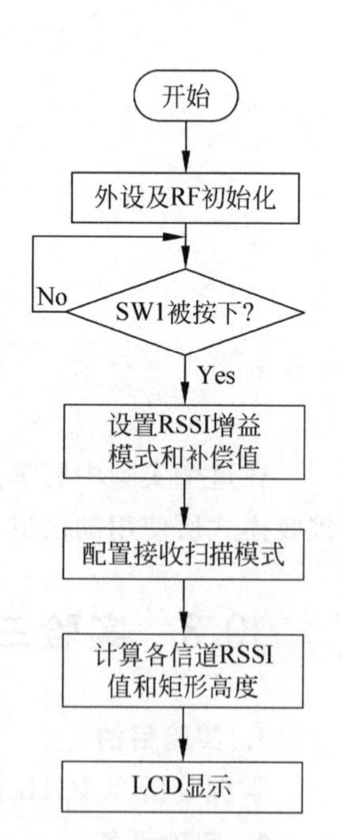

图 10.4 程序流程图

第11章 Z-Stack 协议栈实验——拓扑1(点到点)

CHAPTER 11

11.1 实验一 最大吞吐率测试

1. 实验目的

学习 TI Z-Stack 点到点通信,本实验的应用工程可以作为开发模板,读者只需要对本工程进行复制和简单的修改,就可以作为应用开发工程。

2. 实验设备

(1) 计算机一台(已安装集成开发环境)。

(2) CC2530 USB 仿真器一部,USB 线,串口直通线 2 根。

(3) 无线节点模块两个,智能主板两个(选用 OURS-IOTV2.2530 物联网实验系统)。

3. 实验原理

本实验是一个 ZigBee 典型的点到点通信例子,该实验可以取代两个非 ZigBee 设备之间电缆连接的基本应。该应用具有实际应用意义,例如 RS232.ZigBee 转换器,给具有 RS232 的设备增加 ZigBee 通信功能。

实验中一个计算机通过串口连接一个使用本应用实例的 ZigBee 设备来发送数据。另一个计算机通过串口连接一个使用本应用实例的 ZigBee 设备来接收数据。串口数据传输被设计为双向全双工,无硬件流控,强制允许 OTA(多跳)时间和丢包重传。

本实验需要两个模块,分别下载不同的程序,其中一个模块下载 Workspace 选项中的 EndDeviceEB(终端节点工程)程序,另一个下载 CoordinatorEB(协调器)程序。在设备绑定时,先启动协调器绑定,再启动终端节点绑定。

按键控制如下。

(1) SW1:设备之间绑定。

(2) SW2:启动匹配描述符请求。

4. 实验步骤

1) 相关操作

(1) 给智能主板供电(USB 外接电源或 2 节干电池)。

(2) 将两个无线节点模块分别插入到两个带 LCD 的智能主板的相应位置。

(3) 将 2.4GHz 的天线安装在无线节点模块上。

(4) 将CC2530仿真器的一端通过USB线(A型转B型)连接到计算机,另一端通过10Pin下载线连接到智能主板的CC2530 JTAG口。

(5) 将智能主板上电源开关拨至开位置。按下仿真器上的按钮,仿真器上的指示灯为绿色时,表示连接成功。

(6) 使用IAR7.51打开"...\OURS_CC2530LIB\lib14(APP1_ZigBee(ZStack))\APP1_ZigBee(ZStack)\OURS-ZStack(ptop)\Projects\zstack\IAR_file\Wireless uart App\CC2530DB"下的SerialApp.eww文件。

(7) 选择Workspace下的下拉列表中的CoordinatorEB工程配置,编译下载到一个模块中。

(8) 选择Workspace下的下拉列表中的EndDeviceEB工程配置,编译下载到另一个模块中。

(9) 关掉智能主板上电源,拔下仿真器,用两条串口线将智能主板上的串口分别与两台计算机的串口相连。

(10) 打开CoordinatorEB工程模块的电源,再打开EndDeviceEB工程模块的电源。按下CoordinatorEB工程模块的SW1,在5s内,按下EndDeviceEB工程模块的SW1。如果两个模块上的LED3都被点亮,则绑定成功。如果LED3没有点亮,则绑定失败,重复该过程,直到绑定成功。

(11) 分别打开两台计算机上的串口调试助手,波特率设置为115200,校验位为NONE,数据位为8,停止位为1(在附带光盘"\IOT-CC2530\OURS-CC2530\soft"中)。

(12) 通过两台计算机的串口调试助手收发数据,观察通信是否正常。

2) 程序流程图

本实验程序流程图,如图11.1所示。

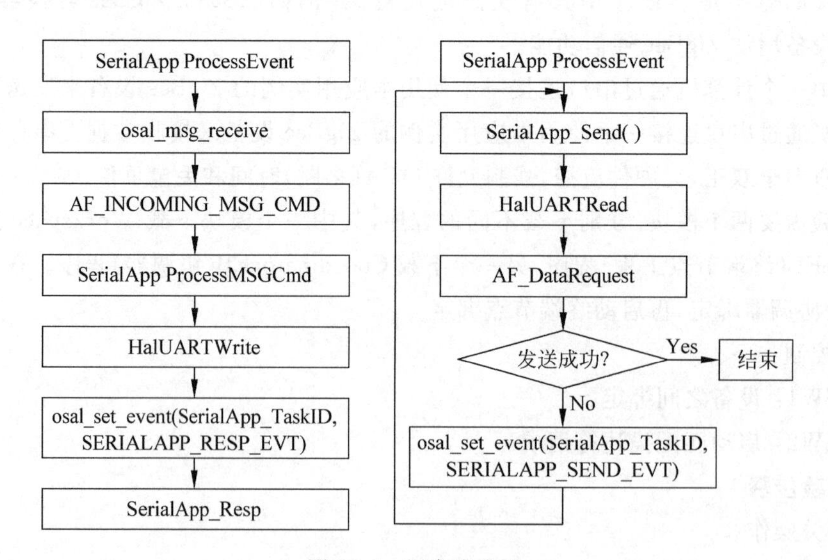

图11.1 程序流程图

11.2　实验二　最大数据吞吐量测试

1. 实验目的

学习 TI Z-Stack 点到点通信，测试一个 ZigBee 网络中两个设备间的最大数据吞吐量。

2. 实验设备

(1) 计算机一台(已安装集成开发环境)。

(2) CC2530 USB 仿真器一部，USB 线。

(3) 无线节点模块两个，智能主板两个(选用 OURS-IOTV2.2530 物联网实验系统)。

3. 实验原理

本实验为一个 TI Z-Stack 点到点通信实例，使用本实验应用工程的发送设备 A 尽可能快地发送一个数据包给另一个使用本实验应用工程的接收设备 B。发送设备 A 在收到接收设备 B 对已收到数据的一个确认后将继续发送下一个数据包给接收设备 B，如此循环。

接收设备 B 将计算以下数值：

(1) 最后一秒的字节数量；

(2) 运行时间；

(3) 每秒平均字节数量；

(4) 接收到的数据包数量。

本实验可被用来测试一个 ZigBee 网络中两个设备间的最大吞吐量。这两个设备一个是协调器设备，另一个是路由器设备。

本实验使用的功能键如下。

(1) SW1：启动终端设备绑定。

(2) SW2：开始发送/停止发送切换开关。

(3) SW3：清零显示值。

(4) SW4：启动匹配描述符请求。

本实验需要两个模块，分别下载不同的程序，其中一个下载 Workspace 选项中的 RouterEB(路由节点工程)程序，另一个下载 CoordinatorEB(协调器)程序。在设备绑定时，先启动协调器绑定，再启动终端节点绑定。

本实验也可被用在一个终端设备和一个路由设备(或协调器设备)之间，但是不建议这样使用。如果确定要这样使用，必须在源代码中使能延时特性(TRANSMITAPP_DELAY_SEND)和(TRANSMITAPP_SEND_DELAY)。如果不使能延时，终端设备将不能接收信息，它将停止查询，此外，延时必须大于 RESPONSE_POLL_RATE(默认为 100ms)。

4. 实验步骤

1) 相关操作

(1) 给智能主板供电(USB 外接电源或 2 节干电池)。

(2) 将两个无线节点模块分别插入到两个带 LCD 的智能主板的相应位置。

(3) 将 2.4GHz 的天线安装在无线节点模块上。

(4) 将 CC2530 仿真器的一端通过 USB 线(A 型转 B 型)连接到计算机，另一端通过 10Pin 下载线连接到智能主板的 CC2530 JTAG 口。

(5) 将智能主板上电源开关拨至开位置。按下仿真器上的按钮,仿真器上的指示灯为绿色时,表示连接成功。

(6) 使用 IAR7.51 打开“...\OURS_CC2530LIB\lib15(APP2_ZigBee(ZStack))\APP2_ZigBee(ZStack)\OURS-ZStack(ptop)\Projects\zstack\IAR_file\Transmit\CC2530DB”下的 Transmit-App.eww 文件。

(7) 选择 Workspace 下的下拉列表中的 CoordinatorEB 工程配置,编译下载到一个模块中。

(8) 选择 Workspace 下的下拉列表中的 RouterEB 工程配置,编译下载到另一个模块中。

(9) 关掉智能主板上电源,拔下仿真器。

(10) 首先打开 CoordinatorEB 工程模块的电源,再打开 RouterEB 工程模块的电源。按下 CoordinatorEB 工程模块的 SW1,在 5s 内,按下 RouterEB 工程模块的 SW1。如果两个模块上的 LED3 都被点亮,则绑定成功。如果 LED3 没有点亮,则绑定失败,重复该过程,直到绑定成功。

(11) 按下其中一个模块的 SW2 键,开始本模块发送数据,观察两个模块的 LCD 显示信息。

(12) 按下另一个模块的 SW2 键,开始本模块发送数据,观察两个模块的 LCD 显示信息。

(13) 通过两台计算机的串口调试助手收发数据,观察通信是否正常。

(14) 如果需要将显示的信息清零,按下 SW3。

2) 程序流程图

数据发送端程序流程图见图 11.2,数据接收端程序流程图见图 11.3。

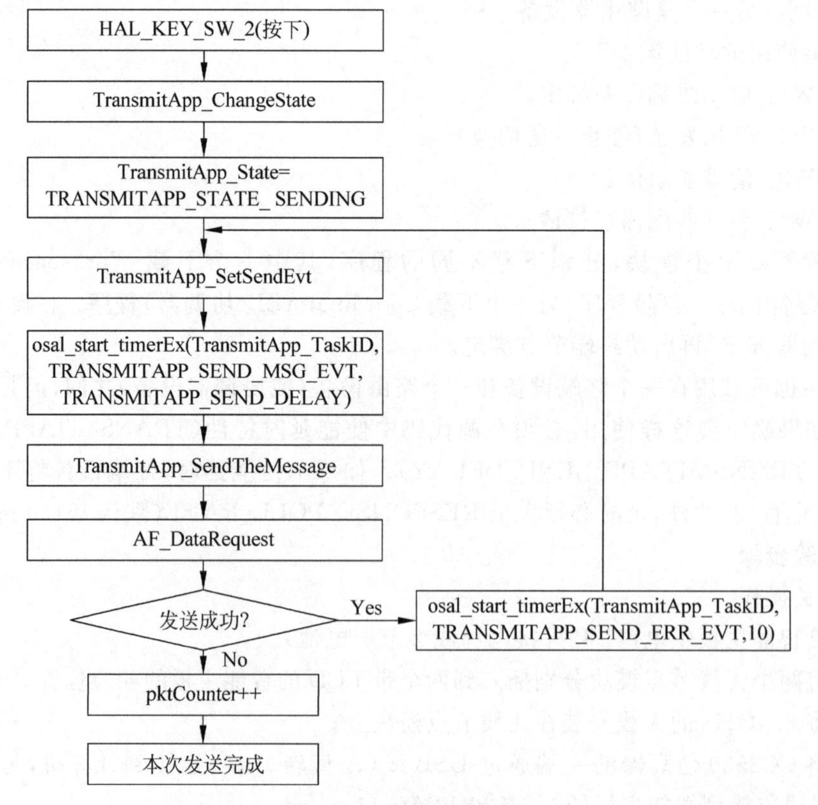

图 11.2 发送端流程图

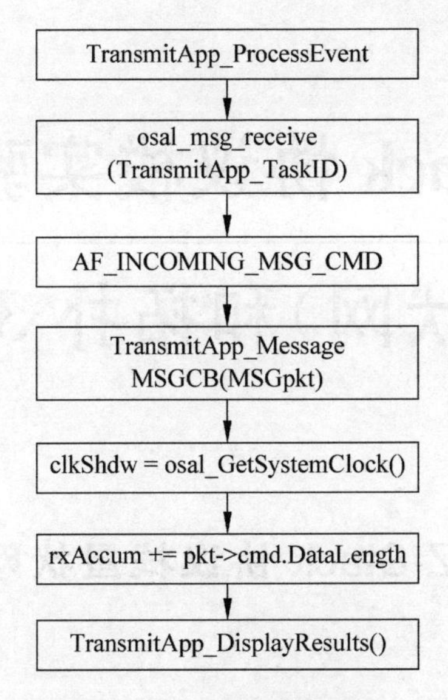
TransmitApp_ProcessEvent
osal_msg_receive
(TransmitApp_TaskID)
AF_INCOMING_MSG_CMD
TransmitApp_Message
MSGCB(MSGpkt)
clkShdw = osal_GetSystemClock()
rxAccum += pkt->cmd.DataLength
TransmitApp_DisplayResults()

图 11.3 接收端流程图

第 12 章 Z-Stack 协议栈实验——拓扑 2(星状网)和拓扑 3(MESH 网)

CHAPTER 12

12.1 实验一 Z-Stack 协议栈星状网通信实验

1. 实验目的

学习建立 Z-Stack(ZigBee 2007)星状网拓扑结构。

2. 实验设备

(1) 装有物联网中间件(IOTService)的计算机一台;

(2) 装有 IAR 和物联网联合演示系统(WSNPlatform)的计算机一台;

(3) OURS-IOTV2.2530 物联网实验系统一套。

3. 实验原理

在 Z-Stack 星状网中,设备类型为协调器和终端设备,且所有的终端设备都直接与协调器通信。网络中协调器负责网络的建立和维护外,还负责与上位机进行通信,包括向上位机发送数据和接收上位机的数据并无线转发给下面各个节点。协调器对应的工程文件为 CollectorEB。终端设备主要根据协调器发送的命令来执行数据采集或控制被控对象。终端设备对应的工程文件为 SensorEB。

将 Z-Stack 协议栈设置为星状网时,只需要改变协议栈中的 NWK 文件夹下的 nwk_globals.h 文件中的以下代码:

```
#elif  (STACK_PROFILE_ID == HOME_CONTROLS)
…
    #define  NWK_MODE     NWK_MODE_STAR
```

4. 实验步骤

1) 相关操作

(1) 给智能主板供电(USB 外接电源或 2 节干电池)。

(2) 将 1 个无线节点模块插入到带 LCD 智能主板相应位置上,然后将其他的无线节点模块插入到剩下的电源板的相应位置上。

(3) 将 2.4GHz 的天线安装在无线节点模块上。

(4) 将所有传感器及控制模块分别插入到智能主板或电源板的相应位置上。

(5) 将 CC2530 仿真器的一端通过 USB 线(A 型转 B 型)连接到计算机,另一端通过 10Pin 下载线连接到智能主板或电源板的 CC2530 JTAG 口。

(6) 将智能主板上电源开关拨至开位置。按下仿真器上的按钮，仿真器上的指示灯为绿色时，表示连接成功。

(7) 使用 IAR7.51 打开"...\OURS_CC2530LIB\lib17(APP4_ZigBee(ZStack))\APP4_ZigBee(ZStack)\OURS-SensorDemo\Projects\zstack\IAR_file\SensorDemo\CC2530DB"下的 SensorDemo.eww 文件。

(8) 选择 Workspace 下的下拉列表中的 CollectorEB 工程配置，编译下载到一个模块中。

(9) 选择 Workspace 下的下拉列表中的 SensorEB 工程配置，编译下载到其他模块中。

(10) 关掉智能主板上电源，拔下仿真器。

(11) 将"串口-网口"转换器的一端通过交叉串口线连接到 CollectorEB 工程模块的串口，另一端通过交叉网线连接到计算机的网口；用一根 USB 线将"串口-网口"转换器与计算机 USB 口相连进行供电。

(12) 首先打开 CollectorEB 工程模块的电源，当协调器上的 LED1 和 LED2 都处于点亮状态时，再依次打开其他模块的电源，其他模块的 LED1 处于闪烁状态，LED2 处于常亮时，表示加入网络成功。

(13) 打开物联网演示系统 WSNPlatform，如图 12.1 所示。在连接到服务窗口的"地址"栏中填写装有物联网中间件计算机的 IP 地址，"端口"栏默认，单击"连接"按钮。

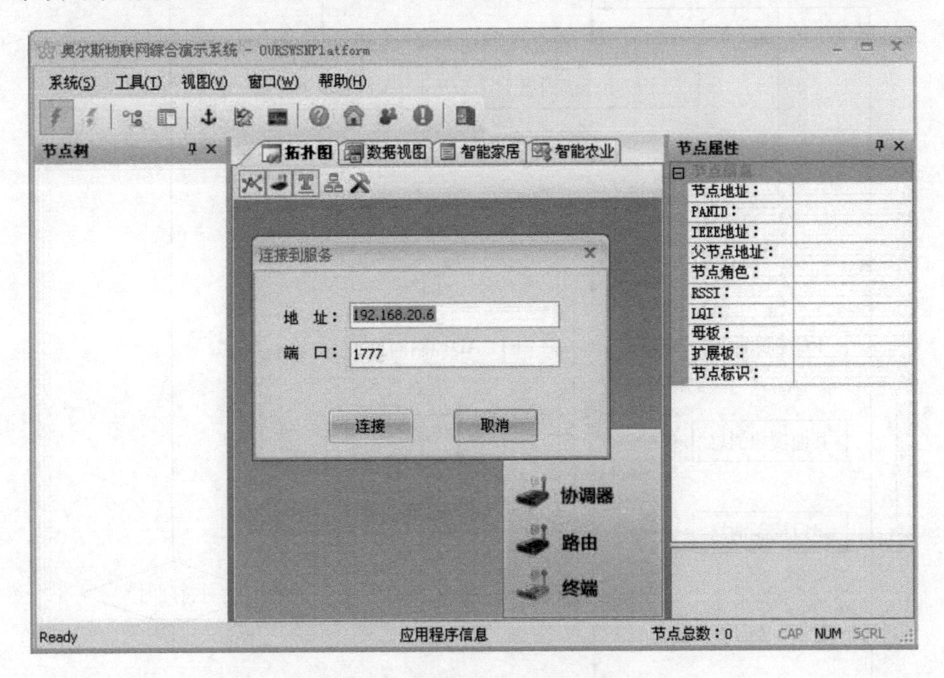

图 12.1 WSNPlatform 演示系统

(14) 双击任意一个节点图标，即可进入数据采集和被控对象的控制。

2) 程序流程图

(1) 应用层——协调器程序流程图，如图 12.2 所示。

(2) 应用层——终端程序流程图，如图 12.3 所示。

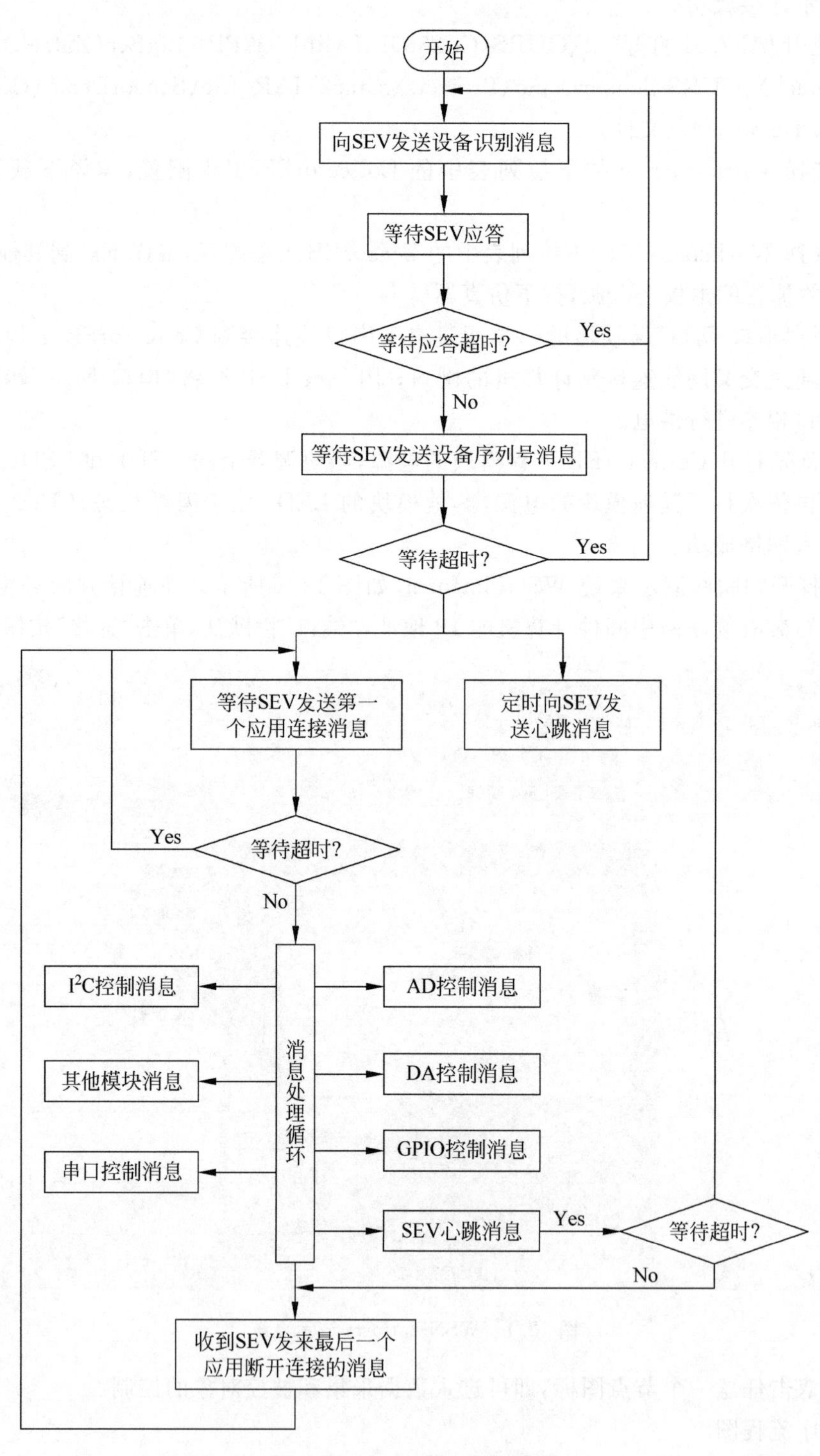

图 12.2　协调器程序流程图

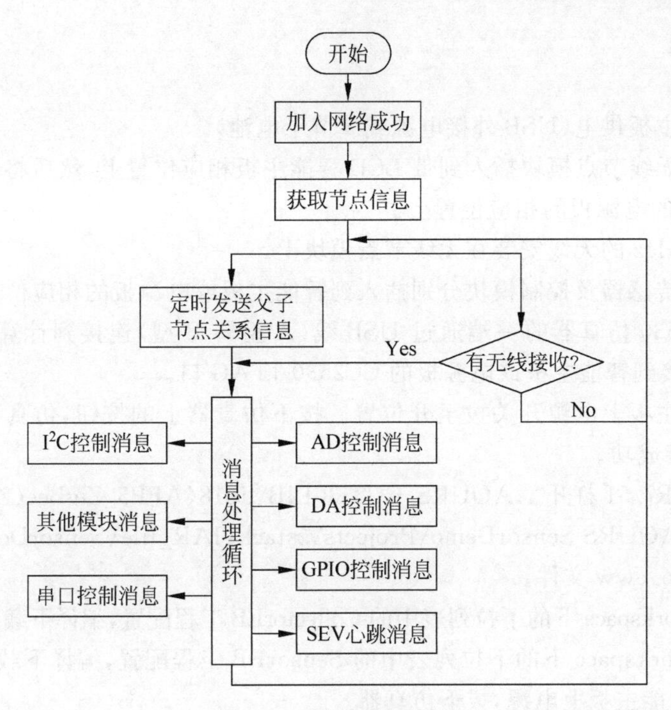

图 12.3 终端程序流程图

12.2 实验二 Z-Stack 协议栈 MESH 网通信实验

1. 实验目的

学习建立 Z-Stack(ZigBee 2007)MESH 网拓扑结构。

2. 实验设备

(1) 装有物联网中间件(IOTService)的计算机一台；

(2) 装有 IAR 和物联网联合演示系统(WSNPlatform)的计算机一台；

(3) OURS-IOTV2-2530 物联网实验系统一套。

3. 实验原理

MESH 网又称为网状网，在 MESH 网中，设备类型为协调器和路由设备，其中所有的路由设备并不都直接与协调器通信，有的设备需要中间路由节点才能将数据上传到协调器。网络中协调器负责网络的建立和维护外，还负责与上位机进行通信，包括向上位机发送数据和接收上位机的数据并无线转发给下面各个节点。协调器对应的工程文件为 CollectorEB。路由设备除了需要根据协调器发送的命令执行数据采集或控制被控对象，还需要承担路由任务。路由设备对应的工程文件为 SensorEB。

将 Z-Stack 协议栈设置为 Mesh 网络时，只需要改变协议栈中的 NWK 文件夹下的 nwk_global.h 文件中代码：

```
#elif (STACK_PROFILE_ID == HOME_CONTROLS)
…
#define  NWK_MODE     NWK_MODE_MESH     //设置为 MESH 网络
…
```

4. 实验步骤

1）相关操作

（1）给智能主板供电（USB外接电源或2节干电池）。

（2）将1个无线节点模块插入到带LCD智能主板相应位置上，然后将其他的无线节点模块插入到剩下的电源板的相应位置上。

（3）将2.4GHz的天线安装在无线节点模块上。

（4）将所有传感器及控制模块分别插入到智能主板或电源板的相应位置上。

（5）将CC2530仿真器的一端通过USB线（A型转B型）连接到计算机，另一端通过10Pin下载线连接到智能主板或电源板的CC2530 JTAG口。

（6）将智能主板上电源开关拨至开位置。按下仿真器上的按钮，仿真器上的指示灯为绿色时，表示连接成功。

（7）使用IAR7.51打开"...\OURS_CC2530LIB\lib18(APP5_ZigBee(ZStack))\APP4_ZigBee (ZStack)\OURS-SensorDemo\Projects\zstack\IAR_file\SensorDemo\CC2530DB"下的SensorDemo.eww文件。

（8）选择Workspace下的下拉列表中的CollectorEB工程配置，编译下载到一个模块中。

（9）选择Workspace下的下拉列表中的SensorEB工程配置，编译下载到其他模块中。

（10）关掉智能主板上电源，拔下仿真器。

（11）将"串口-网口"转换器的一端通过交叉串口线连接到CollectorEB工程模块的串口，另一端通过交叉网线连接到计算机的网口；用一根USB线将"串口-网口"转换器与计算机USB接口相连进行供电。

（12）首先打开CollectorEB工程模块的电源，当协调器上的LED1和LED2都处于点亮状态时，再依次打开其他模块的电源，其他模块的LED1处于闪烁状态，LED2处于常亮时，表示加入网络成功。

（13）打开物联网演示系统WSNPlatform，如图12.4所示。在连接到服务窗口的"地址"栏中填写装有物联网中间件计算机的IP地址，"端口"栏默认，单击"连接"按钮。

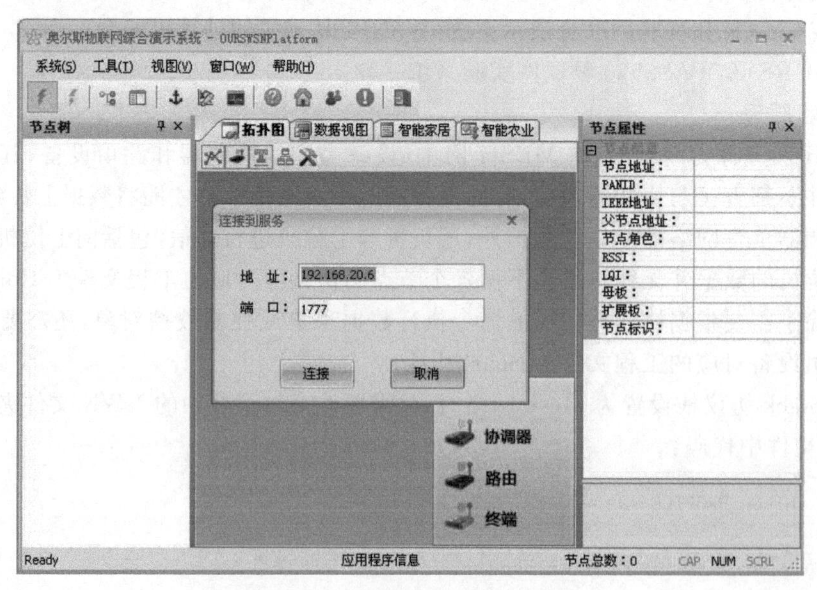

图12.4 WSNPlatform演示系统

(14) 双击任意一个节点图标,即可进入数据采集和被控对象的控制。

2) 程序流程图

(1) 应用层——协调器程序流程图。

协调器流程图与12.1实验一相同,见图12.2。

(2) 应用层——终端程序流程图。

终端程序流程图与12.1实验一相同,见图12.3。

参 考 文 献

[1] 王殊,阎毓杰,胡富平. 无线传感器网络的理论及应用[M]. 北京:北京航空航天大学出版社,2007.

[2] 郭渊博,杨奎武,赵俭. ZigBee 技术与应用——CC2430 设计、开发与实践[M]. 北京:国防工业出版社,2015.

[3] 高守玮,吴灿阳. ZigBee 技术实践教程[M]. 北京:北京航空航天大学出版社,2009.

[4] 李文仲,段朝玉. ZigBee2007/PRO 协议栈实验与实践[M]. 北京:北京航空航天大学出版社,2009.

[5] 刘传清,刘化君. 无线传感器网技术[M]. 北京:电子工业出版社,2015.

[6] 景博,张劼,孙勇. 智能网络传感器与无线传感器网络[M]. 北京:国防工业出版社,2011.

[7] 沈玉龙,裴庆祺,马建峰. 无线传感器网络安全技术概论[M]. 北京:人民邮电出版社,2010.

[8] 张蕾. 无线传感器网络技术与应用[M]. 北京:机械工业出版社,2016.

[9] 于宏毅,李鸥,张效义. 无线传感器网络理论、技术与实现[M]. 北京:国防工业出版社,2008.

[10] Waltenegus D,Christian P. 无线传感器网络基础:理论和实践[M]. 北京:清华大学出版社,2013.

[11] 吴键,袁慎芳,等. 基于 ZigBee 技术的无线传感器网络及其应用研究[J]. 测控技术,2008,27(1):13-16.